INHALTSVERZEICHNIS

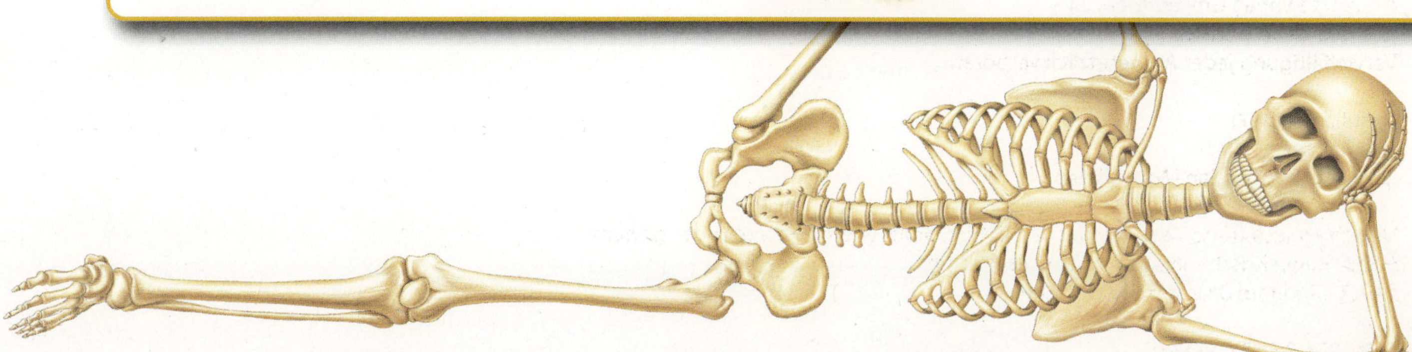

1. DAS SKELETT

Unser Skelett besteht aus über 200 Knochen. Es wird in das **Schädel-**, **Rumpf-** und **Gliedmaßenskelett** unterteilt. Das Skelett hat 3 wesentliche Funktionen:

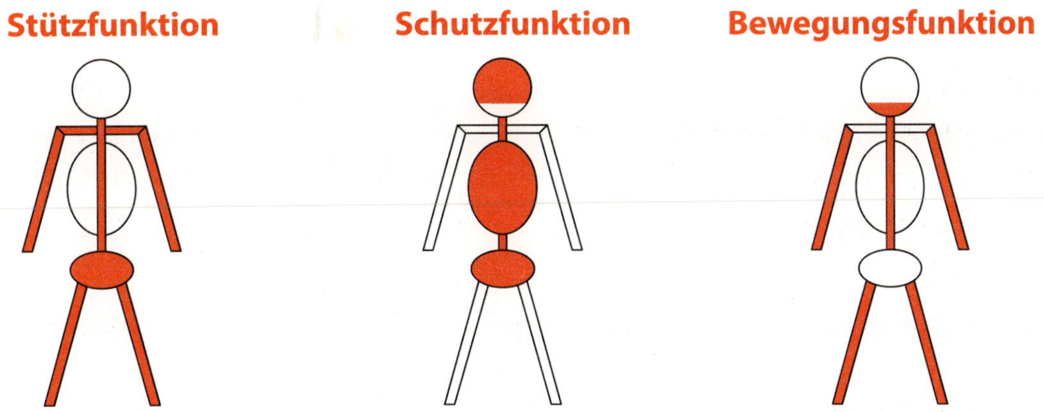

Es stützt den Körper. Es schützt Organe. Es ermöglicht Bewegungen.

Was sind Fontanellen?
Beim Neugeborenen sind die Schädelknochen noch nicht fest miteinander verwachsen. Dadurch können sich bei der Geburt die Knochenplatten übereinander schieben, damit der Kopf den Geburtskanal passieren kann. Zwischen den Platten bleiben zwei „Lücken" – die Fontanellen.

Das Schädelskelett

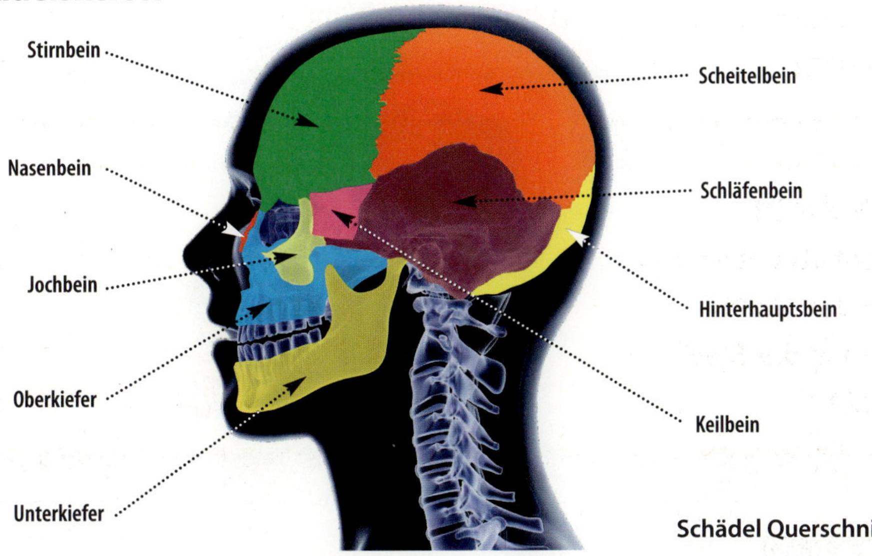

Schädel Querschnitt

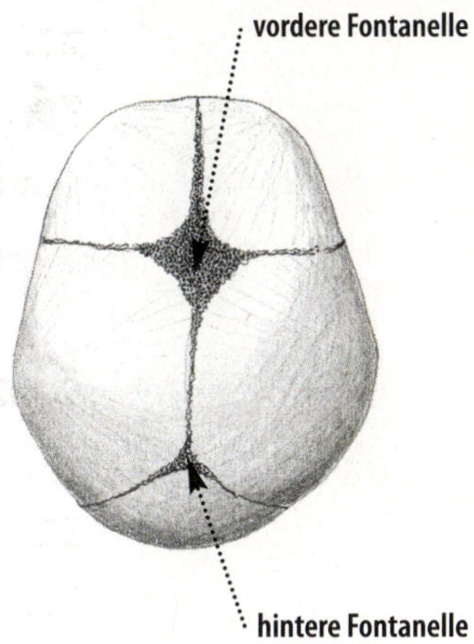

Schädeloberseite eines Neugeborenen

Alle Knochen des Schädels sind fest miteinander verwachsen. Nur der **Unterkieferknochen** ist beweglich. Der Schädel wird unterteilt in den **Gesichtsschädel** und den **Gehirnschädel**.

GESICHTSSCHÄDEL: Zu diesem zählen die beiden **Jochbeine**, das paarige **Nasenbein**, der vordere Teil des **Stirnbeins** sowie die Kiefer. Im **Unter-** und **Oberkieferknochen** werden die Zähne durch den **Zahnhalteapparat** festgehalten. Der Nasenknorpel setzt an den beiden kleinen Nasenbeinen an.

Schädeloberseite eines Erwachsenen

GEHIRNSCHÄDEL: Dieser wird von einzelnen plattenförmigen Knochen gebildet. Er ist eine knöcherne Kapsel, die das Gehirn schützt. Das **Stirnbein** ist der vordere Teil des Gehirnschädels. Die beiden **Scheitelbeine** schließen den Schädel nach oben ab. Seitlich befinden sich die **Schläfenbeine** und die **Keilbeine**. An der hinteren Unterseite des Schädels schließt das **Hinterhauptsbein** an. In der Schädelbasis liegt das Hinterhauptsloch als Durchtrittsstelle für das Rückenmark.

Für den Menschen ist typisch, dass der Großteil des **Gehirnschädels höher liegt als der Gesichtsschädel**.

Das Rumpfskelett

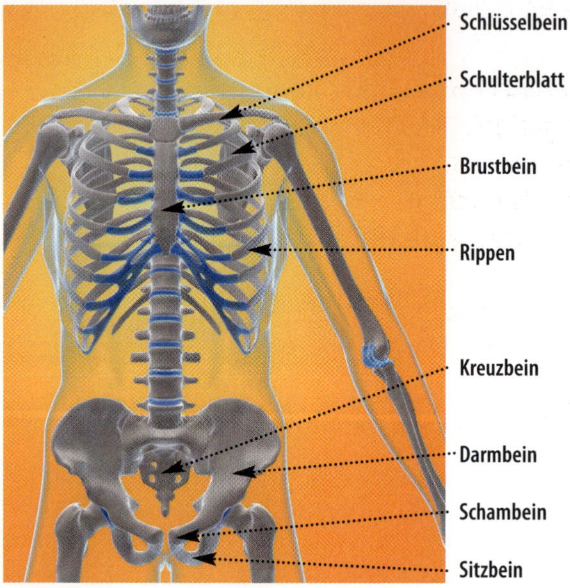

Rumpfskelett

Schultergürtel, **Beckengürtel**, **Brustkorb** und **Wirbelsäule** bilden das Rumpfskelett.

SCHULTERGÜRTEL: Dieser besteht aus den beiden **Schlüsselbeinen** und den beiden **Schulterblättern**.

BECKENGÜRTEL: Dieser setzt sich aus dem **Kreuzbein** und den **Beckenknochen** zusammen. Die Beckenknochen sind das Darmbein, das Schambein und das Sitzbein.

BRUSTKORB: Er wird aus den Rippen und dem Brustbein gebildet.

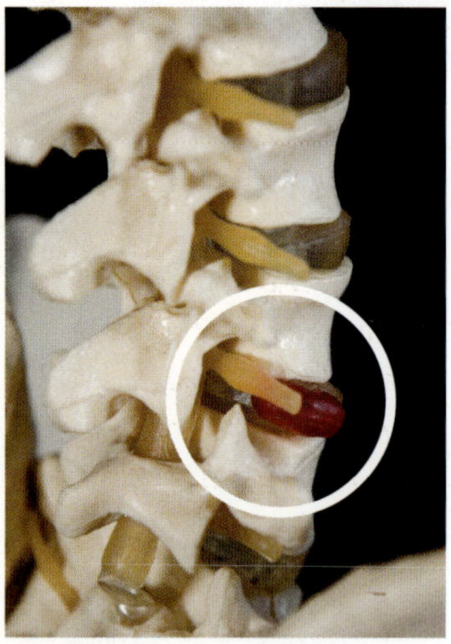

Modell: Schäden an der Wirbelsäule durch falsche Körperhaltung

WIRBELSÄULE: Sie ist das verbindende Element des Rumpfskeletts. Die Wirbelsäule setzt sich aus einzelnen Wirbeln zusammen, die gegeneinander beweglich sind. Zwischen den Wirbeln liegen die **Bandscheiben**, die aus **Knorpel** bestehen. Ihre Aufgabe ist es, die Reibung zwischen den Wirbeln zu verringern und als „Stoßdämpfer" gegen Druckbelastungen zu wirken. Der Aufbau der Wirbelsäule aus einzelnen Wirbeln und Bandscheiben bewirkt, dass das Rumpfskelett **beweglich** ist. Die **doppelte s-förmige Krümmung** der Wirbelsäule federt Stöße und Erschütterungen ab.

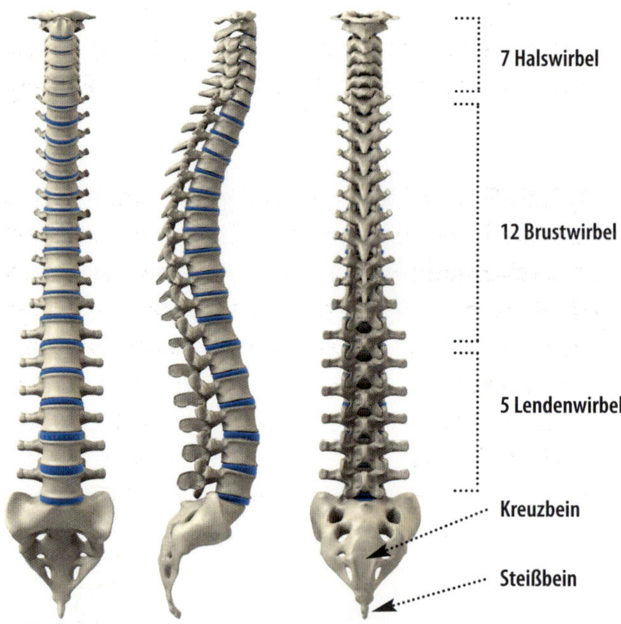

Wirbelsäule von vorne, seitlich und von hinten

Unsere Wirbelsäule besteht aus 24 **beweglichen Wirbeln**. Neben den 7 Halswirbeln, den 12 Brustwirbeln und den 5 Lendenwirbeln gibt es noch 5 miteinander verwachsene Kreuzbeinwirbel und 3 bis 5 verkümmerte Steißbeinwirbel. Das Steißbein ist ein rudimentäres Organ, das dem Schwanz anderer Wirbeltiere entspricht.

Erkundige dich bei deinem/r Sportlehrer/in, wie du Haltungsschäden vorbeugen kannst!

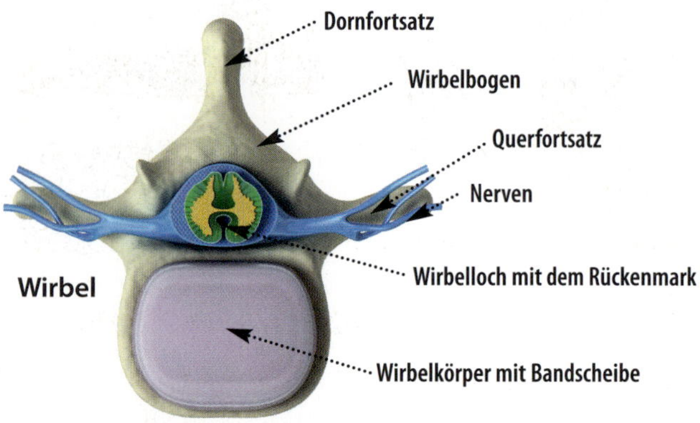

Wirbel

Der **Wirbelkörper** ist nach vorne gerichtet. Gemeinsam mit dem **Wirbelbogen** bildet er das **Wirbelloch**. Die Wirbellöcher sämtlicher Wirbel bilden den **Wirbelkanal**, durch den das **Rückenmark** verläuft. Zwischen den Wirbeln treten **Nerven** zu den Muskeln und Organen aus.

Jeder Wirbel hat 3 Fortsätze: den nach hinten gerichteten **Dornfortsatz** und die beiden seitlichen **Querfortsätze**. An ihnen setzen Muskel an, mit denen der Rumpf bewegt wird.

Das Gliedmaßenskelett

Man unterscheidet das obere und das untere Gliedmaßenskelett.

OBERES GLIEDMASSENSKELETT: Dieses nennt man auch **Armskelett**. Es besteht aus dem **Oberarmknochen**, der **Elle** und der **Speiche** sowie den 8 **Handwurzelknochen**, den **Mittelhandknochen** und den **Fingerknochen**.

Das Armskelett ist über das **Schultergelenk** und über feste Bänder mit dem **Schultergürtel** verbunden.

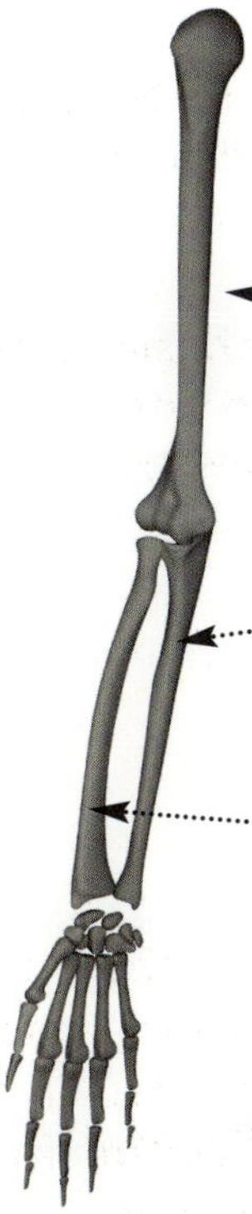

Armskelett

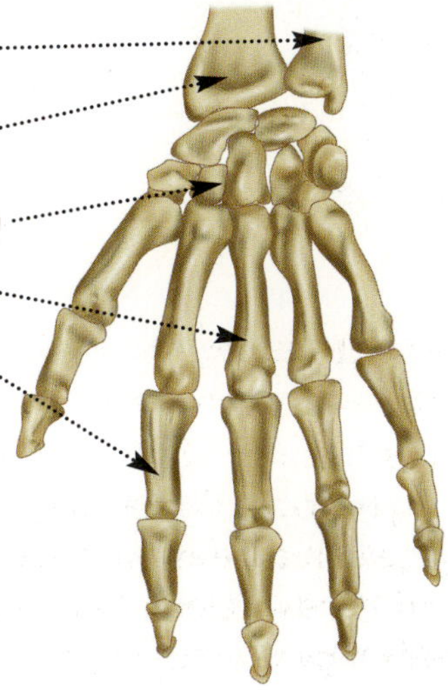

Handskelett

An den Knochen des Handskeletts setzen zahlreiche Muskel an. Diese ermöglichen die hohe Beweglichkeit der Hand und besonders der Finger.

Da der Daumen den anderen Fingern gegenübergestellt werden kann, ist ein **Pinzettengriff** möglich. Gegenstände können so zwischen Daumen und Fingern festgehalten werden.

UNTERES GLIEDMASSENSKELETT: Dieses nennt man auch Beinskelett. Es setzt sich aus dem **Oberschenkelknochen**, der **Kniescheibe**, dem **Schienbein** und dem **Wadenbein** sowie den **Fußwurzelknochen**, den **Mittelfußknochen** und den **Zehenknochen** zusammen. Der Oberschenkelknochen ist der größte und stärkste Knochen des menschlichen Körpers. Er ist durch das **Hüftgelenk** mit dem **Beckengürtel** verbunden.

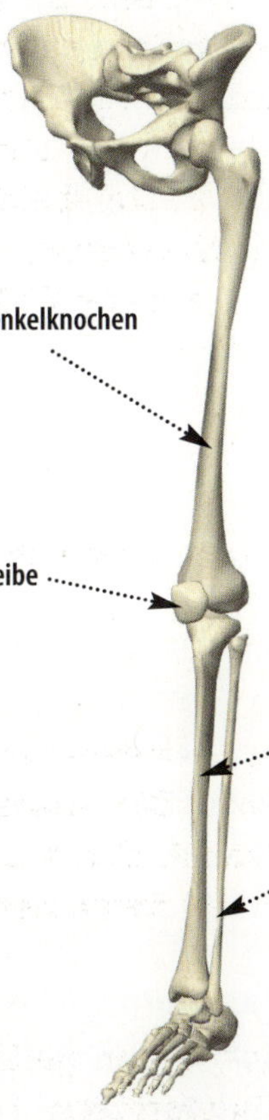

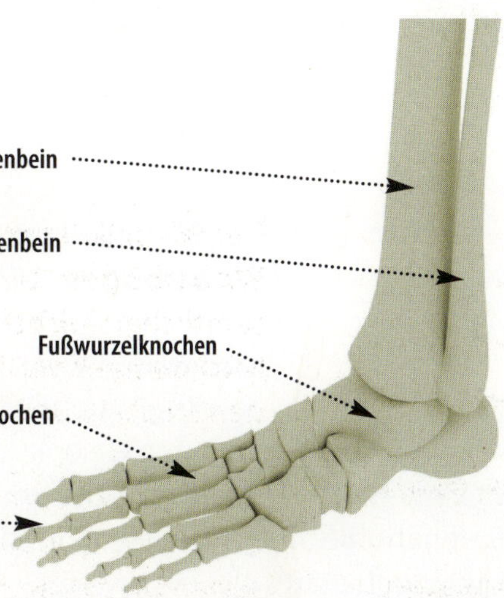

Beinskelett und Fußskelett

Das Fußgewölbe
Der Fuß weist ein Längs- und ein Quergewölbe auf. Gemeinsam bilden sie das Fußgewölbe, das durch die Muskulatur und elastische Bänder gestützt wird. Das Fußgewölbe federt Erschütterungen beim Gehen oder Laufen ab.

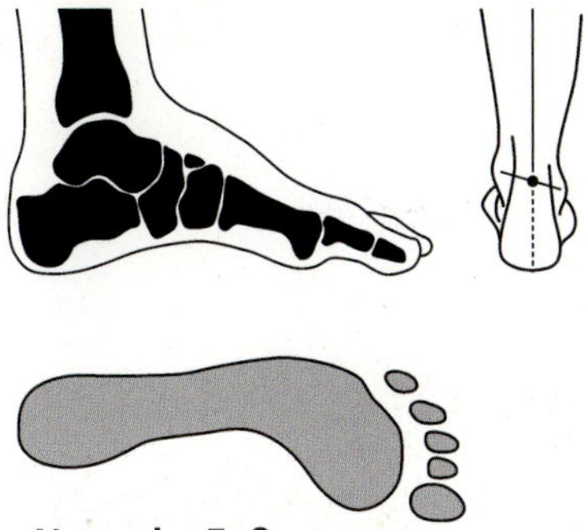

Normaler Fuß

ACHTUNG: Unpassendes Schuhwerk oder lang anhaltende, starke Belastung können zu einer Dehnung dieser Bänder führen. Dadurch geht die Wölbung zurück.

Welche Fußschäden gibt es?

Spreizfuß: abgeflachtes Quergewölbe
Senk-, Knick-, Plattfuß: abgeflachtes Längsgewölbe
Eine fehlende Wölbung kann auch angeboren sein.

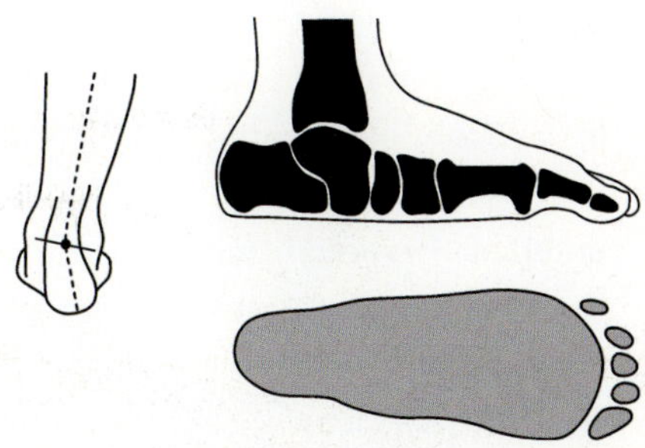

Senk-, Knick- und Plattfuß

Knochenverbindungen

Im Skelett sind die einzelnen Knochen entweder mit festen **Nähten**, durch **Knorpel**, durch **bandförmiges Bindegewebe** oder durch **Gelenke** miteinander verbunden.

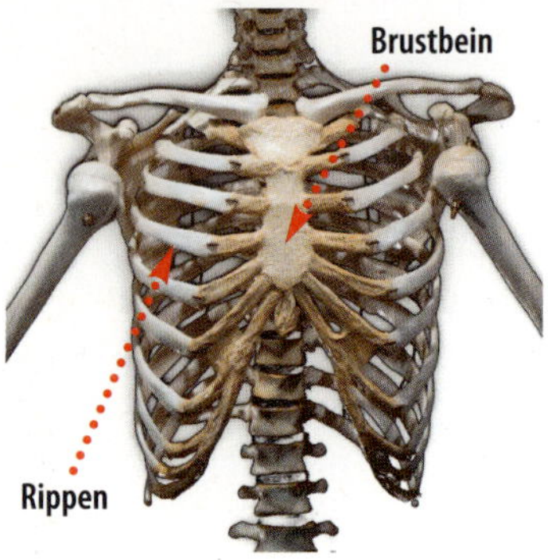

Knorpelverbindung zwischen Rippen und Brustbein

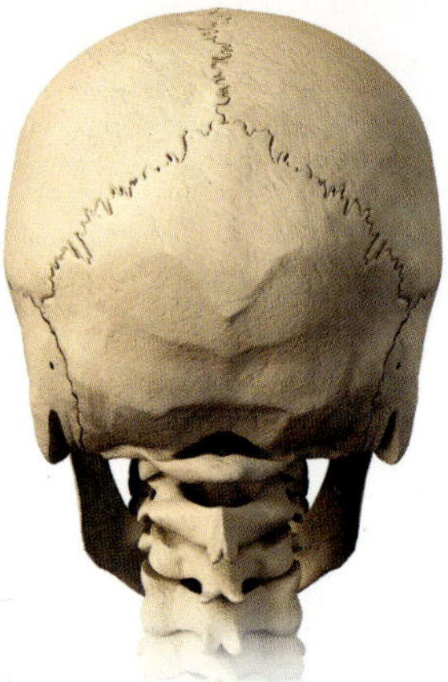

Nähte am Schädel

Feste Nähte gibt es dort, wo die Knochen eine Schutzfunktion haben und daher eine feste Verbindung wichtig ist. So sind die einzelnen Knochenplatten des Schädels durch Nähte miteinander verbunden.

Knorpelverbindungen treten dort auf, wo Knochen elastisch miteinander verbunden sind. Zwischen den Rippen und dem Brustbein kann sich dadurch der Brustkorb beim Atmen dehnen.

Bei **bandförmigen Verbindungen** werden zwei Knochen durch Bindegewebe zusammengehalten. Solche Verbindungen kommen z. B. am Unterarm zwischen Elle und Speiche oder am Unterschenkel zwischen Schien- und Wadenbein vor.

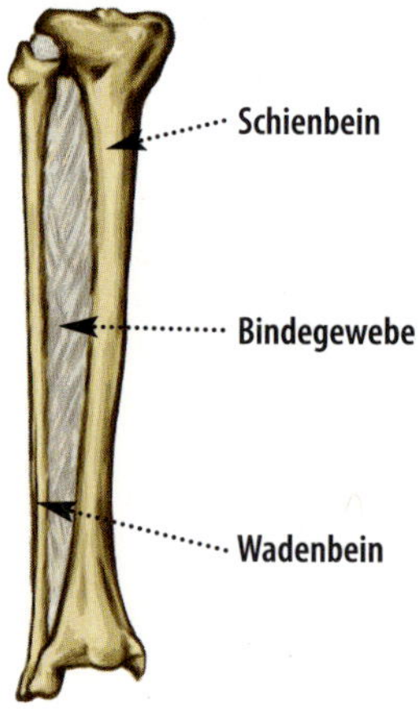

Bandförmige Verbindung im Unterschenkel

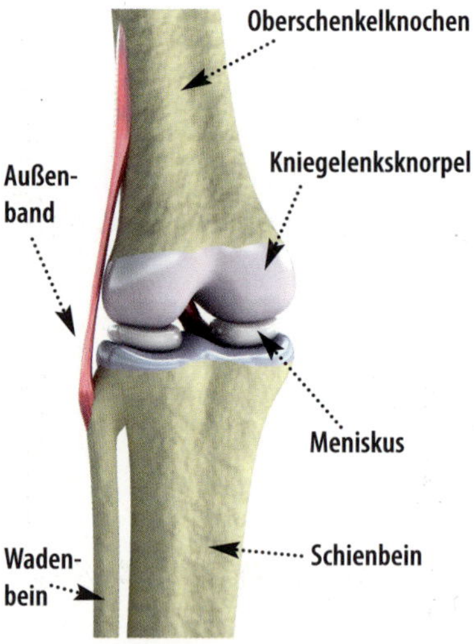

Aufbau eines Gelenks am Beispiel des Kniegelenks

Die beweglichen Knochenverbindungen sind die **Gelenke**. Sie ermöglichen unterschiedliche Bewegungen. Die wichtigsten Arten von Gelenken siehst du hier:

Kugelgelenke

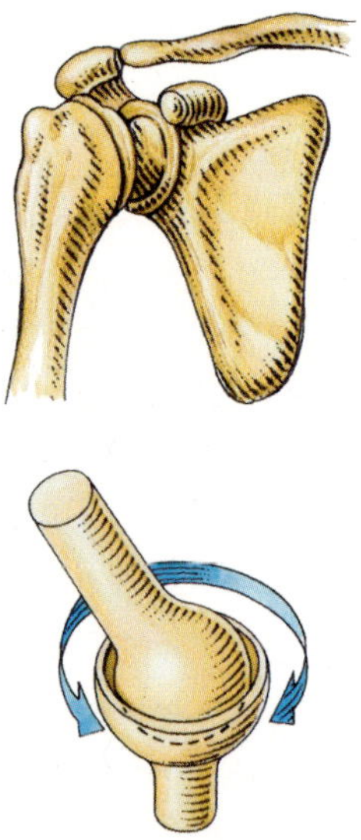

Sie ermöglichen Bewegungen in alle Richtungen. Hüftgelenk, Schultergelenk usw.

Scharniergelenke

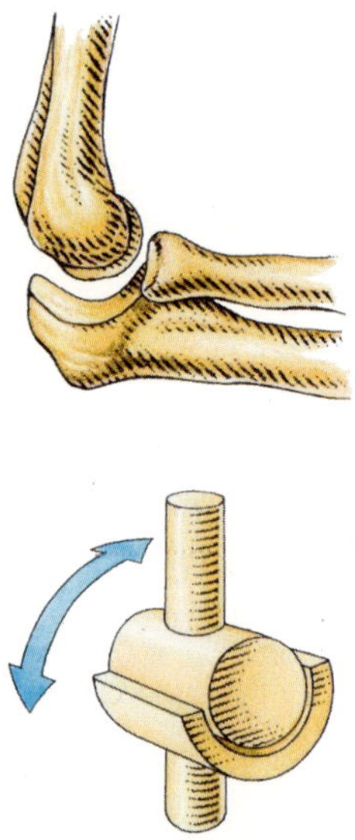

Sie können nur in einer Ebene bewegt werden. Ellbogengelenk, Kniegelenk, Zehengelenke usw.

Sattelgelenke

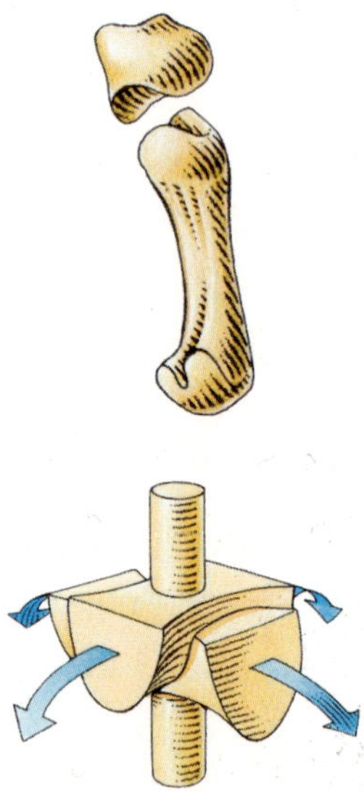

Sie erlauben Bewegungen in zwei Ebenen. Der Daumen kann jedem anderen Finger gegenüber gestellt werden.

Drehgelenke

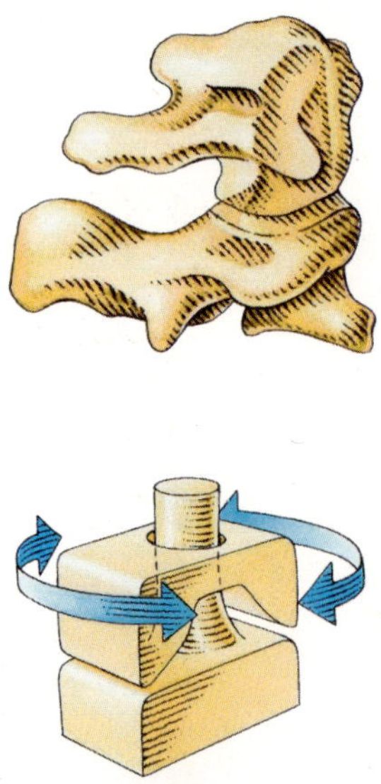

Sie ermöglichen Bewegungen nur um eine Achse, zwischen Hinterhauptsbein und Träger.

Im Gelenksspalt zwischen den Gelenksköpfen liegt der **Gelenksknorpel**. Das Gelenk ist von einer Hülle aus Bindegewebe umgeben, der **Gelenkskapsel**. Diese umschließt die Gelenkhöhle mit der Gelenkflüssigkeit. Die Knochen werden durch Bänder zusammengehalten.

Wo hast du schon einmal Teile bei Geräten oder Maschinen gesehen, die an Gelenke erinnern?

Träger: erster Halswirbel, auf dem der Schädel sitzt

Das Skelett hat **Stütz-, Bewegungs-** und **Schutzfunktion**. Es wird in das **Schädel-, Rumpf-** und **Gliedmaßenskelett** unterteilt. **Feste Nähte, Knorpel, bandförmiges Bindegewebe** und **Gelenke** verbinden Knochen miteinander.

Nun geht's los – Aufgaben für schlaue Köpfe!

1) **Ringle in dieser Abbildung die 3 Abschnitte des Skeletts, die du schon in der 1. Klasse kennengelernt hast, mit den Farben der Kästchen ein! Beschrifte dann diese Abschnitte! ★★★**

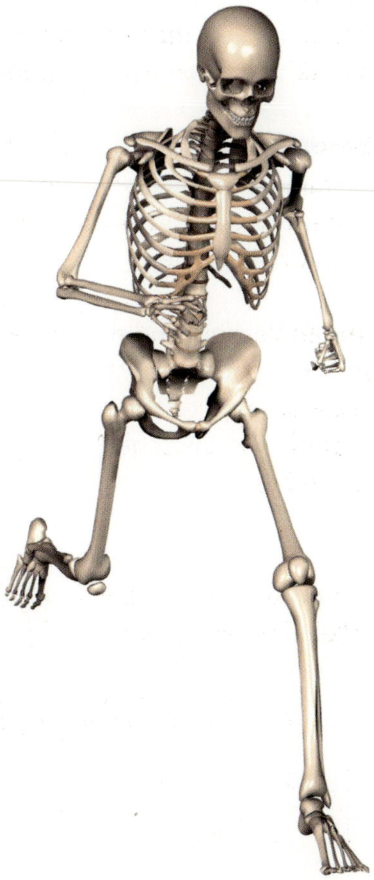

2) **3 × 3 – Erstelle in deinem Heft eine Übersicht! Gehe dabei nach diesem Schema vor! ★★**

3 Teile des Skeletts	
3 Funktionen des Skeletts	
3 Arten von Knochenverbindungen	

3) **Hier wirbelt es! Ringle den Buchstaben des passenden Wirbelteiles ein und finde die gesuchte Knochenverbindung! ★★**

ist abgerundet und nach vorne gerichtet	**T**	Wirbelbogen	**N**	Wirbelkörper
schließt hinten an	**U**	Gallertkern	**A**	Wirbelbogen
wird von Wirbelkörper und -bogen umgeben	**E**	Wirbelloch	**B**	Querfortsatz
wird von den Wirbellöchern gemeinsam gebildet	**S**	Dornfortsatz	**H**	Wirbelkanal
ist nach hinten gerichtet, an ihm setzen Muskel an	**T**	Dornfortsatz	**R**	Wirbelloch
kommen an einem Wirbel 2 mal vor	**A**	Wirbelkörper	**E**	Querfortsatz

LÖSUNGSWORT: . . . . . .

Nun geht's los – Aufgaben für schlaue Köpfe!

4) Wo gehören diese beiden Sätze hin? **Markiere die Buchstaben mit der entsprechenden Farbe! Finde zum Schluss auch eine passende Überschrift! ★★**

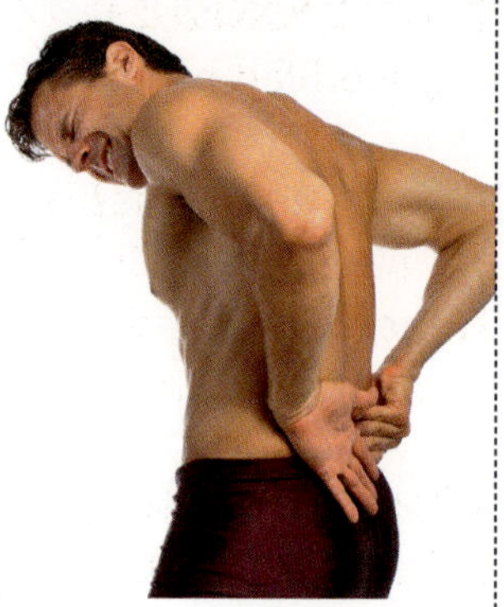

- (rot) **Dieser drückt dann auf die Nerven, die zwischen den Wirbeln austreten.**
- (grün) **Es kann auch gelegentlich zu Lähmungserscheinungen kommen.**

____

A ○ Eine Bandscheibe besteht aus einem gallertigen (zähflüssigen) Innenteil, dem Gallertkern.

B ○ Er ist von einem Knorpelring umgeben. C ○ Bei einer lang anhaltenden ungleichmäßigen Belastung reißt dieser Knorpelring ein. D ○ Dies führt zu einer Verlagerung des Gallertkerns. E ○ Symptome eines Bandscheibenvorfalls sind starke ausstrahlende Schmerzen, die oft mit einem Taubheitsgefühl im Versorgungsgebiet der eingeklemmten Nervenwurzel einhergehen. F ○ Vorbeugende Maßnahmen gegen einen Bandscheibenvorfall sind eine bewusste Körperhaltung und eine Stärkung der Rumpfmuskulatur durch gymnastische Übungen oder Sport. G ○

5) Um welches Gelenk handelt es sich hier? **Beschrifte die verschiedenen Gelenke und notiere, welche Art von Bewegung sie ermöglichen! ★★★**

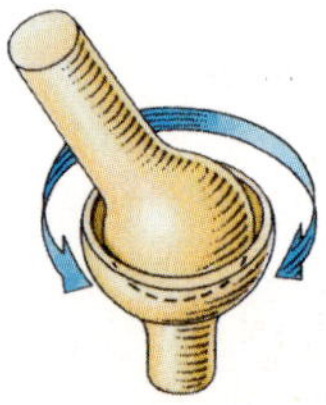

NAME: ______________________

Es ermöglicht ______________________

____

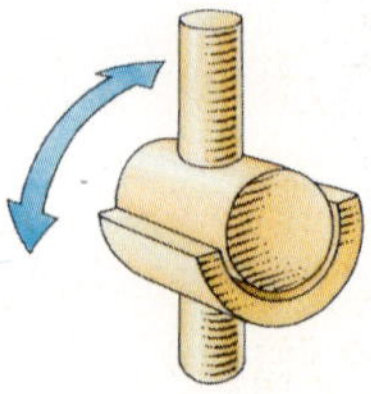

NAME: ______________________

____

____

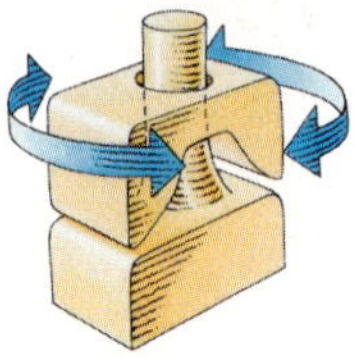

NAME: ______________________

____

____

2. DIE KNOCHEN

Welche Knochenarten werden unterschieden?

PLATTE KNOCHEN: Dies sind feste und leichte plattenförmige Knochen wie das Schulterblatt oder das Darmbein. Sie umschließen meist empfindliche Organe.

SESAMBEINE: Dies sind kleine Knochen, die in eine Sehne eingewachsenen sein können. Dort vergrößern sie den Abstand zum Knochen und sorgen für eine **größere Hebelwirkung der Sehne**. So ist weniger Kraft nötig, um die mit der Sehne verbundenen Knochen zu bewegen. Ein Beispiel für ein Sesambein ist die Kniescheibe.

RÖHRENKNOCHEN: Dies sind die länglich geformten Knochen der Gliedmaßen. Zwischen ihren beiden Knochenenden liegt der **Knochenschaft**. Röhrenknochen wirken wie Hebel, die mit Hilfe der Muskel bewegt werden. Typische Röhrenknochen sind Oberarm- und Oberschenkelknochen, Elle, Speiche, Zehenknochen usw.

Unregelmäßig geformte Einzelknochen lassen sich keiner der genannten Gruppen zuordnen. Zu ihnen zählt man z. B. Wirbel, Unterkieferknochen oder die Gesichtsknochen des Schädels.

Hast du das gewusst?
Ein erwachsener Mensch hat 212 Knochen. Die Anzahl wird häufig unterschiedlich angegeben, da im Fuß oder in der Wirbelsäule zusätzliche Kleinknochen vorhanden sein können. Verwachsene Knochen wie im Becken werden manchmal als ein Knochen, manchmal aber auch getrennt gezählt.

Der Bau eines Knochens

Das Skelett eines Embryos besteht größtenteils aus Knorpel. Daraus entwickeln sich später die Knochen.

Knochen werden von einer äußeren Haut, der **Beinhaut** umhüllt. In der Beinhaut verlaufen viele **Nerven** und **Blutgefäße**. An ihr sind Bänder und Sehnen festgewachsen. Bänder verbinden Knochen miteinander. Sehnen hingegen verbinden die Knochen mit den Muskeln und bewegen so die Knochen.

Unter der Beinhaut liegt die feste und harte **Knochenrinde**. An den verdickten Enden des Knochens ist sie von elastischen **Gelenksknorpeln** umgeben. Im Hohlraum des Knochenschaftes befindet sich das fettreiche **Gelbe Knochenmark**.

Unter der Knochenrinde, vor allem an den dickeren Knochenenden, ist der Knochen nicht fest, sondern sieht ähnliche wie ein Schwamm aus. Diese schwammige Knochensubstanz ist aus Knochenbälkchen aufgebaut. In den Hohlräumen befindet sich das **Rote Knochenmark**, in dem weiße und rote Blutkörperchen gebildet werden.

Die **Knochenbälkchen** sind so angeordnet, dass sie Druck- und Zugkräfte auffangen und gleichmäßig verteilen können. So erreicht der Knochen eine möglichst große Festigkeit, ist aber durch die Hohlräume nicht zu schwer.

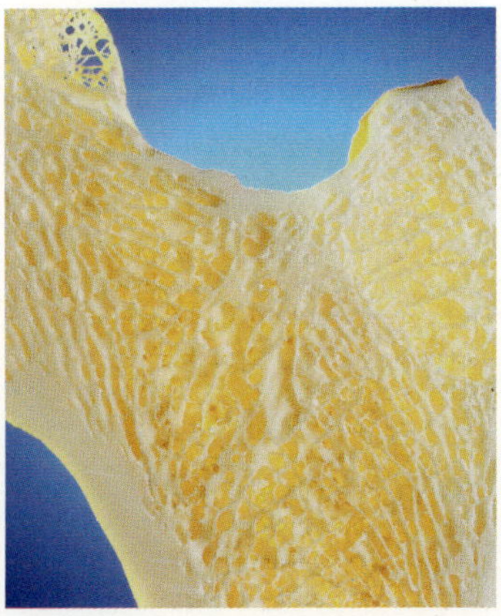

Knochenbälkchen verlaufen nur in Richtung der größten Belastung; so kann Gewicht gespart werden.

Überlege: Warum und wo ahmt der Mensch diese Bauweise nach? Wie heißt die Wissenschaft, die Konstruktionen aus der Natur für die Technik nutzt?

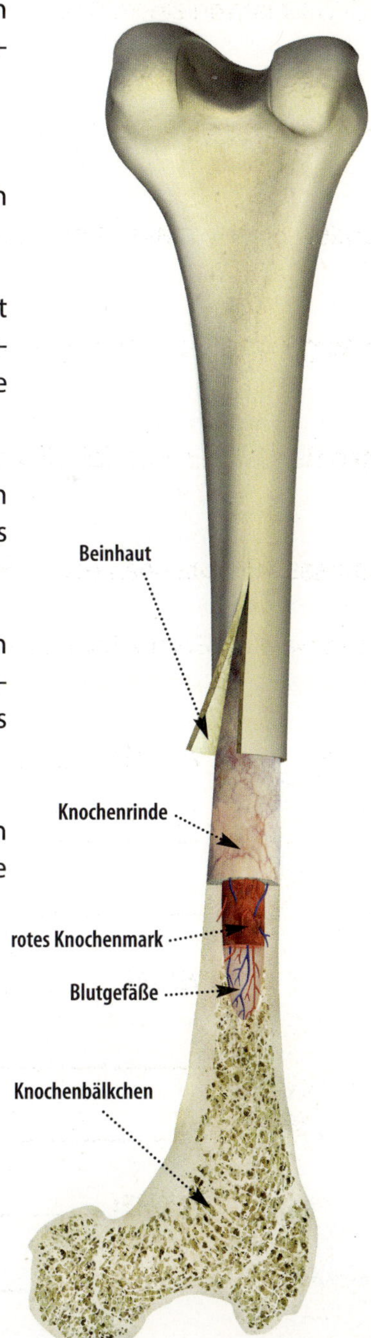

Röhrenknochen Längsschnitt

MERKE: *Lebende Knochen sind gleichzeitig hart und biegsam.*

Wie kann man feststellen, woraus Knochen bestehen?
1. Säurebehandlung: Dabei werden die Salze aus dem Knochen gelöst, sodass nur die Eiweißfasern übrig bleiben. Der Knochen ist dann so weich, dass man ihn biegen kann.
2. Erhitzen: Hierbei werden die Eiweißfasern verbrannt. Nur das harte Material bleibt zurück, der Knochen ist so spröde, dass er leicht zerbricht.

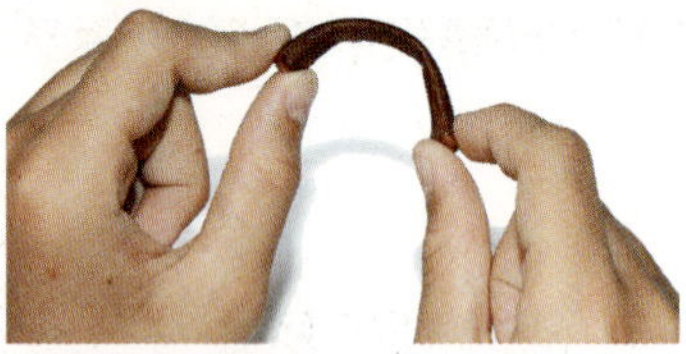

Biegsamer Knochen nach Säurebehandlung

vererben: hier → weitergeben genetischer Informationen von Lebewesen auf ihre Nachkommen

Betrachte die Knochenstruktur bei Osteoporose! Was fällt dir auf?

Die wichtigsten Bestandteile von Knochen sind die **Beinhaut**, die **Knochenrinde**, elastische **Gelenkknorpel**, das **Knochenmark** und die **Knochenbälkchen**. Knochen sind gleichzeitig hart und biegsam. Sie bestehen aus Salzen und dehnbaren Eiweißfasern.

Bestandteile des Knochens

Knochen müssen sehr **hart und widerstandsfähig** sein. Gleichzeitig müssen sie aber auch **elastisch** sein, damit sie nicht so leicht brechen.

Ihre Härte erhalten Knochen durch **eingelagerte Salze**, vor allem durch Calciumphosphat und Calciumcarbonat (**Kalk**). Biegsam werden sie durch **kollagene Fasern**. Das sind dehnbare Eiweißfasern, die auch im Bindegewebe, in Knorpeln und in den Muskeln vorkommen.

Knochen werden ständig umgebaut und dadurch erneuert. Je älter man wird, desto mehr Kalk enthält die neu gebildete Knochensubstanz. Die Knochen werden dadurch spröder und brechen bei älteren Menschen leichter als bei Kindern.

Gesunde Knochen für eine lebenswerte Zukunft

Die Ernährung spielt eine wichtige Rolle für die Entwicklung deiner Knochen. Je mehr Calcium sich in deine Knochen einlagern, desto fester werden deine Knochen. Milch und Milchprodukte wie Jogurt, Käse oder Topfen sind die Hauptquelle für Calcium. Aber auch manche getrocknete Früchte, grünes Gemüse oder Vollkornbrot sind wichtige Calciumlieferanten.

Auch Vitamin D unterstützt die Knochenbildung und ist für die Knochendichte und die Stabilität wichtig. Vitamin D ist vorwiegend in Fisch, Milch und Milchprodukten enthalten. Durch UV-Licht, das auch Teil der Sonnenstrahlung ist, wird es in der Haut selbst gebildet.

TIPPS FÜR GESUNDE KNOCHEN

- *ausreichende Zufuhr von Calcium (800 mg), Vitamin D und Phosphor*
- *Ausgeglichenes körperliches Training erhöht die Knochendichte.*

Gefahren für die Knochen

OSTEOPOROSE: Bei dieser Knochenkrankheit vermindert sich die Knochenmasse. Die Knochenbälkchen werden dünner, die Knochen brüchig. Osteoporose entwickelt sich sehr langsam und wird oft überhaupt erst nach einem Knochenbruch erkannt. Häufig sind Wirbel, Handgelenke oder Hüften von solchen Brüchen betroffen. Osteoporose wird meist **vererbt**, aber auch eine ungesunde Lebensweise kann die Ursache sein. Viel Bewegung, auf Calcium und Vitamin D bedachte Ernährung sowie Vermeidung ungesunder Lebensweise können Osteoporose verhindern.

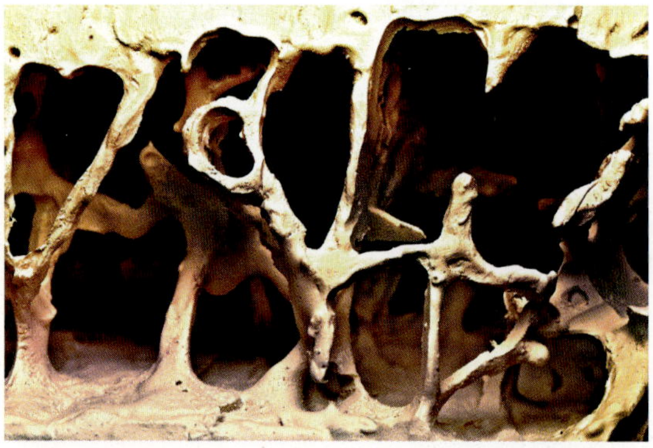

Knochenstruktur bei Osteoporose

KNOCHENFRAKTUR: Bei Überbeanspruchung können Knochen brechen. Bei einem **offenen Bruch** durchbohrt der Knochen das umliegende Muskel- und Hautgewebe. Bei einem **geschlossenen Bruch** geschieht das nicht. Nach einem Bruch muss der Knochen wieder eingerichtet und ruhig gestellt werden, damit er richtig verheilen kann. In manchen Fällen werden dazu auch Schrauben oder Platten benötigt, mit denen die Knochenteile fixiert werden.

Nun geht's los – Aufgaben für schlaue Köpfe!

1) Welche Knochen des Skeletts hast du dir noch aus der 1. Klasse gemerkt? **Ordne die folgenden Begriffe der Abbildung so zu, dass du die Pfeile mit Lineal richtig ziehen kannst! ★★★★★**

Unterkieferknochen ★ Oberschenkelknochen ★ Schläfenbein ★ Oberkieferknochen ★ Zehenknochen ★ Beckenknochen ★ Oberarmknochen ★ Mittelhandknochen ★ Stirnbein ★ Fußwurzelknochen ★ Mittelfußknochen ★ Schlüsselbein ★ Schulterblatt ★ Elle ★ Speiche ★ Fingerknochen ★ Schienbein

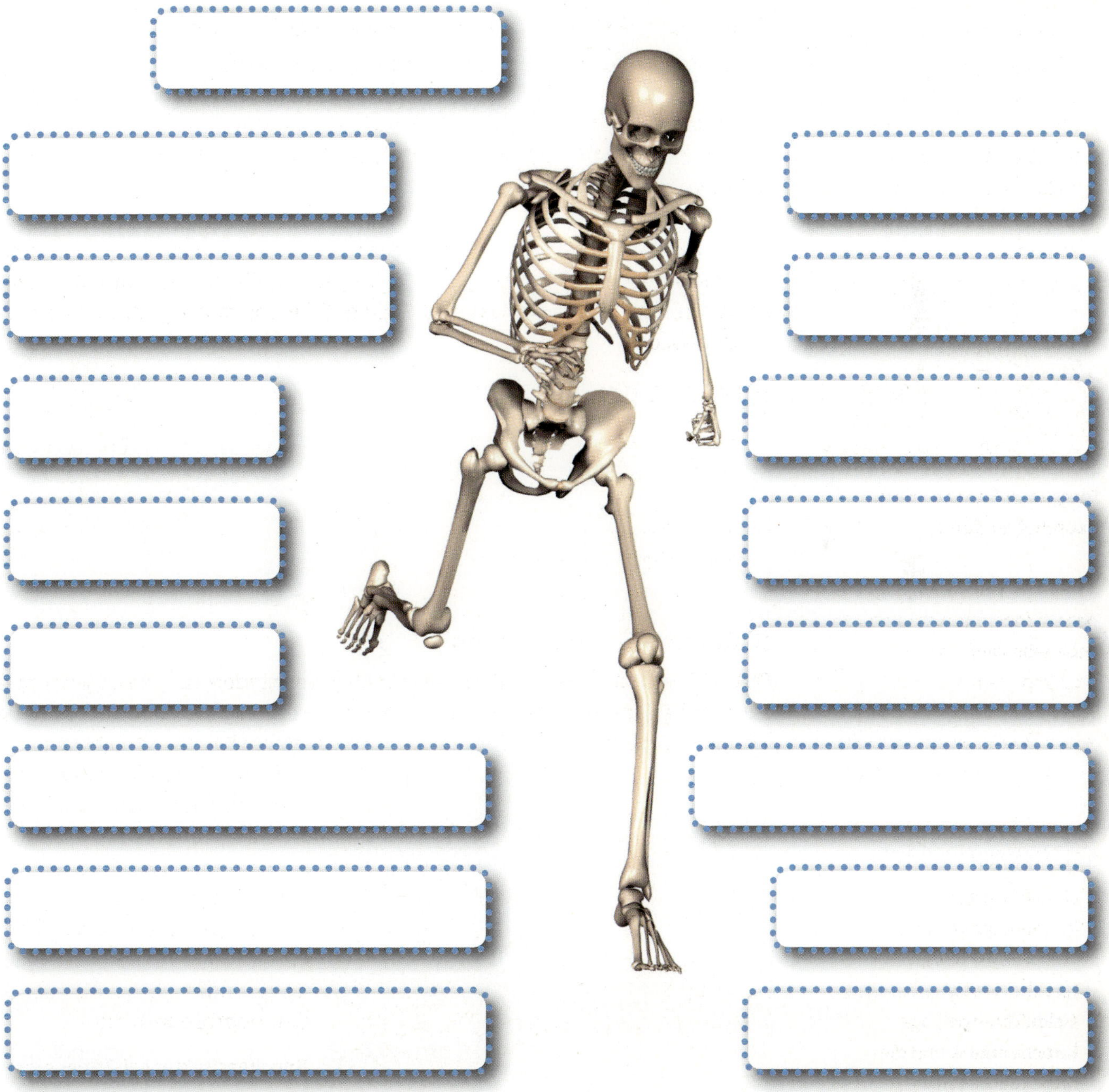

2) **„Biegsame Knochen":** **Führe folgenden Versuch zu Hause durch! ★★★**

Material: Essig, Hühnerknochen, Trinkglas

Versuchsdurchführung: Lege den Hühnerknochen in ein Glas und fülle so viel Essig ein, dass der Knochen mit der Flüssigkeit bedeckt ist! Erneuere im Abstand von einigen Tagen den Essig immer wieder! Nach ein bis zwei Wochen ist der Knochen dann elastisch und biegsam.

Nun geht's los – Aufgaben für schlaue Köpfe!

3) **Wissenswertes über die Wachstumsfuge!** Zu jedem Satz gehört ein zweiter dazu. **Kennzeichne diesen mit dem entsprechenden Buchstaben! ★★**

A. Am Übergang vom Gelenkskopf zum Knochenschaft liegt die Wachstumsfuge.

B. Sie besteht aus Knorpel.

C. Die Epiphysenfuge ist der Ort des Knochenwachstums – der Ossifikation.

D. Bei Erwachsenen ist diese Fuge geschlossen, da der Knochen nicht mehr wächst.

◯ Dies geschieht ungefähr ab dem neunzehnten Lebensjahr.

◯ Während du wächst, wird hier neue Knochensubstanz gebildet.

◯ Man nennt sie auch Epiphysenfuge.

◯ Dieser weist eine hohe Druckelastizität auf.

4) **Knochen-Quiz!** **Beantworte folgende Fragestellungen! ★★★★** Wie viele Punkte schaffst du?

a) Welche Eigenschaften müssen Knochen aufweisen? **3/**

____

b) Wodurch erhalten Knochen ihre Härte? **1/**

____

c) Was verursacht ihre Biegsamkeit? **1/**

____

d) Was geschieht mit deinen Knochen, je älter du wirst? **1/**

____

e) Nenne 4 Nahrungsmittel, die viel Calcium enthalten! **4/**

____

f) Welches Vitamin unterstützt die Knochenbildung? **1/**

☐ Vitamin A ☐ Vitamin B ☐ Vitamin C ☐ Vitamin D ☐ Vitamin E ☐ Vitamin F

______ **meine PUNKTE**

5) **Lies die folgende Kurzmeldung genau durch! Dann markiere jene Aussage, die falsch ist! ★★★**

Die Knochenstruktur bei Erwachsenen hängt auch von Sexualhormonen wie Östrogen oder Testosteron ab. So leiden Frauen häufiger unter Osteoporose als Männer. Die Knochendichte nimmt ab dem 30. Lebensjahr durchschnittlich um etwa 0,5 % im Jahr ab. Bei Frauen führt der Östrogenmangel nach den **Wechseljahren** verstärkt zu Osteoporose.

Wechseljahre: hormonelle Umstellung einer Frau, die das Ende der Fortpflanzungsfähigkeit bedeutet

☐ Sexualhormone beeinflussen die Knochenstruktur.

☐ Männer leiden weniger oft an Osteoporose als Frauen.

☐ Ab dem 30. Lebensjahr nimmt die Knochendichte ab.

☐ In den Wechseljahren gibt es einen Östrogenmangel bei Frauen.

☐ Männer erkranken häufiger als Frauen an Osteoporose.

3. ERKRANKUNGEN DES BEWEGUNGSAPPARATES

Durch Unfälle, falsche Bewegungsabläufe oder falsche Haltung können Schäden am Skelett, den Gelenken oder der Muskulatur entstehen. In manchen Fällen sind solche Erkrankungen auch angeboren.

Erinnere dich! Wie soll man schwere Lasten heben, damit keine Schäden an der Wirbelsäule auftreten?

Wenn sich die normale doppelte s-Krümmung der Wirbelsäule verändert, spricht man von **Haltungsschäden der Wirbelsäule**. Diese können durch nachlässige „Haltung" oder schwache Muskulatur entstehen.

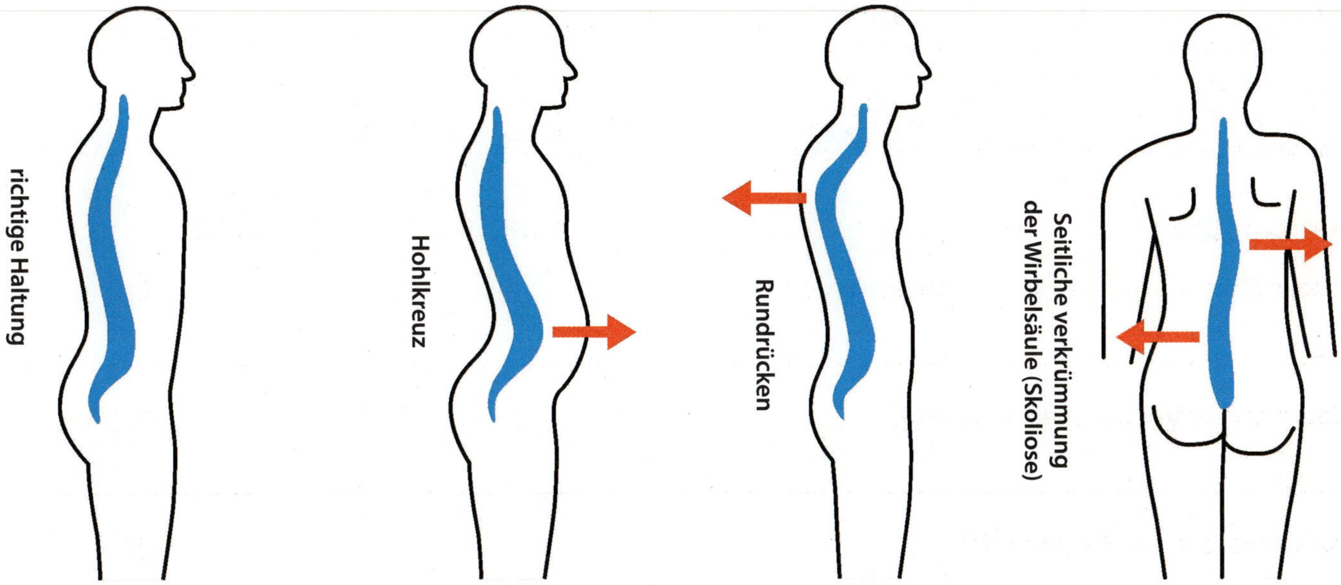

Haltungsschäden der Wirbelsäule

Haltungsschäden vorbeugen

Viele Menschen üben heute Tätigkeiten aus, bei denen sie hauptsächlich sitzen müssen. Denke dabei an Arbeiten am Computer. Um Haltungsschäden zu vermeiden, sollte die **Wirbelsäule gleichmäßig belastet** werden. Deshalb ist es wichtig, folgende Regeln zu beachten:

ACHTUNG!
Auch beim Fernsehen oder Computerspielen solltest du auf diese Sitzhaltung achten. Lass deinen Oberkörper nicht nach vorne sinken, weil dabei deine Bandscheiben an der Vorderseite der Wirbelsäule zusammengedrückt werden.

> **„Sitz gerade!"**
> Ganze Generationen von Kindern bekamen diese Aufforderung zu hören. … In letzter Zeit behaupten mehr und mehr Experten, dass es viel besser sei, dynamisch zu sitzen, anstatt starr und gerade im Sessel zu kleben.
> **Onlinestandard 13.3.2013**

Etwa die Hälfte der Schulkinder zwischen 7 und 11 Jahren hat Haltungsschäden. 90 % der Haltungsschäden sind nicht angeboren, sondern durch falsche Haltung im Kindesalter erworben.

Ständiges starres Sitzen ist eine große Belastung für die Bandscheiben. Wichtig ist Bewegung und oftmaliges Ändern der Sitzhaltung. Ebenso sollte bei Tätigkeiten, die nicht unbedingt im Sitzen verrichtet werden müssen, aufgestanden und im Raum umhergegangen werden.

Übungen, die deine Wirbelsäule stärken

Wenn du täglich 5 bis 10 min diese Übungen machst, kannst du Haltungsschäden vorbeugen.

1. Sitzende Ausgangposition: Das Gesäß langsam vom Stuhl abheben. Die Knie bleiben gebeugt und der Oberkörper aufrecht. Die Arme langsam parallel nach vorne strecken, dabei die Handflächen nach oben drehen. Körperspannung halten und den Oberkörper wiederholt nach links und rechts drehen.

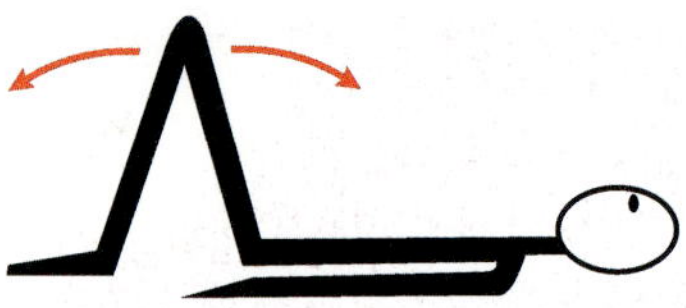

2. Rückenlage: Entspannt auf den Rücken legen. Beine anwinkeln und langsam nach links senken, ein paar sek halten und dann nach rechts senken und wieder ein paar sek halten.
Diese Übung mehrmals wiederholen!

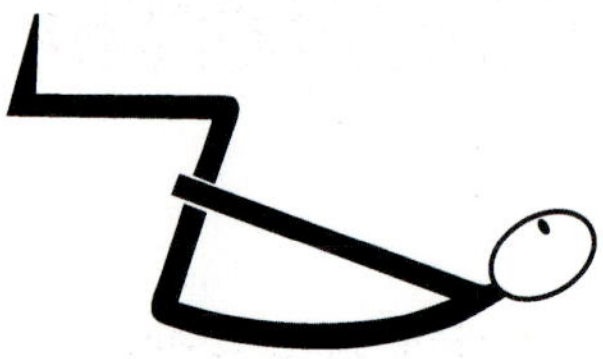

3. Rückenlage: Beide Beine gleichzeitig vom Boden heben, in den Knien beugen und Richtung Oberkörper heranziehen. Mit beiden Händen die Knie umfassen und unter Muskelanspannung ca. 30 sek halten.

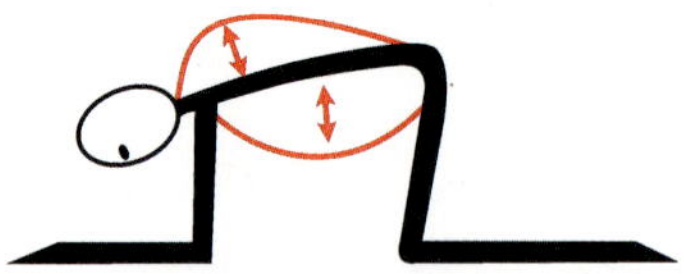

4. Vierfüßler: Kinn zur Brust ziehen, Bauch anspannen und Rücken rund machen (nach oben drücken) und wieder absenken.

Bewegung ist wichtig – aber richtig!

Tipps und Hinweise

- *Atme bei diesen Übungen immer gleichmäßig aus und ein!*
- *Vermeide ruckartige Bewegungen!*
- *Führe die Bewegungen langsam und präzise aus!*
- *Halte die Endposition einer Übung so lange wie möglich!*
- *Mache bei jeder Übung bis zu drei Wiederholungen!*

Achtung – Verletzungsgefahr

Bisher hast du folgende Verletzungen und Erkrankungen des Skeletts kennengelernt:

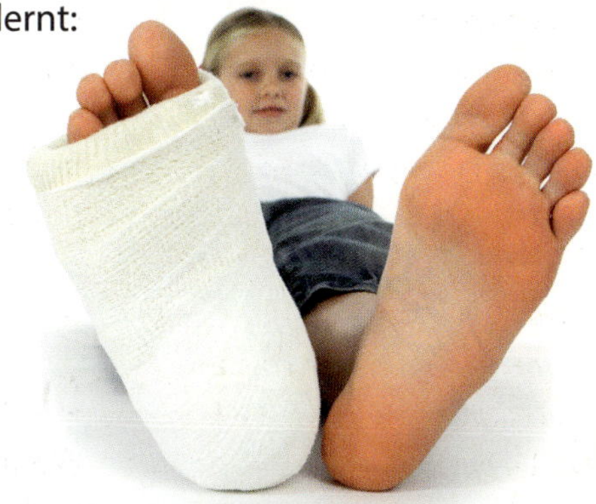

- Bandscheibenvorfall (Verletzung der Wirbelsäule)
- Haltungsschäden an der Wirbelsäule
- Schäden des Fußskeletts
- Knochenbrüche
- Osteoporose

BEDENKE: Auch **Gelenke** können verletzt werden!

VERSTAUCHUNG: Bei einem Unfall oder Sturz werden aufgrund der außergewöhnlichen Krafteinwirkung die Gelenkskapsel und die umgebende Muskulatur sowie die Bänder stark überdehnt. Es kann dabei zu Blutergüssen (blaue Verfärbung) oder Bänderrissen kommen.

PRELLUNG: Sie entsteht durch einen Schlag oder Stoß. Diese Verletzung kann eine Schwellung oder einen Bluterguss nach sich ziehen.

ZERRUNG: Werden Bänder eines Gelenks stark überdehnt, spricht man von einer Zerrung.

VERRENKUNG: Wenn ein Gelenk in eine Richtung bewegt wird, für die es nicht geeignet ist, kann es zu einer Verrenkung kommen. Dabei werden die Gelenksflächen so weit gegeneinander verschoben, dass der Gelenkskopf aus seiner normalen Position springt. So kann es zu Bänderrissen oder Verletzungen der Gelenkskapsel kommen. Die das Gelenk bildenden Knochen müssen in diesem Fall von einem Arzt oder einer Ärztin **reponiert** werden.

reponieren: einrenken, richtig positionieren

Verletzungen vorbeugen!

Trainierte kräftige Muskulatur hilft, Knochenverletzungen zu vermeiden. Viele Verletzungen können durch richtiges Verhalten vor, während und nach dem Sport vermieden werden.

- angemessen trainieren: Überlastung vermeiden und nicht übertreiben
- abwechslungsreich und regelmäßig trainieren: z. B. Laufen, Schwimmen, Radfahren, Ballspiele
- aufwärmen: Anregung der Durchblutung und Vorbereitung des Körpers auf die folgenden Belastungen
- passende Ausrüstung bzw. Schutzausrüstung tragen: Helm, Ellenbogen- und Knieschoner

Erste Hilfe bei Unfällen

Wenn es trotz aller getroffenen Vorkehrungen zu einem Sportunfall und einer Sportverletzung kommt, halte dich an die **PECH-Regel**:

P AUSE

Wenn du dich beim Sport verletzt hast, reagierst du meist automatisch richtig → du hörst sofort auf.

Der betroffene Körperteil soll ruhig gestellt werden. Lege eine PAUSE ein!

E IS

Kühle die verletzte Stelle! Dadurch verengen sich die Blutgefäße, der Stoffwechsel im Gewebe wird verlangsamt und so die Ausdehnung des Gewebeschadens verringert. Auch der Schmerz wird durch Kälte vermindert.

Achte darauf, dass Eis oder Kältepackungen niemals direkt auf die Haut gelangen → z. B. Tücher verwenden!

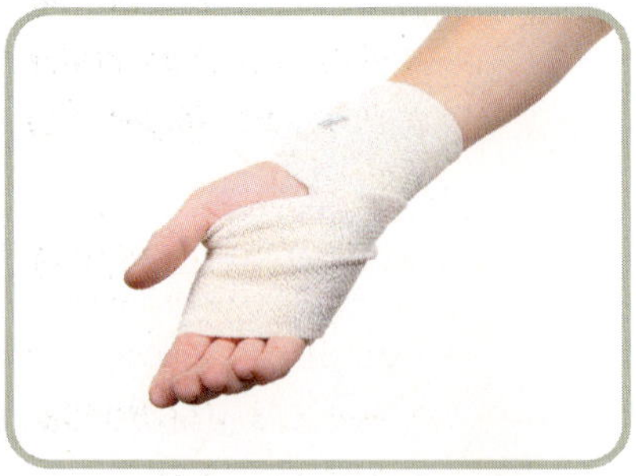

C OMPRESSION

Lege einen Druckverband an! Damit wird die mögliche Schwellung weitgehend verhindert.

ACHTUNG: Wickle den Druckverband aber nicht zu fest, damit die Durchblutung nicht gestört wird.

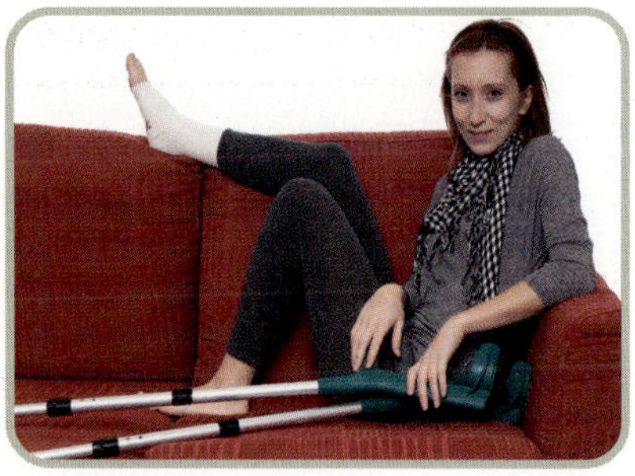

H OCHLAGERN

Mit dem Hochlagern und Ruhigstellen des verletzten Körperbereiches wird der Rückfluss des Blutes aus dem verletzten Körperteil erleichtert.

Dadurch wird die aus der Verletzung austretende Flüssigkeit besser abtransportiert.

Gegen Haltungsschäden an der Wirbelsäule helfen **Wirbelsäulengymnastik** und eine gute Haltung z. B. beim Sitzen. Bei den meisten leichteren Verletzungen wie Verstauchung, Verrenkung, Prellung oder Zerrung hilft das **P E C H-Verfahren.**

WICHTIG: Suche bei einer akuten Verletzung nach den Sofortmaßnahmen zur genauen Diagnose einen Arzt oder eine Ärztin gegebenenfalls in einer Unfallambulanz auf!

4. DIE MUSKULATUR

Wie das Skelett aufgebaut ist, wie die Knochen miteinander verbunden sind und wie sie sich bewegen, hast du bereits kennengelernt. Unsere Bewegungen entstehen aber erst, wenn **mehrere Muskel zusammenspielen.**

Willkürliche Muskel: Eine Vielzahl der Muskelbewegungen können wir selbst steuern und kontrollieren. Die dafür verantwortlichen Muskel bilden die **Skelett-** oder **quergestreifte Muskulatur.**

Unwillkürliche Muskel: Es gibt aber auch Muskel in unserem Körper, die wir nicht willkürlich steuern können. Diese ist die Eingeweidemuskulatur. Sie wird wegen der fehlenden Querstreifung auch **glatte Muskulatur** genannt.

Eine Sonderstellung nimmt die **Herzmuskulatur** ein, denn du kannst sie nicht willkürlich steuern, obwohl sie eine Querstreifung wie die Skelettmuskeln aufweist.

Was ist die quergestreifte Muskulatur?
Unter dem Mikroskop sieht man bei willkürlichen Muskeln typische Querstreifen. Diese entstehen durch die regelmäßige Anordnung der Muskelfasern und durch die unterschiedlichen Strukturen der Eiweißfäden in den Fasern.

Skelettmuskel

Die Skelettmuskulatur wird von uns **willkürlich** gesteuert. Mehr als 600 quergestreifte Muskel umhüllen unser Skelett, um jedem Körperteil seine Beweglichkeit zu verleihen. Sehnen verbinden Muskel und Knochen.

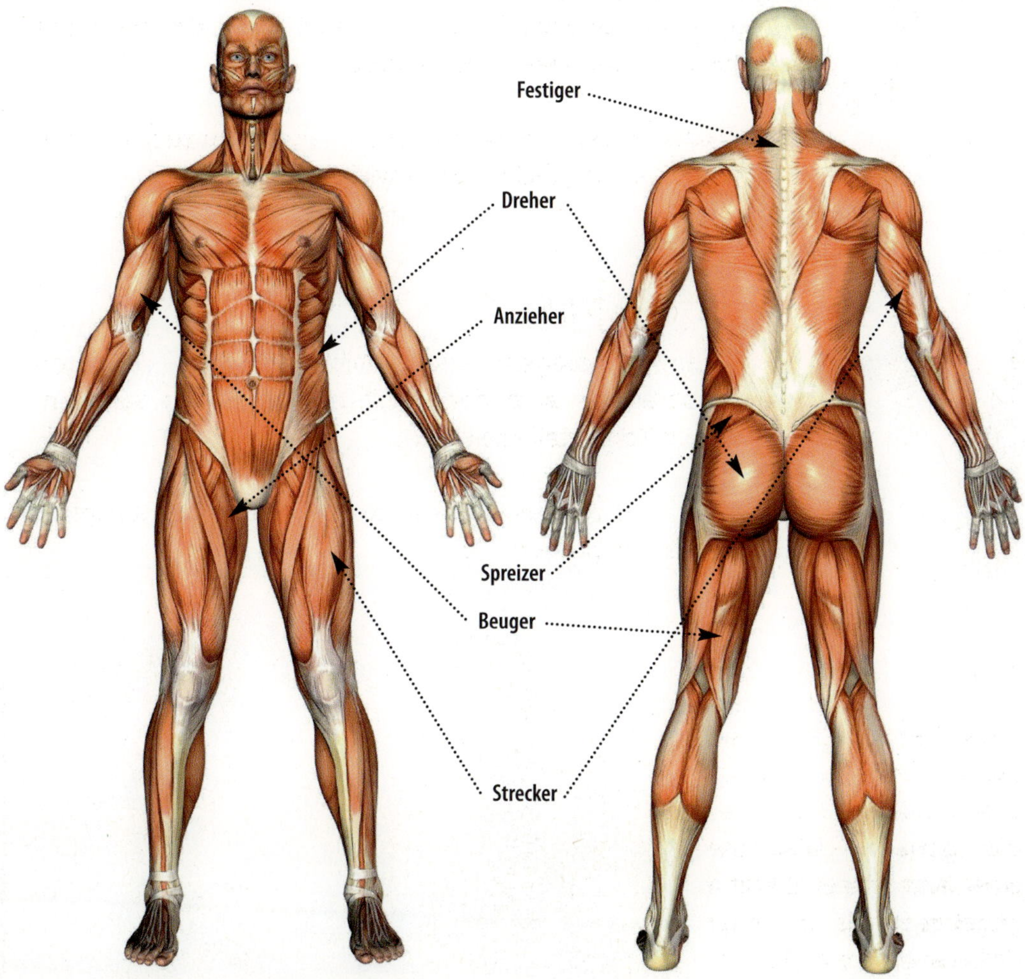

Skelettmuskulatur: Vorder- und Hinteransicht

Einteilung der Muskel nach Funktion oder Aufgabe:

Festiger: Muskel, die Teile des Skeletts zusammenhalten bzw. unsere Körperhaltung ermöglichen

Anzieher oder Adduktoren: ziehen z. B. Gliedmaßen an den Körper heran

Spreizer oder Abduktoren: ermöglichen das seitliche Wegspreizen oder Heben eines Körperteils.

Dreher: führen Drehbewegungen aus, z. B. Kopf oder Rumpf

Beuger: veranlassen die Beugung an einem Gelenk

Strecker: vollziehen die Streckung eines Gelenks, z. B. Strecken des Beines

Selbst bei einfachen Bewegungen sind ganze Gruppen von Muskeln beteiligt, das Zusammenwirken ist sehr **komplex**. Trotzdem ist es möglich, Muskel nach ihrer **Funktion** oder **Aufgabe** einzuteilen.

komplex: vielfältig, schwierig

Erinnere dich! In der 1. Klasse hast du das Prinzip der entgegengesetzten Wirkung von Muskeln kennengelernt. Erkläre anhand dieser Abbildung deinem Sitznachbarn/deiner Sitznachbarin, wie Beuger und Strecker sich ergänzen!

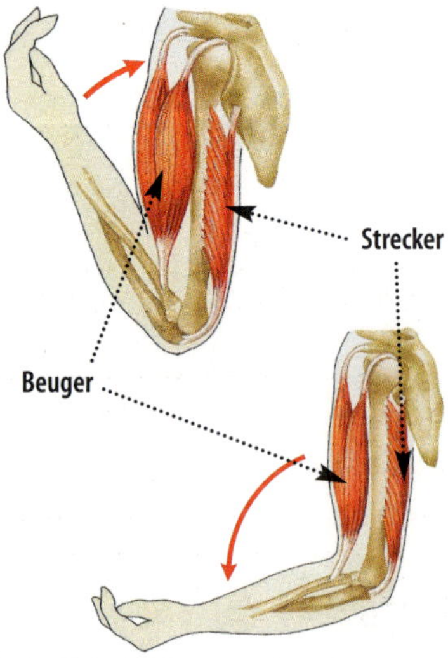

Gegenspieler/Antagonisten

Was sind Synergisten?
Haben Muskel ähnliche oder gleiche Wirkung und arbeiten sie zusammen, spricht man von Synergisten.

Die **Skelettmuskulatur** kann nach ihrer Funktion in **Festiger**, **Anzieher**, **Spreizer**, **Dreher**, **Beuger** und **Strecker** unterteilt werden. In ihrem komplexen Zusammenwirken kann zwischen **Antagonisten** und **Synergisten** unterschieden werden. Die **Eingeweide-** und die **Herzmuskulatur** sind nicht unserem Willen unterworfen.

Ein Skelettmuskel besteht aus vielen **Muskelfaserbündeln**. Diese setzen sich aus mehreren quergestreiften **Muskelfasern** zusammen, die wiederum aus fadenförmigen **Eiweißfasern** bestehen. Die Eiweißfasern lassen sich in noch kleinere Einheiten, die man **Myofilamente** nennt, zerlegen. Außen ist ein Skelettmuskel von der **Muskelhaut** umgeben.

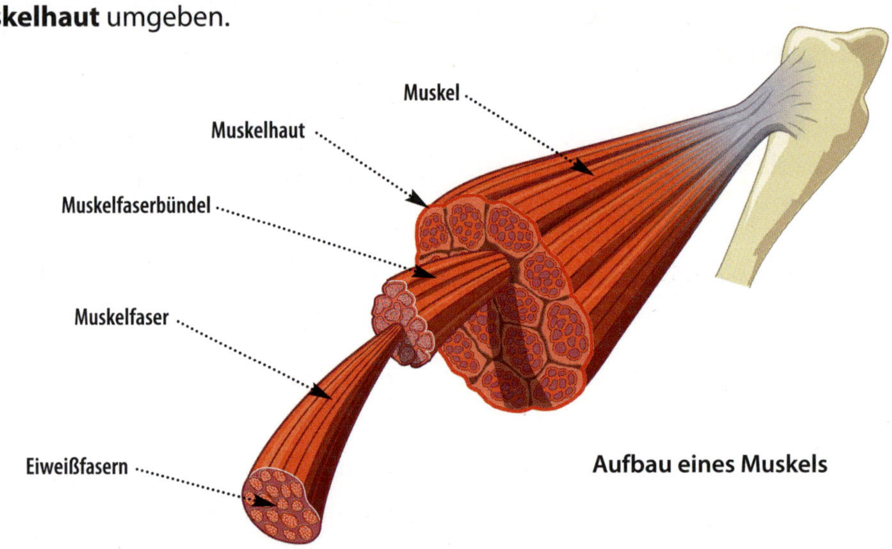

Aufbau eines Muskels

Eingeweidemuskel

Im Unterschied zur Skelettmuskulatur arbeitet die Eingeweidemuskulatur automatisch, ohne dass wir sie beeinflussen können. Sie gehört daher zur **unwillkürlichen Muskulatur**.

Der Darm wird von zwei Muskelschichten umgeben: Die innere Schicht besteht aus **ringförmigen Muskeln**, die den Darm einschnüren können. Die Muskel der äußeren Schicht verlaufen in **Längsrichtung** und verkürzen den Darm. Gemeinsam befördern diese beiden Muskelschichten den Nahrungsbrei im Darm weiter. Unwillkürliche Muskulatur bewirkt auch den Nahrungstransport in der Speiseröhre.

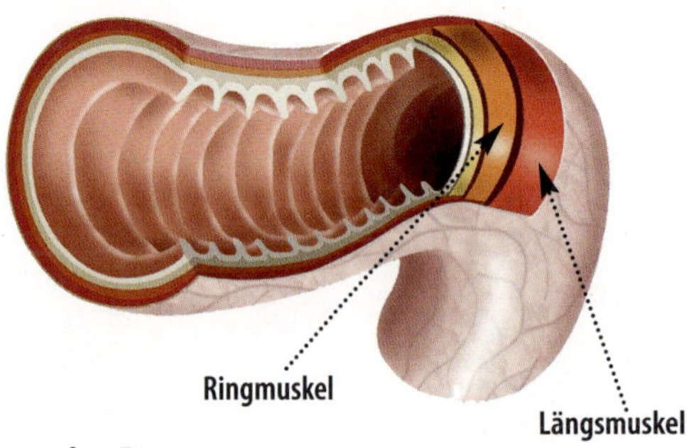

Muskulatur des Darms

Herzmuskel

Das Herz besteht aus einem **Hohlmuskel**. Wenn dieser sich zusammenzieht, funktioniert er wie eine Pumpe. Auch die Herzmuskulatur weist **quergestreifte** Fasern auf, ist aber trotzdem **nicht unserem Willen unterworfen**.

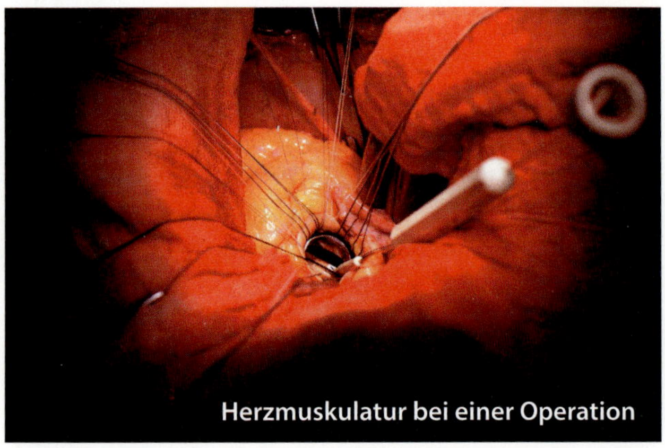

Herzmuskulatur bei einer Operation

Die Eingeweidemuskulatur und die Herzmuskulatur ermüden kaum. Die Skelettmuskulatur ermüdet jedoch rasch, wenn man wie beim Gewichtheben immer wieder die gleichen Muskeln beansprucht. Das **Ermüden** der Skelettmuskulatur kann durch gezieltes und richtiges **Muskeltraining** hinausgezögert werden.

Nun geht's los – Aufgaben für schlaue Köpfe!

1) **Muskelwirrwarr** – Welche Funktionen haben die einzelnen Muskelgruppen? **Verbinde die Muskelgruppe mit einem Pfeil mit ihrer Funktion! Dann bemale in der Skizze unten jeweils ein Beispiel mit den Farben der Kästchen!** ★★★

Strecker	sind Muskel, die Teile des Skelettes zusammenhalten bzw. unsere Haltung ermöglichen.
Anzieher	vollziehen eine Streckung eines Gelenks, z. B. Strecken des Beines.
Dreher	oder Adduktoren ziehen z. B. Gliedmaßen an den Körper heran.
Festiger	oder Abduktoren ermöglichen das seitwärts Wegspreizen oder Heben von Körperteilen.
Beuger	führen Drehbewegungen aus, z. B. Kopf.
Spreizer	veranlasst die Beugung in einem Gelenk, z. B. Finger.

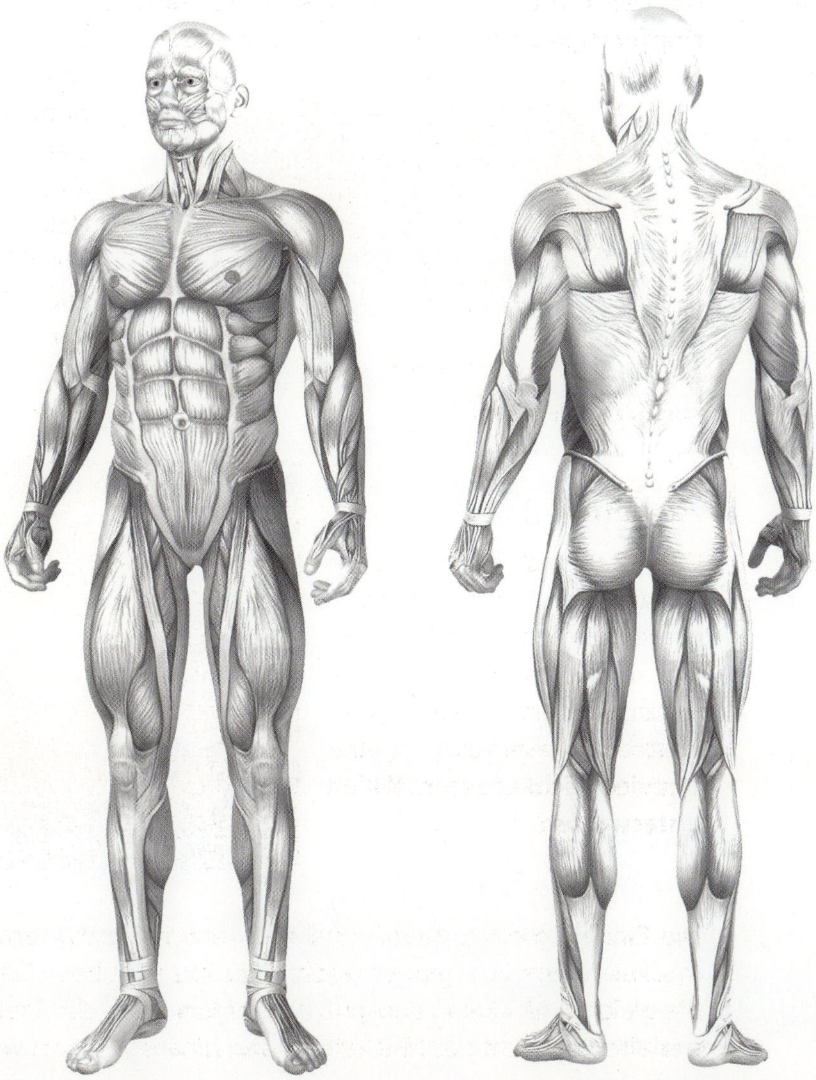

Nun geht's los – Aufgaben für schlaue Köpfe!

2) Hier hat der Computer die Buchstaben wichtiger Muskelteile nach dem Alphabet geordnet. **Entschlüsse die Wörter und schreibe sie auf den Notizzettel daneben!★**

Ein Skelettmuskel besteht aus vielen a b d e e e f k l l M n n r s s u ü . Diese setzen sich aus mehreren quergestreiften a e e f k l M n r s s u zusammen, die wiederum aus fadenförmigen a E e e f i i n r s ß w bestehen. Diese Eiweißfasern lassen sich in noch kleinere Einheiten, die Myofilamente, zerlegen. Außen ist ein Skelettmuskel von der a e h k l M s t u u umgeben.

3) **Nun verwende diese Begriffe zur Beschriftung dieser Abbildung! Zeichne auch die Pfeile richtig ein! ★★**

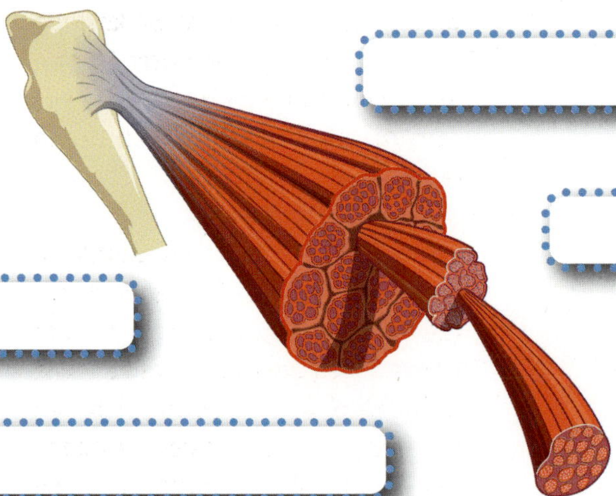

4) **Was gehört zu welcher Muskulatur?** Schreibe S für Skelettmuskulatur, E für Eingeweidemuskulatur oder H für Herzmuskulatur in die Kästchen! **Achtung:** Manchmal musst du auch 2 Buchstaben schreiben! ★★

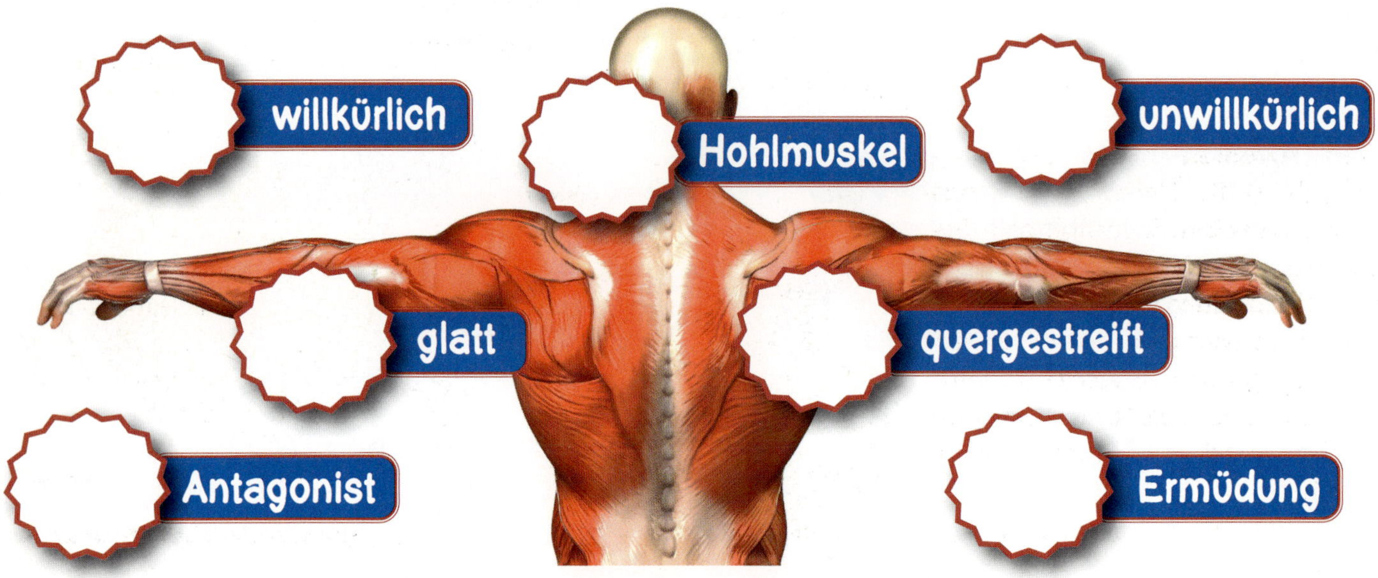

5. DIE ATMUNG

Unter Atmung versteht man nicht nur das Ein- und Ausatmen. Vielmehr geht es hier um einen komplexen Vorgang im ganzen Körper. Dabei wird jede Zelle deines Körpers mit Sauerstoff versorgt. Diesen benötigt die Zelle, um aus Nährstoffen Energie zu beziehen. Wir unterscheiden zwischen dem **Gasaustausch in der Lunge** und dem **Gasaustausch in den Körpergeweben**.

Gasaustausch in der Lunge

Beim Einatmen gelangt Luft durch die **Nase** in die **Nasenhöhle** oder durch den **Mund** in die **Mundhöhle**. Dann strömt sie weiter durch den **Kehlkopf** und wird dabei angefeuchtet und erwärmt.

Atmen durch die Nase: Hier wird die Luft gereinigt. Feiner Staub oder Krankheitserreger bleiben an den Härchen in der Nase oder an den Flimmerhärchen der Riechschleimhaut hängen. Mit Hilfe der Riechschleimhaut werden auch schädliche Stoffe in der Atemluft erkannt.

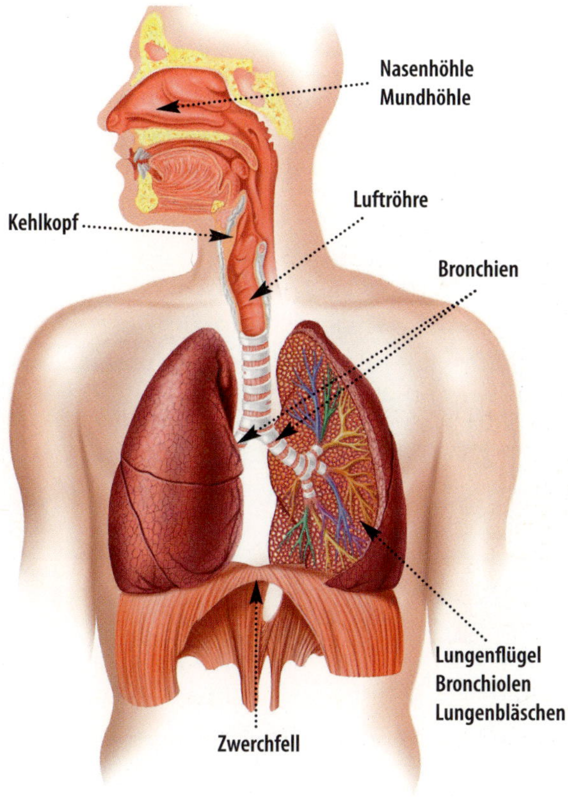

Atmen durch den Mund: Hier strömt die Luft direkt durch den Kehlkopf. Kalte Luft kann zu Erkrankungen der Bronchien oder der Lungen führen. Außerdem wird die Luft nicht gereinigt. So können Krankheitserreger leichter in den Körper eindringen. Deswegen ist es ratsam, so oft wie möglich durch die Nase zu atmen.

Hat die Atemluft den Kehlkopf passiert, gelangt sie weiter durch die **Luftröhre**, die sich in die beiden **Bronchien** teilt. Die Bronchien verzweigen sich im rechten und im linken Lungenflügel immer weiter in die Bronchiolen. An deren Enden befinden sich die kugeligen Lungenbläschen, die **Alveolen**. Diese sind von feinsten Blutgefäßen, den **Kapillaren**, umgeben.

In den **Alveolen** findet der **Gasaustausch** statt. Dabei nimmt das **sauerstoffarme Blut** Sauerstoffmoleküle durch die dünnen Kapillarwände auf. Die roten Blutkörperchen im Blut binden den Sauerstoff. So wird er in den gesamten Körper transportiert. Gleichzeitig wird Kohlenstoffdioxid in die Lungenbläschen abgegeben und in weiterer Folge ausgeatmet.

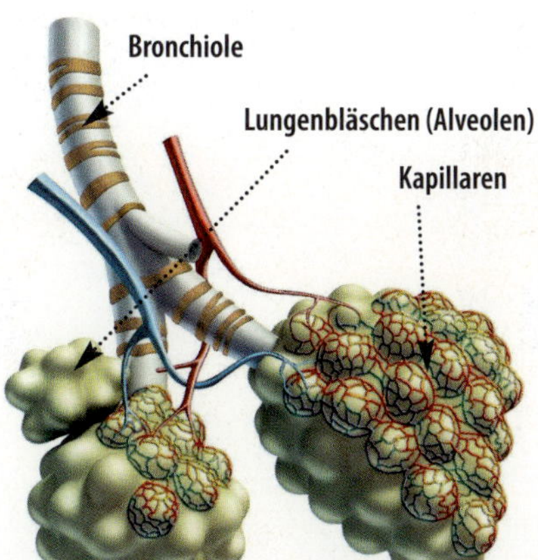

Lungenbläschen

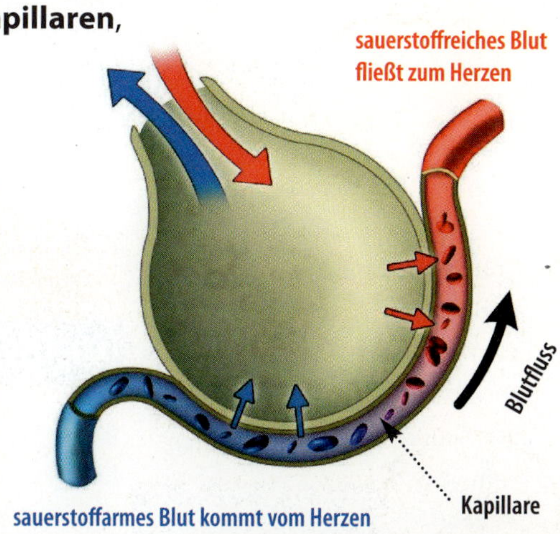

Inneres eines Lungenbläschens

Versuche, anhand dieser Abbildungen die Bauch- und Brustatmung zu erklären!

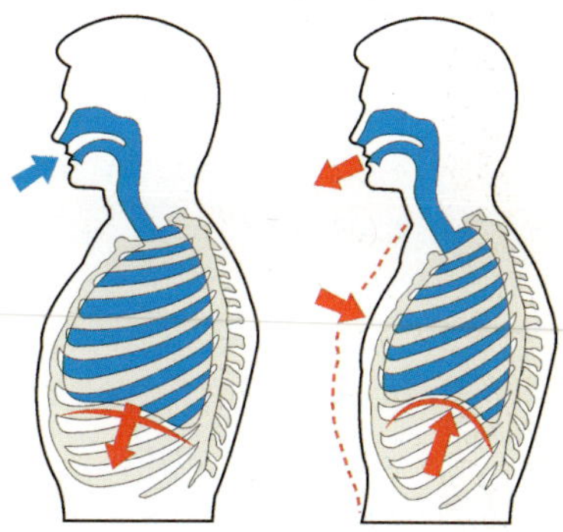

Wie oft atmest du in der Minute? Notiere die Atemzüge, wenn du ruhig sitzt und nachdem du eine Stiege hinauf und hinunter gelaufen bist! Erkläre den Unterschied mit eigenen Worten!

Wie verändert sich die Luft beim Atmen?
Die eingeatmete Luft enthält 21 % Sauerstoff und 0,04 % Kohlenstoffdioxid. Beim Ausatmen beträgt der Sauerstoffanteil nur noch 16–17 %. Dafür steigt der Kohlenstoffdioxidanteil auf 4–5 %. Prozen

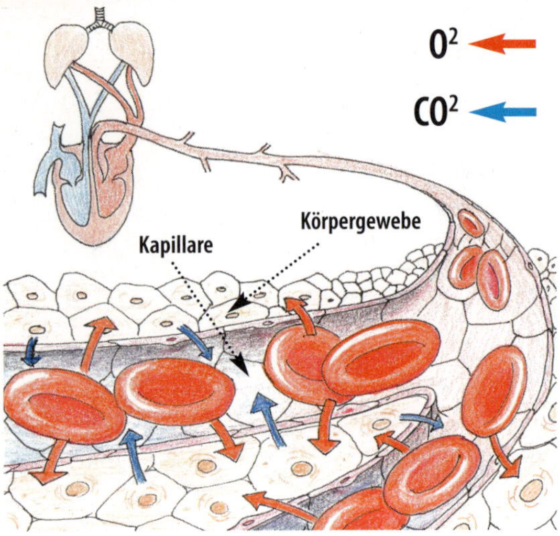

Gasaustausch in den Geweben

Gasaustausch in den Körpergeweben

Sauerstoffreiches Blut strömt von der Lunge zum Herzen und wird von dort in den Körper gepumpt. Es versorgt die Zellen in den unterschiedlichen Geweben, die mit feinsten Kapillaren durchzogen sind, mit **Sauerstoff**. Gleichzeitig nimmt das Blut **Kohlenstoffdioxid** aus den Zellen auf. Sauerstoffarmes Blut strömt zum Herzen weiter und von dort zur Lunge. Nun erfolgt wiederum ein Gasaustausch.

Reinigung der Atemwege

Die Innenwände der Atemwege sind mit einer dünnen **Schleimschicht** überzogen. Feine **Flimmerzellen** dieser Schleimschicht transportieren durch ständige Bewegungen Fremdpartikelchen wie Staub aus den Atemwegen heraus. Haben sie den Kehlkopf passiert, werden sie ausgehustet oder verschluckt.

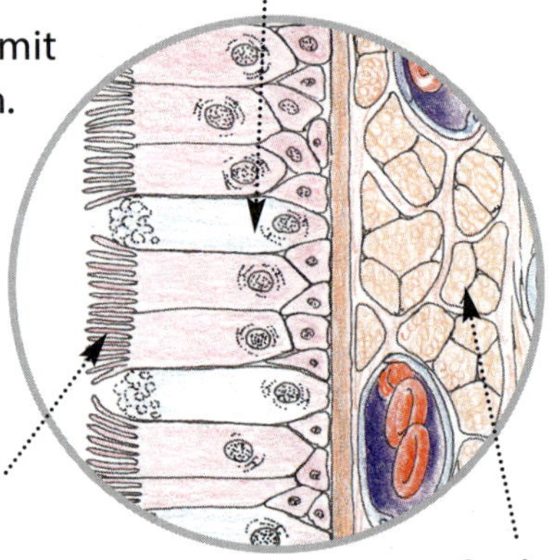

Feinstaub: winzige Teilchen in der Luft, kleiner als 10 µm; gelangen bis in die feinsten Bronchiolen und in die Lungenbläschen

Wo bist du selbst Schadstoffen in der Luft ausgesetzt? Was kannst du tun, um Schadstoffe zu vermeiden?

Infektion: Ansteckung

Epidemie: massenhaftes Auftreten einer Krankheit in einem bestimmten Gebiet

Gefahren für die Atemwege

Mit der Atemluft können auch Schadstoffe in deine Atemwege gelangen. **Verunreinigungen** der Luft wie Staub bzw. **Feinstaub** lagern sich dann an den feinen Flimmerhärchen ab und verkleben sie. Schadstoffe aus der Luft behindern die Sauerstoffaufnahme oder können krebserregend sein.

Auch **Krankheitserreger** wie Bakterien, Pilzsporen oder Viren werden mit der Atemluft eingeatmet. Sie können zu **Infektion**skrankheiten wie Schnupfen, Husten oder Halsentzündungen führen. Neben diesen harmlosen Atemwegserkrankungen gibt es auch schwerwiegende Erkrankungen, wie diese Tabelle zeigt:

Erkrankung	der …	verursacht durch …	Symptome
Bronchitis	Infektion der Bronchien	Bakterien oder Viren	Atemwege schwellen an; Atmen fällt schwer
Lungenentzündung	Infektion der Lunge	Bakterien oder Viren	Atemwege schwellen an; Atmen fällt schwer
Asthma	Entzündliche Erkrankung der Atemwege	Allergien oder auch seelische Belastungen	krampfhaftes Zusammenziehen der Bronchien; Anschwellen der Schleimhäute; akute Atemnot
Tuberkulose	Infektion der Lunge	Bakterien; durch Tröpfchen beim Niesen und Husten übertragen	starker Husten und Atemnot

ACHTUNG: Eine Tuberkuloseerkrankung ist meldepflichtig, da sie sehr ansteckend ist. Diese Krankheit ist behandlungspflichtig, da die Gefahr einer **Epidemie** gebannt werden soll.

Beim Atmen passiert die Luft die **Nasen-** oder **Mundhöhle**, den **Kehlkopf**, die **Luftröhre** und die **Bronchien** und gelangt in die **Lungenflügel**. Am Ende der **Bronchiolen** findet in den **Alveolen** der **Gasaustausch** statt. In den Zellen der Gewebe kommt es zu einem weiteren Gasaustausch. **Bronchitis**, **Lungenentzündung**, **Asthma** und **Tuberkulose** sind schwerwiegende Erkrankungen der Atemwege.

Nun geht's los – Aufgaben für schlaue Köpfe!

1) Wie funktioniert der Gasaustausch in den Alveolen, wie in den Körpergeweben? **Wähle einen der beiden aus und beschreibe diesen mit eigenen Worten! ★★★★**

2) **Heimat bist du schlechter Luft** – Hier geht es um die Feinstaubbelastung! **Interpretiere diese 3 Grafiken und betrachte auch diese Fotos! Verfasse dann einen Bericht in deinem Heft! Überlege dir auch eine treffende Schlagzeile! ★★★★**

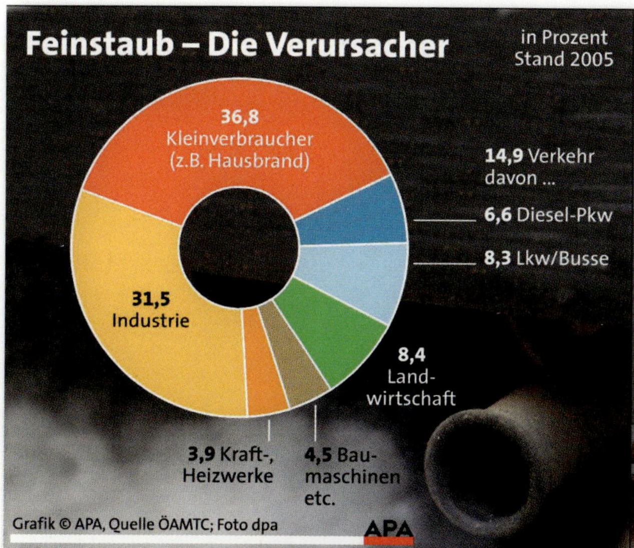

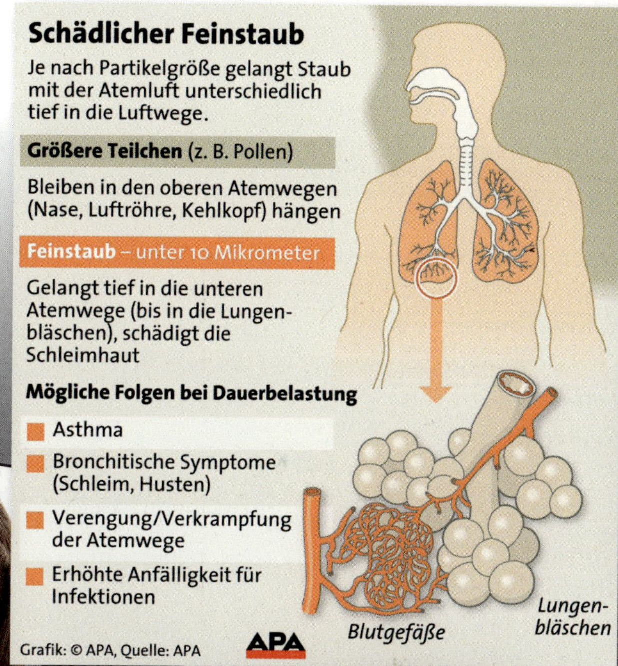

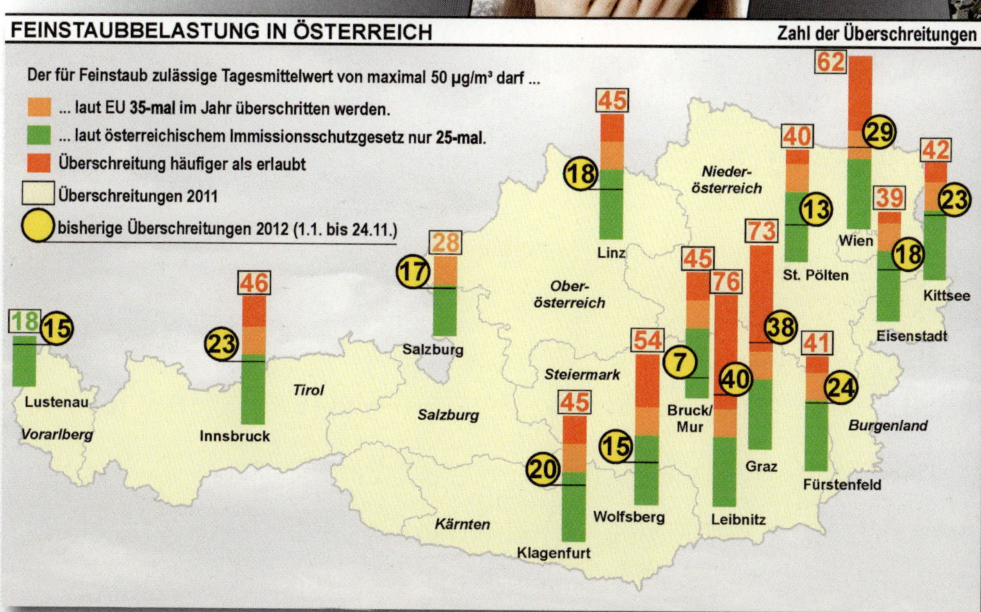

Nun geht's los – Aufgaben für schlaue Köpfe!

3) **Was ist was?** – Welche Atemwegserkrankungen werden hier beschrieben? **Ordne die Begriffe den Erklärungen zu, indem du die Anfangsbuchstaben zuordnest! ★★**

LUNGENENTZÜNDUNG

( ) Bakterien oder Viren verursachen diese Infektion der Bronchien. Die Atemwege schwellen an, das Atmen wird erschwert.

( ) Bakterien oder Viren verursachen diese Infektionskrankheit der Lunge. Hohes Fieber, schmerzhafte Hustenanfälle und Atemnot treten auf.

ASTHMA

BRONCHITIS

( ) Sie wird durch Bakterien verursacht. Sehr starker Husten und Atemnot sind Anzeichen dafür. Diese Krankheit ist meldepflichtig, da sie sehr ansteckend und behandlungspflichtig ist. Die Ansteckung erfolgt über Erreger in den ausgehusteten Tröpfchen in der Luft.

( ) Sie kann durch Allergien oder auch seelische Belastungen ausgelöst werden. Die Bronchien ziehen sich krampfartig zusammen, die Schleimhäute schwellen an und akute Atemnot ist die Folge.

TUBERKULOSE

4) **Jugendliche rauchen weiterhin am meisten!** – **Verfasse zu dieser Schlagzeile des online-standards vom 29.05.2012 einen eigenen Artikel in deinem Heft!** Diese Grafik, der Informationstext und die Schlagwörter im Kästchen helfen dir dabei. **ACHTUNG: Warne vor den Folgen des Nikotinkonsums und begründe deine Argumente! ★★★★★**

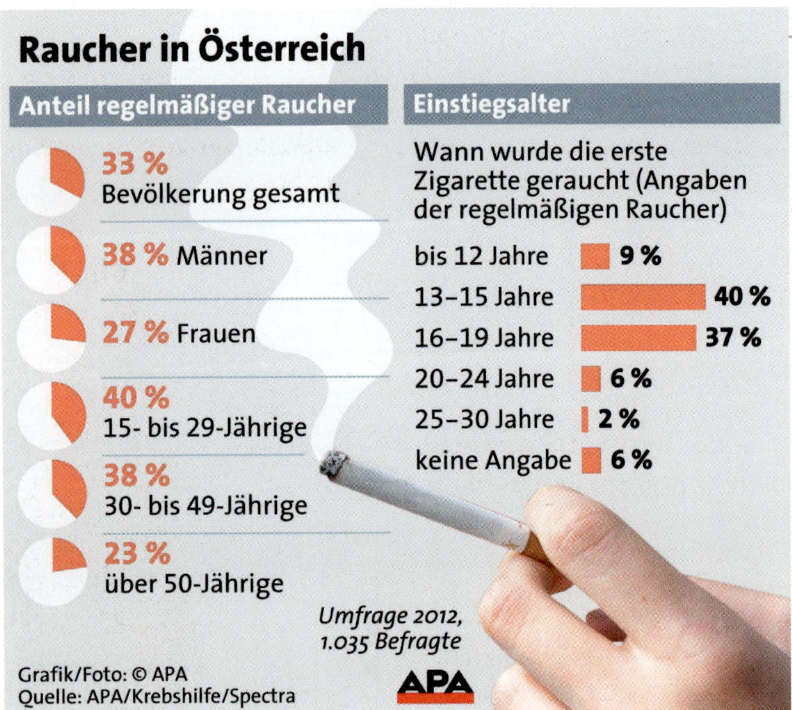

Rauchen kann bewirken:

- **Raucherlunge** … Teerteilchen gelangen in die Lunge. Sie ziehen eine dunkelgraue Färbung des Lungengewebes nach sich. Die Teerteilchen erschweren den Gasaustausch, können Entzündungen hervorrufen oder Krebserkrankungen verursachen.
- **Raucherhusten** … dazu kommt es, da die Tätigkeit der Flimmerhärchen eingeschränkt ist.
- **Lungenkrebs** … bösartige, wuchernde Veränderung im Lungengewebe
- **Raucherbein** … dazu kommt es, da das Nikotin im Rauch Durchblutungsstörungen verursacht.

Prävention ★ Rauchergesetzgebung ★ Aufklärung ★ Passivrauchen ★ Risikobewusstsein ★ Gesundheitsförderung ★ regelmäßige Raucher durchschnittlich 1 Packung pro Tag

6. DIE ERNÄHRUNG

Die Nährstoffgruppen

Nahrungsmittel werden in 3 **Nährstoffgruppen** eingeteilt:

KOHLENHYDRATE

EIWEISSE

FETTE

KOHLENHYDRATE: Diese setzen sich vor allem aus den folgenden Zuckerbausteinen zusammen.

Einfachzucker	Zweifachzucker	Mehrfachzucker
Glucose u. Fructose/ Traubenzucker u. Fruchtzucker	**Saccharose u. Lactose/ Rübenzucker u. Milchzucker**	**Stärke u. Pektine**
gelangen über die Verdauung rasch ins Blut. Lassen den Blutzucker rasch ansteigen und relativ schnell wieder sinken → Sättigungsgefühl hält nur kurz an.	sind eine Verknüpfung von zwei Einfachzuckern; wirken sich auch ähnlich wie Einfachzucker auf den Blutzuckerspiegel aus.	sind eine Verknüpfung von mehreren Einfachzuckern (Kohlenhydrateketten); werden während des Verdauungsvorgangs schrittweise zerlegt → die Einfachzucker werden langsam frei, Blutzucker steigt gleichmäßig → Sättigungsgefühl hält länger an.

Nahrungsmittel mit einem hohen Anteil an Kohlenhydraten sind z. B. Erdäpfel, Reis oder Mehlprodukte.

EIWEISSE: Sie sind aus 20 verschiedenen Aminosäuren aufgebaut. 12 davon kann der Körper selbst herstellen, die anderen 8 müssen mit der Nahrung aufgenommen werden. Eiweiße nimmst du mit Fleisch, Milch, Milchprodukten, Fisch, Sojabohnen oder Hülsenfrüchten zu dir.

FETTE: Diese sind sehr energiereiche Nährstoffe. Sie setzen sich aus **Glycerol** und **Fettsäuren** zusammen. Nach der Herkunft unterscheidet man zwischen **tierischen** und **pflanzlichen** Fetten.

	enthalten …	enthaltene Fettsäuren …	enthalten in …
tierische Fette	hohen Anteil an gesättigten Fettsäuren	kann der Mensch selbst herstellen	Milchprodukten, Speck, Wurst, Fleisch usw.
pflanzliche Fette	hohen Anteil an ungesättigten Fettsäuren → sind gesünder	kann der Mensch nicht selbst herstellen	Oliven-, Sonnenblumen- oder Rapsöl

Wie viel Nahrung braucht der Mensch?
Wir beziehen aus der Nahrung die Energie, die unser Körper täglich benötigt. Der Energiegehalt von Nahrungsmitteln wird in **Kilojoule (kJ)** angegeben.
Ohne körperliche Bewegung benötigt eine Frau mit durchschnittlichen Körpermaßen etwa 6 000 kJ pro Tag, ein Mann etwa 10 % mehr.
Wenn wir uns anstrengen, nimmt der Energiebedarf zu. Bei schwerer körperlicher Arbeit ist er etwa doppelt so hoch.
Diesen Energiebedarf sollte der Mensch zu etwa 55 % aus Kohlenhydraten, zu etwa 15 % aus Eiweißen und zu etwa 30 % aus Fetten decken.

ACHTUNG: häufig wird der Energiegehalt noch in **Kilokalorien (kcal)** angegeben.
4,2 kJ = 1 kcal

Auf dieser Schokolade findet sich folgende Angabe:

Wie viel ist dies in kJ?

Wirkstoffe: Vitamine und Mineralstoffe

Zu den Wirkstoffen zählen **Vitamine** und **Mineralstoffe**. Unser Körper benötigt sie nur in kleinen Mengen. Sie regeln verschiedene Körperfunktionen.

VITAMINE … unterteilt man in **fettlösliche** (A, D, E und K) und **wasserlösliche** (B, C und H) Vitamine. Die Abbildung zeigt dir, welche Aufgaben Vitamine im Körper haben.

Welche Vitamine sind in diesen Mahlzeiten enthalten?

FRÜHSTÜCK
Kaffee mit Milch
Orangensaft
Käse
Radieschen
Banane
hartes Ei
Butter

Mittags / CHILI
500 g Rinderfaschiertes
4 Paprika
1 Dose Mais
1 Zwiebel
2 Knoblauchzehen
1 Glas passierte Tomaten
Salz, Pfeffer, Chili
3 EL Sonnenblumenöl

Vitamine und ihre Funktion im Körper

MINERALSTOFFE … braucht unser Körper zwar nur in kleinen Mengen, doch sie spielen trotzdem eine wichtige Rolle bei unseren Stoffwechselprozessen. Wichtige Mineralstoffe sind Kalium, Calcium, Eisen, Jod, Fluorid, Magnesium und Selen.

Worauf musst du achten?
Eine vielfältige Ernährungsweise deckt die nötige Vitamin- und Mineralstoffzufuhr gut ab. Wichtig ist es, auf Frische, Herkunft und Qualität der Nahrungsmittel zu achten. Schonende Zubereitungsverfahren können den Vitamingehalt der Nahrungsmittel besser erhalten.

Bioaktive Substanzen und Wasser

BIOAKTIVE SUBSTANZEN … sind Stoffe in Lebensmitteln, die keinen Nährstoffcharakter haben, aber gesundheitsfördernd wirken. Dazu zählen Ballaststoffe, Carotinoide und Sulfide.

Ballaststoffe gehören zu den Kohlenhydraten, sind aber unverdaulich. Sie regen die Peristaltik des Darms an und wirken so verdauungsfördernd. Ihr hohes **Quellvermögen** beugt Verstopfung vor. Bei ballaststoffreicher Nahrung ist es besonders wichtig, ausreichend Wasser zu trinken.

Quellvermögen: Fähigkeit, Wasser aufzunehmen

WASSER … ist als Lösungs- und Transportmittel sehr wichtig für unseren Stoffwechsel. Ein erwachsender Mensch sollte im Durchschnitt mindestens 2 bis 3 Liter Wasser am Tag trinken. Diese Menge ist je nach körperlicher Anstrengung oder Temperatur unterschiedlich.

Erstelle eine Tabelle, in welche du eine Woche lang einträgst, welche Lebensmittel du täglich zu dir nimmst! Stimmen sie mit der Ernährungspyramide überein?

Was sagt uns die Ernährungspyramide?

Die 5 Stufen der Pyramide zeigen dir das Verhältnis der Nahrungsmittel, die du am Tag zu dir nehmen sollst.

fett- und zuckerreiche Lebensmittel

Eier, Fisch und Fleisch

Obst und Gemüse

stärkehaltige Lebensmittel

ausreichend Wasser

Prinzip einer gesunden Nahrungsaufnahme

- von den unteren Stufen reichlich
- von der Spitze wenig

Essstörungen und andere Erkrankungen

Bereits in der frühesten Kindheit eignet man sich ein bestimmtes **Essverhalten** an. Es ist mitunter abhängig von Vorbildern wie den Eltern oder Freunden und Freundinnen. Auch Schönheitsideale aus den Medien können Einfluss auf das Essverhalten haben.

Sehr oft sind psychische Probleme die Ursache für Essstörungen. Diese können am besten in einer Therapie behandelt werden.

Esssucht: Esssüchtige führen ihrem Körper zu viel Nahrung zu. Das führt meist zu Übergewicht oder Fettleibigkeit/Adipositas. In der Folge treten häufig gesundheitliche sowie soziale Probleme auf. Übergewichtige fühlen sich häufig als Außenseiter. Deshalb brauchen sie besonders Unterstützung, um ihren Selbstwert zu heben.

Ess-Brech-Sucht/Bulimie: Personen, die an dieser Krankheit leiden, verschlingen große Mengen an Nahrung. Um eine Gewichtszunahme zu verhindern, fasten sie dann mehrere Tage oder erbrechen das Gegessene.

Die Krankheit bleibt häufig unentdeckt, weil die Erkrankten meist ein normales Körpergewicht haben. Folgen der Bulimie können Mangelerscheinungen, Schäden an der Speiseröhre, am Magen und oder an den Zähnen sein. Auch der **Hormon**haushalt kann sich verändern.

Besprecht in der Klasse: Welche unterschiedlichen Schönheitsideale gelten für Männer und Frauen?

Hormon: vom Blut transportierter Botenstoff des Körpers

Was ist der Body-Mass-Index (BMI)?
Der BMI ist eine Maßzahl für die Bewertung des Körpergewichts.

Formel:

$$\text{BMI} = \frac{\text{Körpergewicht}}{\text{Körpergröße in m}^2}$$

Binge-Eating-Disorder: Bei Heißhungeranfällen werden mehrmals pro Woche große Mengen an Nahrungsmitteln verschlungen. Nach diesen Heißhungerattacken treten Schuldgefühle auf. Langfristig kann es zu Übergewicht kommen.

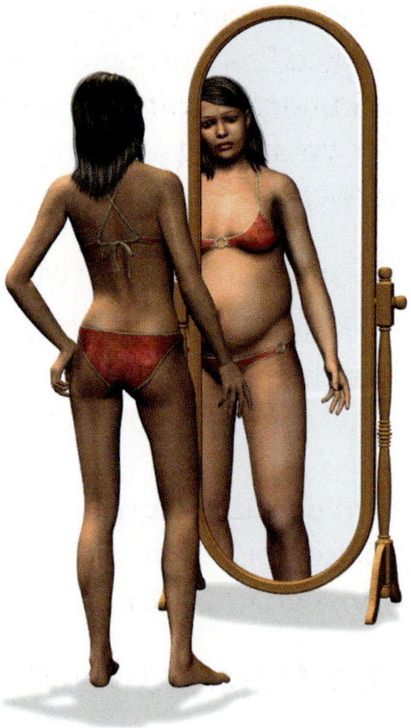

Magersucht: Magersüchtige verweigern die Nahrungsaufnahme. Sie halten strenge Diät, setzen Appetitzügler oder Abführmittel ein. Sehr oft verarbeiten sie die aufgenommene Nahrung durch intensive Bewegung.

Mädchen oder Frauen im Alter von 12 bis 25 Jahren erkranken am häufigsten an Magersucht. Eine der Folgen kann das Ausbleiben der **Menstruations**blutung und Unfruchtbarkeit sein.

Trotz starker Gewichtsabnahme fühlen sich die Betroffenen zu dick. Die Krankheit wird als sehr gefährlich eingestuft. Ca. 15 % der an Magersucht Erkrankten sterben daran.

Menstruation: Regelblutung, Mensis, Monatsblutung

Die Diät – eine besondere Ernährungsform

BMI für Jugendliche deiner Altersgruppe:
< **16**: Untergewicht
16 – 23: Normalgewicht
> **23**: Übergewicht
> **26**: Fettleibigkeit

Bei Diäten wird für eine gewisse Zeit die Art und Häufigkeit der Nahrungsaufnahme verändert. Dies dient zur …

- Gewichtsabnahme oder -zunahme
- Behandlung von Krankheiten

Um Mangelerkrankungen durch zu wenig oder einseitige Nahrungsaufnahme während einer Diät zu vermeiden, sollten Diäten immer unter ärztlicher Aufsicht stattfinden. Auch Ernährungsexpert/innen können zu Rate gezogen werden.

Was kannst du für ein gesundes Essverhalten tun?

Welche dieser Tipps befolgst du bereits?
Welche könntest du in Zukunft befolgen?

TIPPS:

- *Achte auf die Signale deines Körpers: Hör auf zu essen, wenn du dich satt fühlst!*
- *Trinke täglich mindestens 2 l Wasser, ungesüßte Tees oder mit Wasser verdünnte Fruchtsäfte!*
- *Iss frische Lebensmittel, am besten aus der Region, in der du lebst!*
- *Iss mehrmals am Tag rohe oder gegarte Obst- und Gemüsesorten!*
- *Bevorzuge fettarme Kost, vermeide aber Light-Produkte, da diese nur vortäuschen, gesund zu sein!*
- *Iss mehrmals am Tag kleine Portionen!*
- *Iss langsam und in Ruhe!*
- *Bewege dich viel an der frischen Luft!*

Unsere Nahrungsmittel setzen sich aus 3 Nährstoffgruppen zusammen: aus **Kohlenhydraten**, **Eiweißen**, **Fetten**. Der Mensch braucht außerdem **Vitamine**, **Mineralstoffe**, **Ballaststoffe** und viel **Wasser**. **Esssucht**, **Bulimie**, **Binge-Eating-Disorder** und **Magersucht** sind ernst zu nehmende Erkrankungen.

7. DIE VERDAUUNG

Als Verdauung wird die Zerkleinerung von aufgenommenen Nahrungsbestandteilen sowie deren Aufspaltung mit Hilfe von **Enzymen** bezeichnet. Du kennst bereits die 3 Grundnährstoffgruppen **Kohlenhydrate**, **Eiweiße** und **Fette**. Sie werden im Zuge der Verdauungsvorgänge in ihre **Grundbausteine** zerlegt, sodass sie im Körper verwertet werden können.

„Gut gekaut ist halb verdaut!"

Erkläre dieses Sprichwort!

Enzym: ein Eiweiß, das biochemische Reaktionen steuert

Vom Mund in den Magen

Im **Mund** wird die Nahrung mit den Zähnen mechanisch zerkleinert und mit dem Mundspeichel aus den Speicheldrüsen vermengt. Das Enzym im Speichel, die **Amylase**, spaltet bereits Stärke in kleinere Zuckerbausteine auf.

Wird der Nahrungsbrei geschluckt, gelangt er in die **Speiseröhre**. In dieser wird der Speisebrei durch wellenförmige, fortschreitende Muskelbewegungen, die man **Peristaltik** nennt, in den **Magen** befördert.

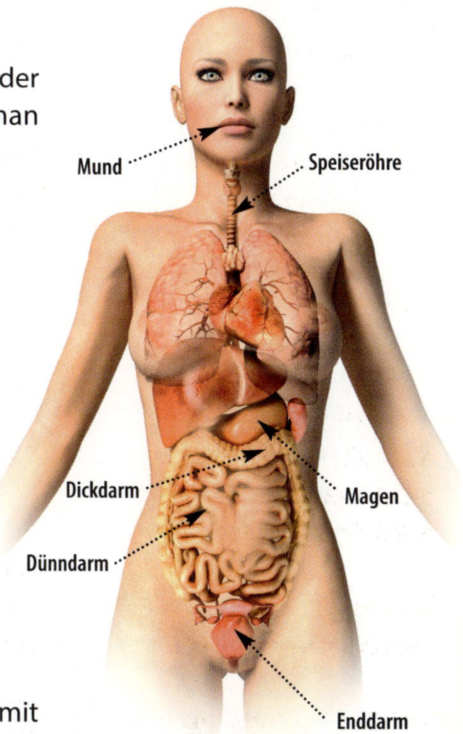

Der Weg der Nahrung

Vom Magen in den Dünndarm

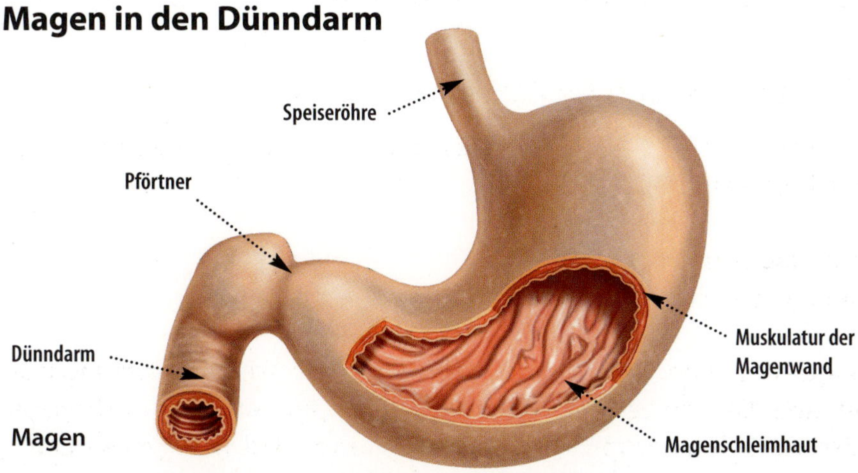

Magen

Der Magen ist ein muskulöser, schlauchförmiger Hohlraum, dessen Innenwand mit **Schleimhaut** ausgekleidet ist. Diese schützt die Magenwand. Die Drüsen der Schleimhaut sondern den **Magensaft** ab. Dieser ist eine Lösung aus Salzsäure und eiweißspaltenden Enzymen. Die Salzsäure tötet Bakterien ab. Eines der Enzyme, nämlich Pepsin, zerlegt Eiweiße in Bruchstücke.

emulgieren: eine **Emulsion** bilden

Emulsion: Mischung zweier Flüssigkeiten, bei der die eine Flüssigkeit als feine Tröpfchen in der anderen vorliegt

Durch die Peristaltik der glatten Muskulatur der Magenwand wird der Speisebrei mit dem Magensaft vermischt. Ein ringförmiger Schließmuskel, der **Pförtner**, lässt nur kleine Portionen des Breis in den **Dünndarm**.

Der Dünndarm des Menschen ist etwa 3 bis 4 m lang. Sein erster Abschnitt ist der **Zwölffingerdarm**, der ungefähr die Länge von zwölf nebeneinanderliegenden Fingern hat. In ihn münden die **Sekrete der Leber**, die **Galle**, die in der Leber gebildet und in der Gallenblase gespeichert wird, und der **Bauchspeichel** aus der Bauchspeicheldrüse.

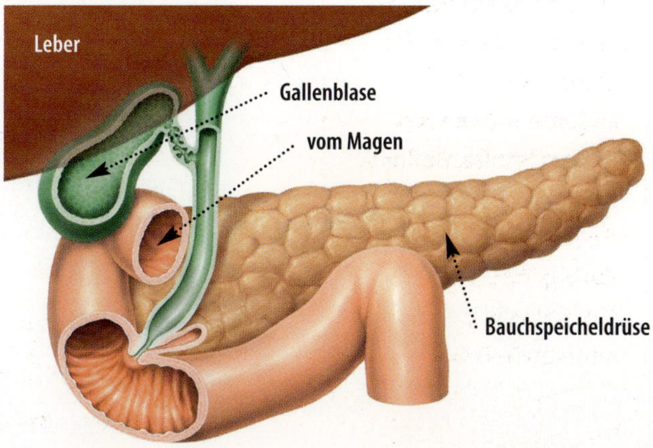

Die Galle **emulgiert** Fette in feine Tröpfchen, die dann leichter durch die Enzyme der Bauchspeicheldrüse zerlegt werden können. Im Bauchspeichel befinden sich auch Enzyme, die Eiweiße aufspalten können, sowie solche, die Kohlenhydrate spalten.

Chemischer Verdauungsvorgang (Übersicht)

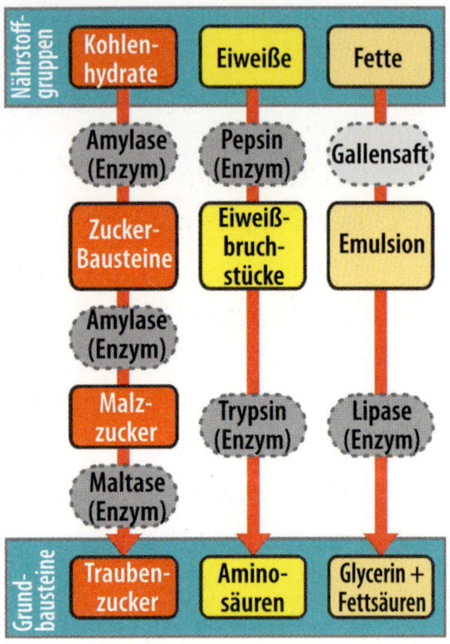

Resorption: Stoffaufnahme in biologischen Systemen

blind: hier → nicht weiterführend

Da man bei Durchfall sehr viel Flüssigkeit verliert, kann diese Erkrankung besonders für Kinder aufgrund ihres geringen Körpergewichts sehr gefährlich sein. Informiere dich unter dem Suchwort „Durchfall" im Internet!

Vom **Mund** aus gelangt der Speisebrei durch die **Speiseröhre** in den **Magen** und weiter in den **Dünndarm**. In all diesen Organen findet **Verdauung** statt. Die Blut- und Lymphgefäße in den **Darmzotten** nehmen die gelösten Stoffe auf. Im **Dickdarm** wird dem Speisebrei Wasser entzogen. **Karies**, **Gastritis**, **Magengeschwür**, **Blinddarmentzündung** und **Durchfall** sind häufige Erkrankungen des Verdauungssystems.

Die Zerlegung der Nährstoffe in ihre Grundbausteine Glycerin, Fettsäuren, Aminosäuren und Traubenzucker wird im weiteren Verlauf im **Dünndarm** fortgeführt.

Die Resorption von Nahrungsbestandteilen

Die Innenwand des Dünndarms trägt eine Vielzahl von Darmzotten. Diese vergrößern die Oberfläche der Darminnenwand mit bis zu 3 000 Zotten pro cm^2. In jede Zotte führen feine Blut- und Lymphgefäße, die die gelösten Stoffe aufnehmen (**Resorption**).

Aminosäuren, **Traubenzucker** und wasserlösliche **Fettsäuren** gelangen dann in die Leber. Fett wird teilweise auch gemeinsam mit den in Fett löslichen Vitaminen über die Lymphgefäße in den Blutkreislauf gebracht.

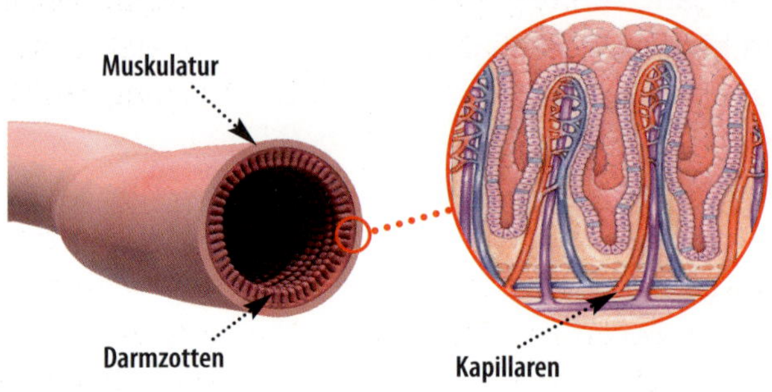

Das Innere des Dünndarms **Darmzotten**

Vom Dünndarm in den Dickdarm

Die Peristaltik des Dünndarms befördert den Nahrungsbrei weiter in den **Dickdarm**. Am Übergang in den Dickdarm befindet sich der wenige cm lange **blind** endende **Blinddarm**, der in den Wurmfortsatz ausläuft. Er dient vor allem als Rückzugsgebiet für nützliche Darmbakterien, die nach einer Darmerkrankung den Darm wieder besiedeln.

Der Dickdarm ist etwa 1 m lang. Im Dickdarm wird der Darminhalt eingedickt, indem dem Nahrungsbrei Wasser entzogen wird. So werden insgesamt ca. 1, 5 l Wasser dem Körper wieder zugeführt.

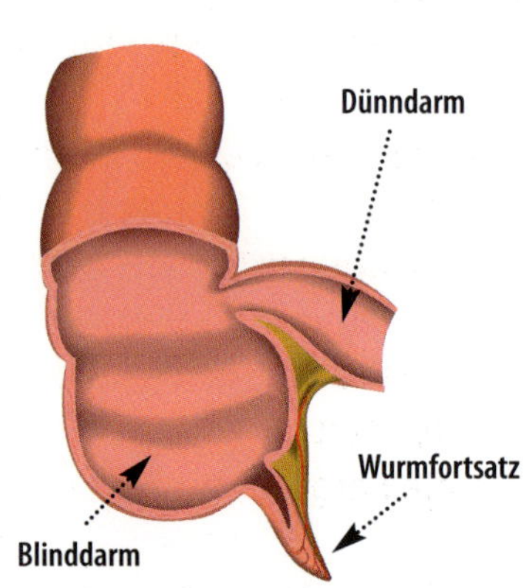

Blinddarm und Wurmfortsatz

Im **Enddarm** werden schließlich die eingedickten, unverdaulichen Speisereste, die als Kot ausgeschieden werden, gesammelt.

Einige Erkrankungen des Verdauungssystems

KARIES: Bakterien setzen bereits nach kurzer Zeit den Zucker aus der Nahrung im Mund in Säuren um. Diese Säuren greifen den Zahnschmelz an und die sichtbare Karies entsteht. Dringen die Säuren ungehindert weiter, erreichen sie die Nervenkanälchen des Zahnes – ein ziehender Schmerz ist die Folge. Regelmäßiges, gründliches Zähneputzen kann Karies verhindern.

GASTRITIS: eine Entzündung der Magenschleimhaut, die durch Bakterien oder erhöhte Produktion von Magensaft ausgelöst werden kann. Besonders Stress, aber auch seelische Erkrankungen können Gastritis verursachen, da bei Stress vermehrt Magensäure produziert wird.

MAGENGESCHWÜR: eine durch Bakterien, seelische Erkrankungen, länger andauernden Stress oder durch die Einnahme von manchen Medikamenten ausgelöste Schädigung der Magenschleimhaut.

BLINDDARMENTZÜNDUNG: Nahrungsreste, die ein Entleeren des Wurmfortsatzes erschweren, können zu einer Entzündung führen. Suche bei starken Bauchschmerzen unbedingt einen Arzt/eine Ärztin auf!

8. DIE AUSSCHEIDUNGSORGANE

Assimilation und Dissimilation

In den Zellen des Körpers werden die mit der Nahrung aufgenommenen Nährstoffe verarbeitet. Man spricht von **Baustoffwechsel** oder **Assimilation**, wenn körperfremde Ausgangsstoffe wie Kohlenhydrate, Eiweiße, Fette und andere Nahrungsbestandteile in körpereigene Substanzen umgewandelt werden. In diesem Prozess des Energie- und Stoffwechsels werden z. B. die Ausgangsstoffe für das Wachstum, die Vermehrung oder den Stoffwechsel selbst gebildet.

Unter **Betriebsstoffwechsel** oder **Dissimilation** hingegen werden Stoffwechselvorgänge verstanden, die aus Energiespeichern Energie freisetzen. Diese Energie wird in den Zellen umgesetzt oder als Wärme genutzt. Wird bei der Dissimilation Sauerstoff gebraucht, spricht man von **Zellatmung**. Bei der Dissimilation werden Stoffe wieder zu körperfremden Stoffen, die ausgeschieden werden müssen.

Baustoffwechsel:
- Wachstum
- Muskelaufbau
- Hormon-Enzymbildung
- Blutbildung
- Schwangerschaft
- Ersatz von abgestorbenem Gewebe

Betriebsstoffwechsel:
- Regulierung der Körpertemperatur
- muskuläre Tätigkeit
- Aufrechterhaltung der Körperfunktionen

Erscheinungsbild und Bau der Leber

Die **Leber** ist die größte **Drüse** des menschlichen Körpers und erfüllt im Körper eine wichtige Rolle als **Stoffwechselorgan**.

Die Aufgaben der Leber sind unter anderem ...

- die Aufrechterhaltung des Betriebsstoffwechsels
- die Bildung von Blutgerinnungsfaktoren
- die Produktion der Gallenflüssigkeit
- der Aufbau von Hormonvorläufersubstanzen
- die Entgiftungs- und Ausscheidungsfunktionen

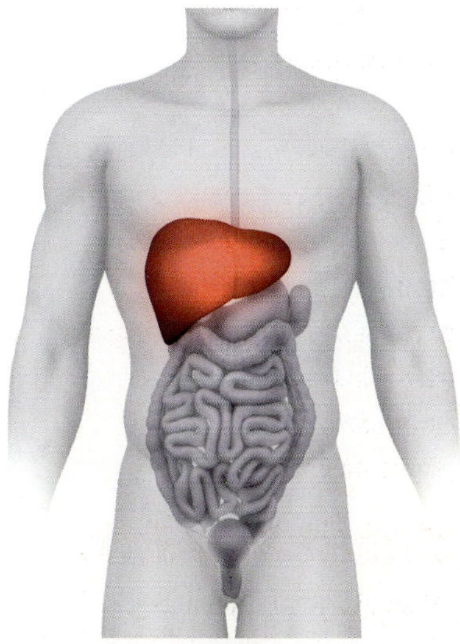

Sitz der Leber

Durch die **Pfortader** gelangen Stoffe direkt aus dem Darm über das Blut in die Leberzellen. Sie werden dort sofort verwertet, gespeichert, umgewandelt oder abgebaut.

Gespeichert werden Zucker in Form von Glykogen sowie Fett, Eiweißbausteine (Aminosäuren) und fettlösliche Vitamine (A, D, E, K, B12 sowie Folsäure). Leberzellen können Zucker in Fett, aber auch Eiweiße in Zucker **umwandeln**. Aus den Eiweißbausteinen kann die Leber außerdem wichtige Eiweiße herstellen. Diese Eiweiße sind notwendig z. B. für die Blutgerinnung, für den Transport von Fetten, für die Bildung von Hormonen oder für die Produktion der Gallenflüssigkeit.

defekt: beschädigt

Die Leber als Entgiftungsorgan

Die Leber ist außerdem ein wichtiges **Entgiftungsorgan**. Sie wandelt z. B. giftiges Ammoniak in ungiftigen Harnstoff um oder Alkohol in Fett. Die Leber filtert außerdem auch Hormone, alte oder **defekte** Zellen oder auch Bakterien aus dem Blut. Auch Überreste von Medikamenten werden zum Teil von der Leber entsorgt.

Wasserunlösliche Schadstoffe werden über die Gallenflüssigkeit in den Darm abgegeben.

Wasserlösliche Schadstoffe werden hingegen in das Blut abgegeben.

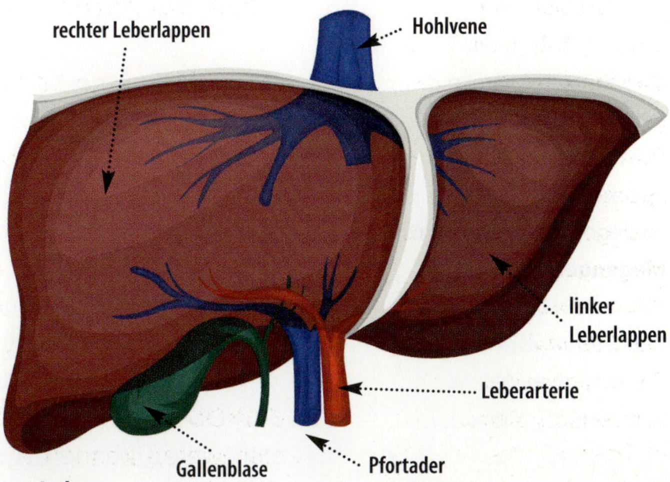

Leber

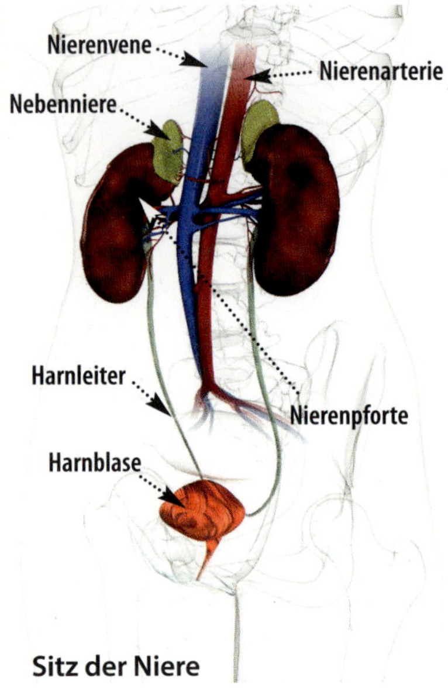

Sitz der Niere

Die wasserlöslichen Schadstoffe aus der Leber sowie Abbauprodukte und Giftstoffe, die bei der Verwertung der Nährstoffe entstehen, gelangen über das Blut in die **Nieren**.

Diese filtern diese Stoffe aus dem Blut und bilden **Harn**, der ausgeschieden wird. Die Nieren entziehen dem Blut aber auch Wasser und regeln so den Wassergehalt des Körpers.

Erscheinungsbild und Bau der Nieren

Die Nieren befinden sich auf der Körperrückseite, links und rechts der Wirbelsäule.

Die **Form** der Nieren erinnert an Bohnen. Sie sind ca. 11 cm lang, 6 cm breit und 2,5 cm dick. Ihr Gewicht beträgt ca. 150 g. An ihrer Oberseite befindet sich jeweils eine **Nebenniere**. Diese ist eine wichtige Hormondrüse. Sie steuert mit Hilfe ihrer Hormone Stoffwechselvorgänge und hilft bei der Stressbewältigung.

Die Einkerbung an der jeweiligen Innenseite der Nieren wird **Nierenpforte** genannt. An dieser Stelle setzen die Blutgefäße – die **Nierenarterien** und **-venen** – sowie die **Lymphgefäße** an.

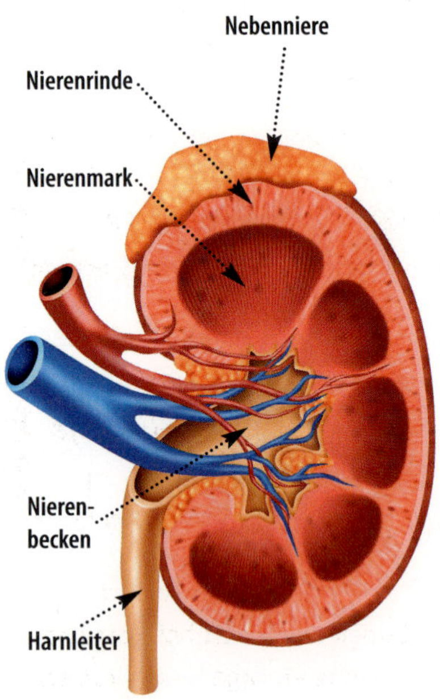

Längsschnitt durch die Niere

Im Längsschnitt der Niere kannst du die 3 Bereiche der Niere erkennen: die **Nierenrinde**, das **Nierenmark** und das **Nierenbecken**. Im Nierenbecken wird der Harn gesammelt. Das Nierenbecken liegt im Inneren der Niere seitlich der Nierenpforte. Es ist eine Ausweitung des **Harnleiters**. Der Harnleiter führt zur Harnblase.

Der Harn wird in der Nierenrinde in den **Nephronen** gebildet. Davon gibt es in jeder Niere ca. 1 Million. Die Nephronen bestehen aus den kugeligen **Nierenkörperchen** sowie den **Nierenkanälchen** und sind von der Bowman-Kapsel umschlossen.

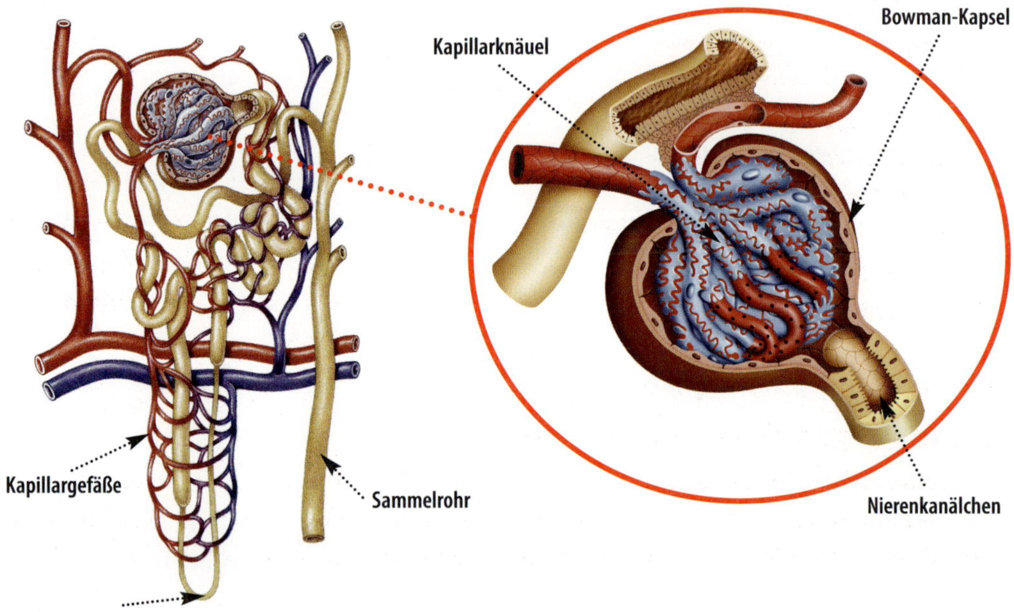

Nephron: Nierenkörperchen und Nierenkanälchen

Der Druck in den Kapillargefäßen presst die Blutflüssigkeit in die **Bowman-Kapsel**. Dies nennt man **Druckfiltration**. Kleine Moleküle wie Wasser, Salze oder Harnstoff sammeln sich in den Nierenkanälchen als **Primärharn**.

Wertvolle Stoffe wie Aminosäuren, Zucker oder Salze sowie ein Großteil des Wassers werden in der **Henle-Schleife** wieder vom Blut aufgenommen.

Was ist die Henle-Schleife?
Die Henle-Schleife ist ein Teil des Nierenkanälchens und verläuft U-förmig von der Nierenrinde ins Nierenmark und wieder zurück.
absteigender Bereich → Hier wird der Harn konzentriert.
aufsteigenden Bereich → Hier wird dem Harn hauptsächlich Natrium entzogen.

Den verbleibenden Rest nennt man **Sekundärharn**. Dieser besteht zu 95 % aus Wasser sowie Abfallstoffen wie Harnstoff, Harnsäure und Salzen. Im **Sammelrohr** wird der Harn zum Nierenbecken geleitet. Von dort gelangt er im **Harnleiter** zur **Harnblase**, wo er gespeichert wird. Pro Tag werden 1,5 bis 2 Liter Harn über die Harnröhre ausgeschieden.

Auf die Nieren achten

Neben ihrer wichtigen Funktion zur „Reinigung" des Blutes erfüllen Nieren noch weitere wichtige Aufgaben. Unsere Nieren

- … regulieren den Wasserhaushalt und somit das Blutvolumen, das in den Gefäßen zirkuliert. Das Blutvolumen wiederum wirkt sich auf den Blutdruck aus.
- … sorgen aber auch dafür, dass der **Elektrolythaushalt** im Gleichgewicht gehalten wird.
- … regulieren den pH-Wert der Körperflüssigkeit.

Elektrolyt: Flüssigkeit, die chemische Elemente wie Natrium, Kalium oder Calcium enthält; dadurch wird sie elektrisch leitfähig

Es ist also sehr wichtig, auf die Nieren zu achten. *Was kannst du dafür tun?*

Beckenboden: muskulöser Boden der Beckenhöhle; stützt die inneren Organe, kontrolliert Harn- und Stuhlgang und ist auch zuständig für unsere Körperhaltung

Erkrankungen des Ausscheidungssystems

Wenn **Nierenbeschwerden** auftreten, muss man diese ernst nehmen. Das Gefährliche an Nierenerkrankungen ist, dass sie erst sehr spät erkannt werden, da die Abnahme der Nierenfunktion schleichend und zunächst unbemerkt erfolgt.

INKONTINENZ/BLASENSCHWÄCHE: Wenn Harn unkontrolliert tagsüber oder nachts austritt, spricht man von **Blasenschwäche** oder **Inkontinenz**. Verstärkt kann das beim Husten, Niesen, Lachen oder bei körperlicher Betätigung passieren.

Inkontinenz kann durch Stress, nach einer Geburt, nach Operationen oder durch hormonelle Veränderungen auftreten. Mit einem speziellen Training der **Beckenboden**muskulatur, aber auch durch Medikamente oder Operationen kann Abhilfe geschaffen werden.

Heimlich, still und leise
Die Abnahme der Nierenfunktion erfolgt zunächst unbemerkt. Rund 800 000 Österreicher/innen leiden bereits an einer leicht eingeschränkten Nierenfunktion. Wie Expert/innen meinen, ist auch eine leichte Einschränkung bereits ein Risiko für Herz-Venenerkrankungen.
Onlinestandard – 06. 03. 2013

kristallisieren: Die Bestandteile der Salze ordnen sich regelmäßig an und bilden Kristalle.

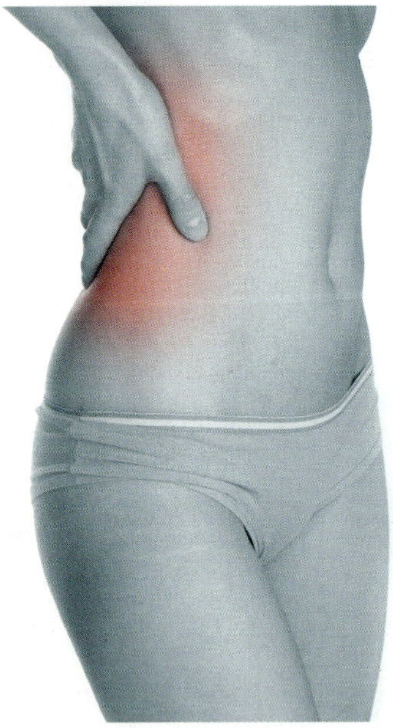

Besprecht in der Klasse! Warum kann es in manchen Fällen wichtig sein, Urinuntersuchungen durchzuführen?

Die **Leber** erfüllt als Stoffwechselorgan eine Speicher-, Umwandlungs-, Produktions- und Entgiftungsfunktion. **Nieren** sind das wichtigste Organ für das Ausscheiden von Abbaustoffen. Im Längsschnitt einer Niere erkennt man die **Nierenrinde**, das **Nierenmark** und das **Nierenbecken**. Der Harn wird in den **Nephronen** gebildet. **Inkontinenz**, **Nierensteine**, **Blasen-** und **Nierenbeckenentzündungen** sind ernstzunehmende Erkrankungen der Nieren.

NIERENSTEINE: Wenn der Harn zu stark konzentriert ist, können Salze in der Niere oder Blase aus**kristallisieren** und Nierensteine bilden. Diese gelangen manchmal in den Harnleiter, bleiben dort stecken und lösen starke, krampfartige Schmerzen aus, die man Nierenkoliken nennt.

In weniger schweren Fällen kann der Arzt oder die Ärztin Medikamente verabreichen. In schwierigeren Fällen müssen Nierensteine durch eine Operation oder durch spezielle Therapien wie eine Nierensteinzertrümmerung entfernt werden. Viel Wasser trinken beugt der Bildung von Nierensteinen vor.

Nierensteinzertrümmerer: Druckwellen bringen Nierensteine zum Zerbrechen.

INFEKTIONEN DER HARNWEGE: Steigen in der Harnröhre Bakterien auf, können sie eine **Blasenentzündung**, einen sogenannten Blasenkatarrh, hervorrufen. Dabei entsteht das Gefühl eines ständigen Harndranges und eines Brennens und Stechens beim Harnlassen.

Aufgrund ihrer kürzeren Harnröhre und der Nähe der Harnröhre zum Darmausgang sind Frauen häufiger von Harnwegsinfektionen betroffen als Männer.

NIERENBECKENENTZÜNDUNGEN: Wenn die Bakterien über den Harnleiter in das Nierenbecken aufsteigen, kann dies zu einer Nierenbeckenentzündung führen. Diese Erkrankung ist schwerwiegender als eine Infektion der Harnwege, da sie mit Schüttelfrost, Fieber und Nierenkoliken verbunden ist. In diesem Fall unbedingt einen Arzt oder eine Ärztin aufsuchen! Er oder sie kann mit Antibiotika helfen.

NIERENVERSAGEN: Erfüllen beide Nieren ihre Funktion nicht mehr, gibt es für den Betroffenen nur mehr 2 Möglichkeiten:

1. Regelmäßige Blutwäsche/Dialyse: Etwa 3 Mal pro Woche müssen Patienten mehrere Stunden lang ihr Blut mit Hilfe eines Gerätes filtern lassen.

2. Nierentransplantation: Dem Betroffenen wird eine gesunde Spenderniere eingesetzt.

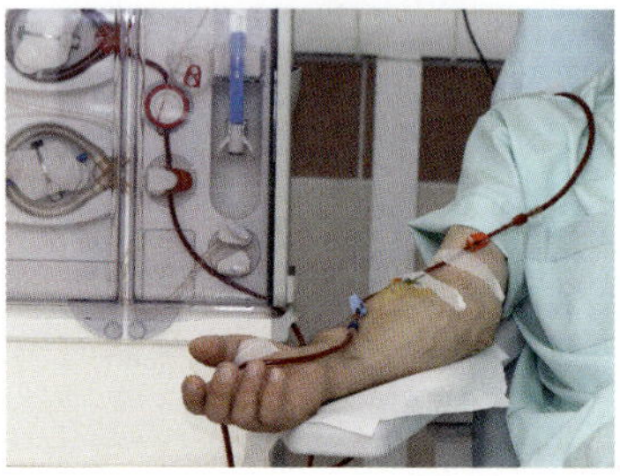

Dialyse

Erkrankungen der Leber

Folgende Schädigungen können die Funktion unseres wichtigsten Entgiftungsorganes, der **Leber**, einschränken:

GELBSUCHT: Diese entsteht bei Störungen des Galleabflusses. Gallenflüssigkeit kann in das Blut übertreten. Es kommt zu einer gelben Verfärbung der Haut.

HEPATITIS: Diese Entzündung der Leber kann verschiedene Ursachen haben. Typische Symptome sind Müdigkeit oder Gelbsucht mit Juckreiz am ganzen Körper.

LEBERZIRRHOSE: Dies ist das Endstadium vieler chronischer Lebererkrankungen, meist hervorgerufen durch übermäßigen Alkoholkonsum oder eine Hepatitiserkrankung. Aufgrund des fortschreitenden Zerfalls kann die Leber ihre vielfältigen Aufgaben nicht mehr erfüllen.

Nun geht's los – Aufgaben für schlaue Köpfe!

1) **Der Weg der Nahrung** – Was sind die wesentlichen Stationen des Verdauungssystems? **Trage den jeweils passenden Buchstaben in das Feld ein und benenne das Verdauungsorgan! ★★★**

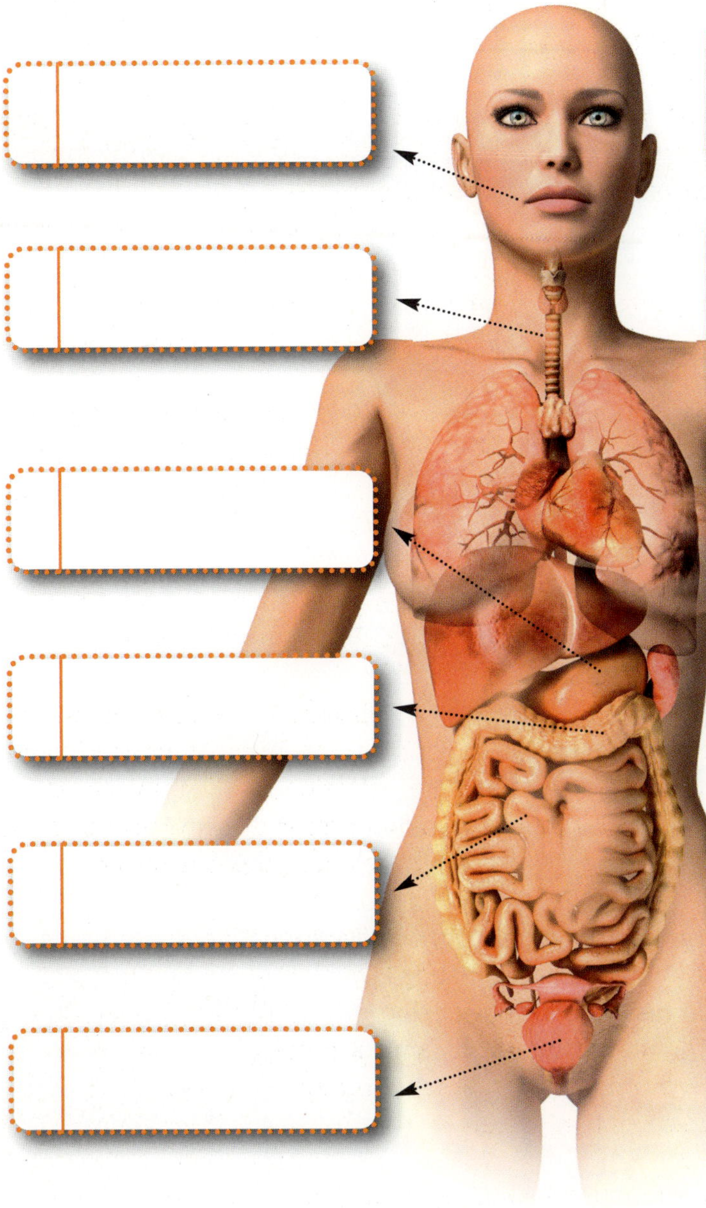

A: Hier sammeln sich die eingedickten unverdaulichen Speisereste und werden als Kot ausgeschieden.

B: In diesen 3 bis 4 m langen „Schlauch" münden der Gallensaft und der Bauchspeichel. Fette, Kohlenhydrate und Eiweiße werden hier größtenteils verdaut.

C: Sie bewegt den Speisebrei durch peristaltische Bewegungen in den Magen.

D: In diesem etwa 1 m langen Organ wird den Nahrungsresten Wasser entzogen.

E: Die Nahrung wird zerkleinert und mit dem Mundspeichel vermengt. Stärke wird in kleinere Zuckerbausteine aufgespalten.

F: Die Innenwand des muskulösen, schlauchförmigen Hohlraums ist mit Schleimhaut ausgekleidet.

2) Beim Schreiben des Merktextes hat Lisa 6 Fehler gemacht. **Bessere diese aus, indem du das falsche Wort durchstreichst und das richtige darüber schreibst! ★★**

Die Außenwand des Dünndarms trägt einige wenige Darmzotten, etwa 30 pro cm^2. Sie verkleinern die Oberfläche der Darminnenwand um ein Vielfaches. In jede Zotte führen feine Blut- und Lymphgefäße, die die gelösten Stoffe abgeben. Dies nennt man Regeneration.

3) **Nun übertrage den richtiggestellten Merktext in dein Heft! Überlege dir auch eine passende Überschrift! ★**

Nun geht's los – Aufgaben für schlaue Köpfe!

4) Gesunde Ernährung hat viele Seiten. Eine davon ist der Nährstoffgehalt verschiedener Lebensmittel. **Studiere diese Tabelle genau! Welche 3 Nahrungsmittel enthalten besonders viele Kohlenhydrate, welche am wenigsten? ★★**

100 Gramm	Nährstoffgehalt in Gramm			
	Eiweiß	Fett	Kohlenhydrate	Wasser
Bratwurst	12	30		58
Butter	1	83	1	15
Chips	5	40	55	
Eier	13	12	1	74
Erbsen	23	2	60	15
Fisch	18	4		78
Fleisch, mager	22	4		74
Gemüse/Obst			20	80
Käse	26	30	1	43
Kartoffeln	2		18	80
Milch	3	3	4	90
Roggenbrot	5	1	45	49
Speck	20	30		50
Vollmilchschokolade	8	30	56	6
Walnüsse	15	64	13	8

Eiweiß Fett Kohlenhydrate Wasser

am meisten Kohlenhydrate:

1. ______________________

____

2. ______________________

____

3. ______________________

____

am wenigsten Kohlenhydrate:

1. ______________________

2. ______________________

3. ______________________

5) ***Ausgewogene Ernährung*: Erfülle die folgenden Aufgaben: ★★★**

- Überlege, was du gestern gegessen hast, und trage es in die Tabelle ein!
- Schätze ab, welche Menge du von jedem Nahrungsmittel zu dir genommen hast (in Gramm)!
- Berechne anschließend, welche Mengen an Fett (F), Kohlenhydraten (K) und Eiweiß (E) du gestern gegessen hast und trage die Mengen in Gramm in das Diagramm ein! Suche dazu deine Nahrungsmittel in der Tabelle von Aufgabe 4! Sollten einige nicht enthalten sein, wähle die aus, die dir am ähnlichsten erscheinen!

Frühstück:

Nahrungsmittel	Gramm

Mittagessen:

Nahrungsmittel	Gramm

Abendessen:

Nahrungsmittel	Gramm

Zwischendurch:

Nahrungsmittel	Gramm

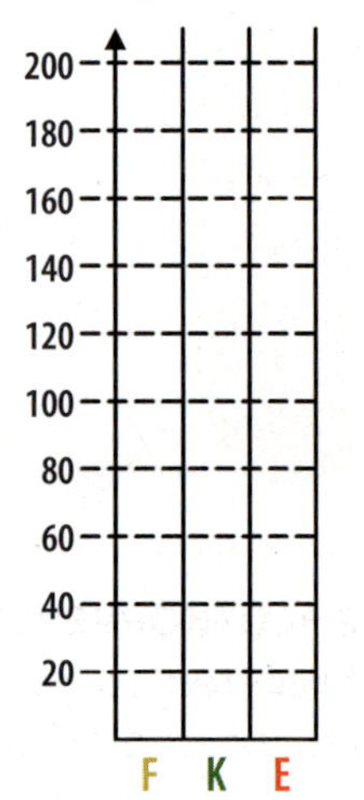

Eine ausgewogene Ernährung sollte etwa zu 55 % aus Kohlenhydraten, zu 15 % aus Eiweiß und zu 30 % aus Fett bestehen.

Hast du dich gestern ausgewogen ernährt? ☐ JA ☐ NEIN

9. DAS BLUT

Das Blut macht in unserem Körper rund 8 % des Körpergewichts aus. Je nach Körpergewicht sind das 4 bis 7 l Blut.

In unserem Körper erfüllt das Blut mehrere **wichtige Aufgaben**:

- Es transportiert Sauerstoff, Kohlenstoffdioxid, aufgespaltene Nährstoffe, Wasser und Mineralsalze, Vitamine und Hormone sowie Abfallstoffe.
- Es verteilt die Körperwärme.
- Es verschließt durch Blutgerinnung Wunden.
- Es wehrt Infektionen ab.

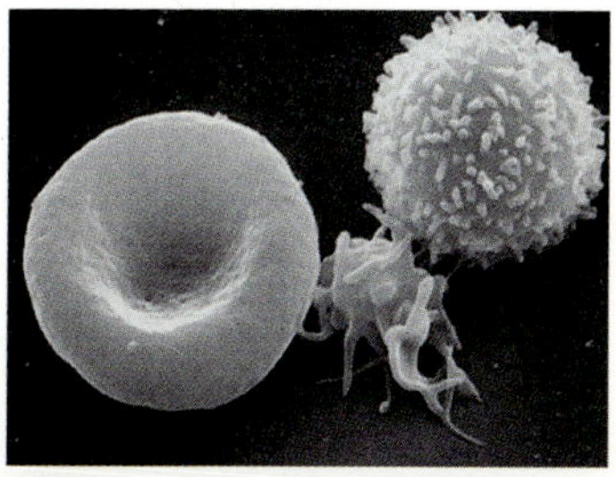

Größenvergleich von Blutzellen unter dem Elektronenmikroskop / von links nach rechts: rotes Blutkörperchen/∅ ca. 7,5 µm (Mikrometer)/Dicke 2 µm, Blutplättchen, weißes Blutkörperchen

Bestandteile des Blutes

Die Hauptbestandteile des Blutes sind: die Blutflüssigkeit, die **Blutplasma** genannt wird, und die festen Bestandteile, die **Blutzellen**. Zu den Blutzellen zählen die **roten** und die **weißen Blutkörperchen** sowie die **Blutplättchen**. Alle Blutzellen werden im Knochenmark gebildet.

BLUTPLASMA: ca. 60 % des Blutes
Bestandteile: ca. 90 % Wasser, ca. 10 % Proteine und Elektrolyte.
Darin gelöst sind: Traubenzucker, Fette, Eiweißstoffe, Salze, Hormone und Abfallstoffe.
Aufgabe: Transport von Kohlenstoffdioxid, Nährstoffen und Abfallprodukten (z. B. Harnstoff)
Enthält: Fibrinogen → sorgt gemeinsam mit den Blutplättchen für die Blutgerinnung u. den Wundverschluss.
Im Blutplasma schwimmen die Blutzellen.

WEISSE BLUTKÖRPERCHEN/Leukocyten: ca. 0,07 % des Blutvolumens
Aufgabe: „Gesundheitspolizei" unseres Körpers → erkennen körperfremdes Gewebe und Zellen (Krankheitserreger) und machen diese unwirksam
Bildung: im Knochenmark und in den Lymphknoten

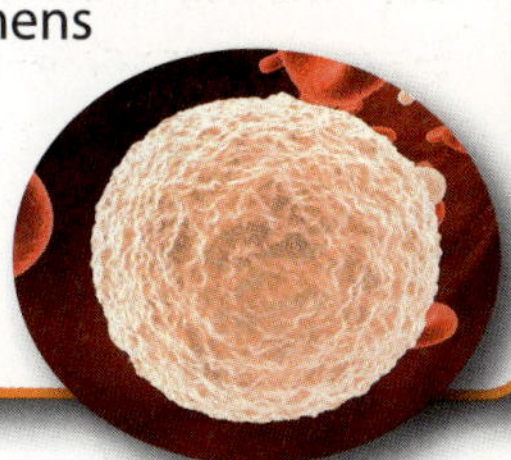

BLUTPLÄTTCHEN/ Thrombocyten: ca. 2 % des Blutvolumens
Aufgabe: sorgen für die Blutgerinnung und den Wundverschluss
Bildung: im Knochenmark
Sie sind die kleinsten Blutzellen.

Überlegt gemeinsam! Warum steigt die Anzahl der weißen Blutkörperchen im Falle einer Infektionskrankheit?

ROTE BLUTKÖRPERCHEN/ Erythrocyten: ca. 40 % des Blutes
Aussehen: scheibchenförmige Zellen ohne Zellkern
Enthalten: Hämoglobin (roten Blutfarbstoff) → kann für einige Zeit Sauerstoff an sich binden.
Aufgabe: nehmen Sauerstoff in der Lunge auf → Transport in den ganzen Körper
Lebensdauer: ca. 3 Monate
Bildung: im Knochenmark

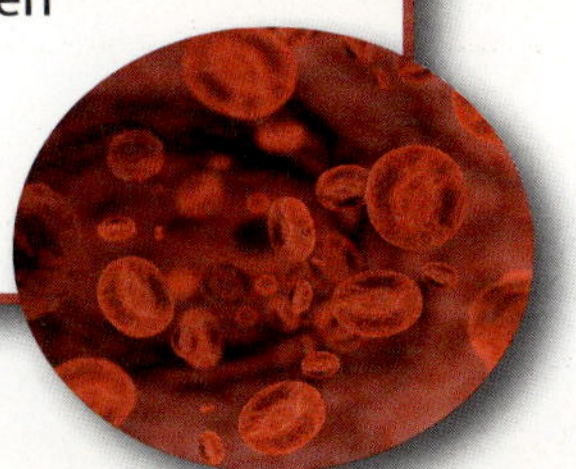

Blutgruppen und Rhesusfaktor

Wissenswertes
Die Blutgruppenzugehörigkeit und der Rhesusfaktor bleiben während des ganzen Lebens unverändert. Wie andere Körpermerkmale werden sie vererbt.

An der Oberfläche von Zellen aber auch von Bakterien befinden sich unterschiedliche **Eiweiße**, die sogenannten **Antigene**. Gelangen z. B. bei einer Infektion **körperfremde Zellen** in den Körper, bilden sich Antikörper, die genau zu den Antigenen passen. Diese lagern sich an den fremden Zellen an und machen sie so unschädlich.

An menschlichen Blutzellen gibt es 2 mögliche Antigene: **Antigen A** und **Antigen B**. Manche Menschen besitzen nur A, manche nur B, manche beide und manche gar keine Antigene. Entsprechend lässt sich das Blut in 4 Blutgruppen unterteilen: **A**, **B**, **AB** und **0** (Null). Gegen Antigene, die nicht der eigenen Blutgruppe entsprechen, bilden sich Antikörper.

Blutgruppe A

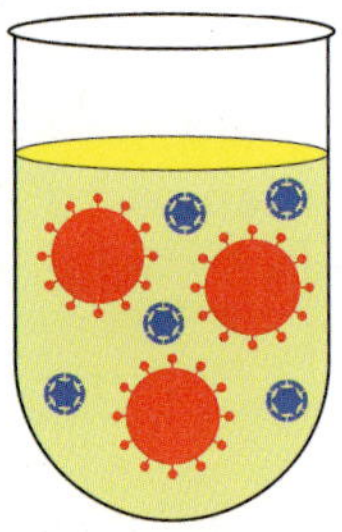

rote Blutkörperchen: **Antigen A**
im Blutplasma: **Antikörper gegen B**

Blutgruppe B

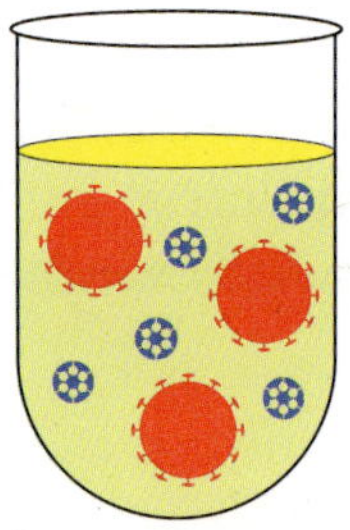

rote Blutkörperchen: **Antigen B**
im Blutplasma: **Antikörper gegen A**

Blutgruppe AB

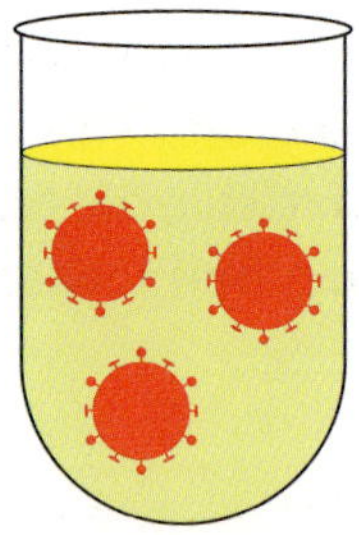

rote Blutkörperchen: **Antigen A u. B**
im Blutplasma: **keine Antiköper**

Blutgruppe 0

rote Blutkörperchen: **keine Antigene**
im Blutplasma: **Antikörper gegen A und B**

Klumpen: unförmiges Stück; hier im Blut bilden sich Pfropfen

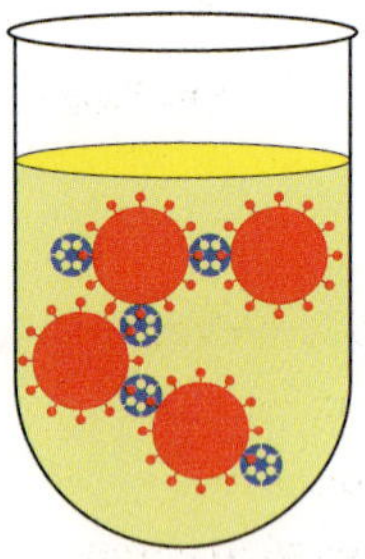

Verklumpung der Blutkörperchen mit Antigen-A und Anti-A-Antikörpern

Beim **Blutspenden** wird ein Teil des Blutes aus dem Körper eines Menschen entnommen. Bei einer **Bluttransfusion** wird dieses Blut auf einen anderen Menschen übertragen. Stimmen die Blutgruppen nicht überein, reagieren die Antikörper der einen Blutgruppe mit den Antigenen der anderen. Dadurch bilden sich **Klumpen**, die feine Blutgefäße verstopfen und so lebensgefährlich sein können.

Die Verklumpung ist mit freiem Auge sichtbar.

Auf den **roten Blutkörperchen** befindet sich noch ein weiteres Eiweiß, der **Rhesusfaktor (Rh).** Ca. 85 % der Menschen besitzen dieses Eiweiß und haben deswegen **Rhesus-positives Blut (Rh+)**. Fehlt es, spricht man von **Rhesus-negativem Blut (Rh-)**. Bei der Vermischung von Rh+ und Rh- Blut kann es ebenfalls zu Blutverklumpungen kommen. Das kann zu Problemen in der Schwangerschaft führen, wenn eine Rh- Mutter, die z. B. nach einer vorangegangenen Schwangerschaft mit einem Rh+ Kind Rhesus-Antigene besitzt, ein weiteres Rh+ Kind bekommt. Durch moderne medizinische Methoden können jedoch solche Probleme weitgehend vermieden werden.

Eine **Blutuntersuchung** kann wichtige Hinweise auf eventuelle Erkrankungen des Körpers geben.

- **Blutbild:** Dieses zeigt Anzahl, Größe und Hämoglobingehalt der Blutkörperchen. Außerdem kann der Gehalt an Traubenzucker und Blutfetten überprüft werden.
- **Blutsenkung:** Diese gibt Auskunft über Entzündungen oder Infektionen. Die Absinkgeschwindigkeit der roten Blutkörperchen hängt vom Mischverhältnis der Eiweißstoffe im Blutplasma ab und ändert sich je nach Erkrankung.

Blut besteht aus **Blutplasma, roten Blutkörperchen, weißen Blutkörperchen** und den **Blutplättchen**. Die 4 Blutgruppen sind **A**, **B**, **AB** und **0**. Außerdem wird das Blut in **Rhesus-positiv** oder **-negativ** eingeteilt.

10. DAS HERZ UND DIE BLUTGEFÄSSE

Das Herz

Das Herz steht als Pumpe im Mittelpunkt des Blutkreislaufes. Es ist nicht unserem Willen unterworfen, sondern arbeitet automatisch als **Druck-** und als **Saugpumpe**. Ein gesundes Herz pumpt bei jedem Zusammenziehen ca. 70 Milliliter Blut in den Körper und schlägt in Ruhe 70- bis 80-mal in der Minute.

Das Herz liegt geschützt unter dem Brustbein zwischen den beiden Lungenflügeln. Es ist ein starker **Hohlmuskel**, der aus zwei Hälften besteht. Dazwischen befindet sich die **Herzscheidewand**. Jede Herzhälfte hat eine **Vor-** und eine **Hauptkammer**. Die **linke Hauptkammer** hat eine dickere Gefäßwand und ist etwas größer als die rechte, da sie das Blut in den Körper pumpt und der Körperkreislauf umfangreicher ist als der Lungenkreislauf. Die **rechte Hauptkammer** pumpt das Blut in die Lunge.

Herzklappen lassen das Blut im Herzen nur in eine Richtung fließen. Es gibt Segel- und Taschenklappen:

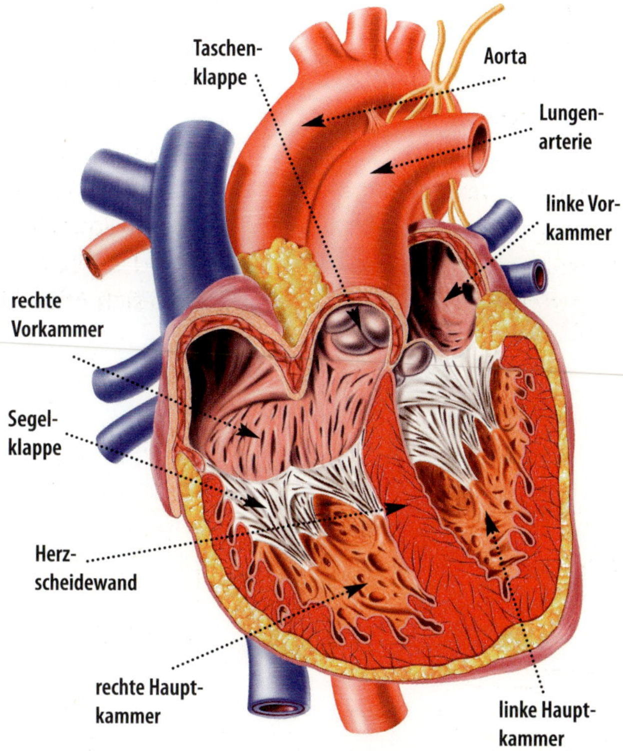

Innenansicht des Herzens: Angaben links u. rechts beziehen sich auf die Sichtweise eines Menschen, der sein eigenes Herz betrachtet.

- **Segelklappen:** Diese lenken das Blut aus den Vorkammern in die Hauptkammern.
- **Taschenklappen:** Diese verhindern den Rückfluss aus der **Aorta** und der **Lungenarterie**.

Beim Herzschlag können **4 Phasen** unterschieden werden:

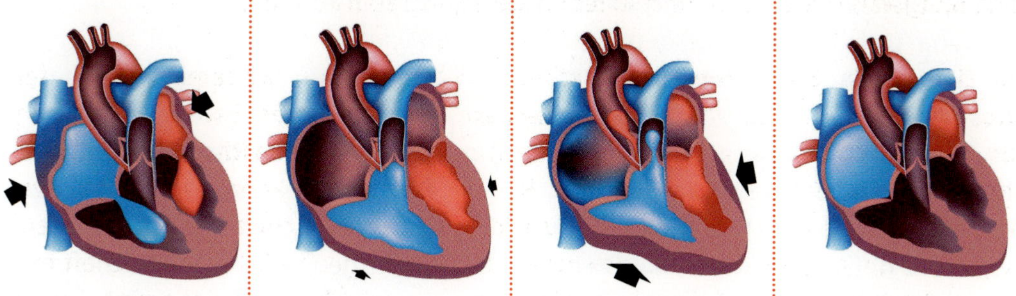

Füllungsphase	Anspannungsphase	Austreibungsphase	Entspannungsphase
Die blutgefüllten Vorkammern ziehen sich zusammen. Das Blut fließt durch die Segelklappen in die beiden Hauptkammern.	Die Segelklappen schließen sich. Die Muskelfasern spannen sich an und der Druck in den Hauptkammern steigt.	Das Herz zieht sich zusammen. Das Blut aus der rechten Kammer wird in die Lungenarterie und jenes aus der linken Kammer in die Aorta gepumpt.	Das Herz entspannt sich. Dadurch wird der Boden beider Vorkammern nach unten gezogen. So wird das Blut aus den Venen angesogen.

In der **Herzpause**, einer kurzen Pause von einem Bruchteil einer Sekunde zwischen Entspannungsphase und Füllungsphase, erholt sich die Kammermuskulatur.

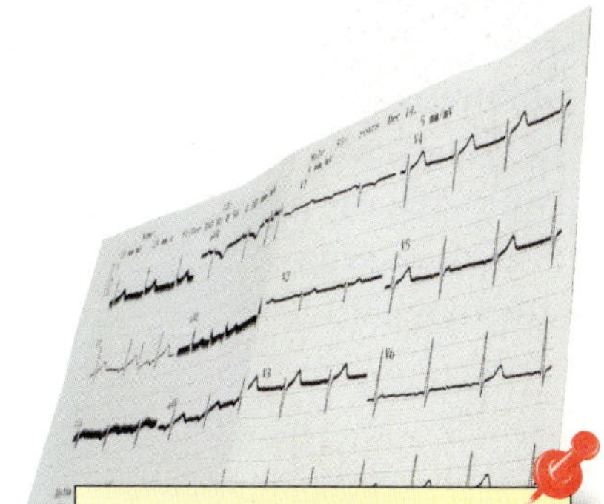

Was ist ein EKG?
Mit einem EKG (Elektrokardiogramm) werden elektrische Spannungen und Ströme während der Herztätigkeit gemessen und aufgezeichnet. Es kann helfen, Herzerkrankungen zu erkennen.

Der Blutkreislauf

zirkulieren: im Kreis bewegen

Das Herz lässt das Blut im Körper **zirkulieren**. Daher sprechen wir vom Blutkreislauf. So können alle Zellen mit den nötigen Stoffen versorgt werden und Kohlenstoffdioxid sowie Abfallstoffe abtransportiert werden.

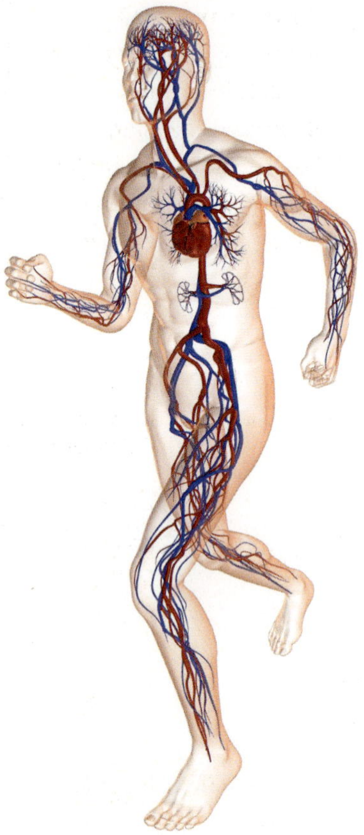

Schematischer Blutkreislauf des Menschen:
blau = sauerstoffarmes Blut
rot = sauerstoffreiches Blut

Das Blut fließt in Blutgefäßen. Alle Blutgefäße, die vom Herzen wegführen, nennt man **Arterien**, jene, die zum Herzen führen, **Venen**.

Du weißt bereits, dass das Blut in der **Lunge** mit Sauerstoff angereichert wird. Zuerst gelangt es aus der Lunge durch die **Lungenvene** in die linke Vorkammer des Herzens. Von dort kommt es in die **linke Hauptkammer**. Diese pumpt das sauerstoffreiche Blut über die **Aorta** und weiter durch die Arterien in alle Teile des Körpers.

Die Arterien verästeln sich immer mehr, sodass feinste Kapillargefäße alle Zellen des Körpers erreichen können. Im Körper erfolgt der **Gasaustausch**: Das Blut gibt Sauerstoff ab und nimmt Kohlenstoffdioxid auf.

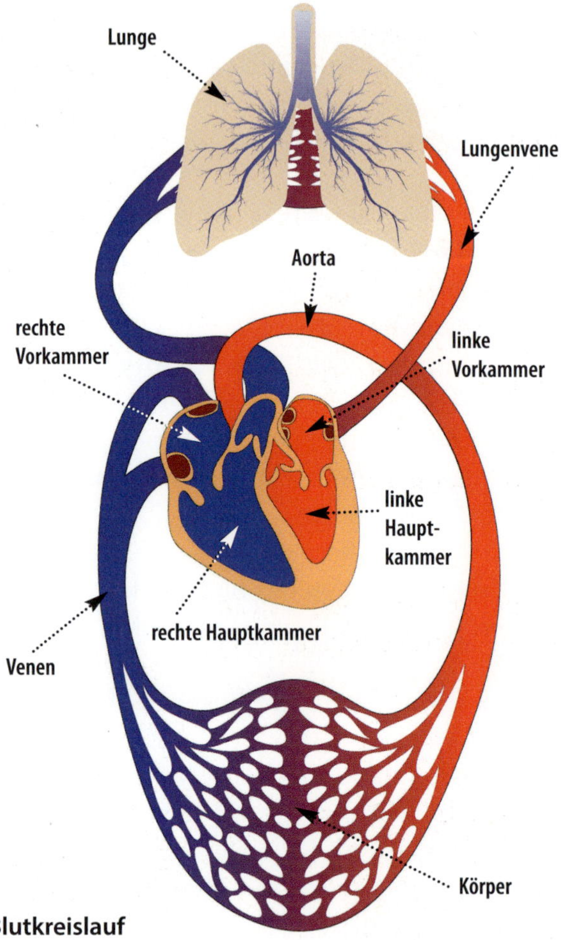

Blutkreislauf

Über **Venen** fließt das sauerstoffarme Blut in die **rechte Vorkammer** des Herzens zurück. Dort wird es in die **rechte Hauptkammer** und dann weiter durch die **Lungenarterie** in die Lunge gepumpt, wo es sich wieder mit Sauerstoff anreichert. **Der Blutkreislauf ist geschlossen.**

Die **Pfortader** ist eine große Vene, in der das Blut aus dem Magen-Darm-Trakt gesammelt und zur Leber transportiert wird. Im **Pfortaderkreislauf** wird der Leber direkt nährstoffreiches Blut aus dem Darm zugeführt. Das Blut aus der Leber fließt in ein großes Gefäß, die **untere Hohlvene**.

Wie hoch ist der Blutdruck?
Der Blutdruck wird in mmHg (Millimeter Quecksilbersäule) angegeben.
1 mmHg entspricht einem Druck von 133 Pa.
Der durchschnittliche Blutdruck des Menschen liegt bei 130/75 mmHg.

Der Blutdruck

Beim Blutdruckmessen werden immer 2 Werte angegeben:

- Der höhere Wert ist der **systolische Druck**. Er entsteht, wenn sich das Herz zusammenzieht und Blut in die Blutgefäße presst.
- Entspannt sich das Herz und füllt es sich mit Blut, ist der Druck in den Gefäßen geringer. Diesen Druck nennt man **diastolischer Blutdruck**.

Blutdruckmessung

Fühle zunächst deinen eigenen Puls und dann den deines Sitznachbarn oder deiner Sitznachbarin!

Blutgefäße

Wenn die **Arterien** das Blut vom Herzen wegführen, verzweigen sie sich, je weiter sie in den Körper dringen. Sie gehen in die **Kapillaren** über, die einen Durchmesser von nur etwa 0,01 mm haben. Das Blut fließt dort nur mehr sehr langsam, damit der Gas- und Nährstoffaustausch erfolgen kann. Die Kapillaren vereinigen sich dann wieder zu größeren Blutgefäßen, die als **Venen** zum Herzen zurückführen.

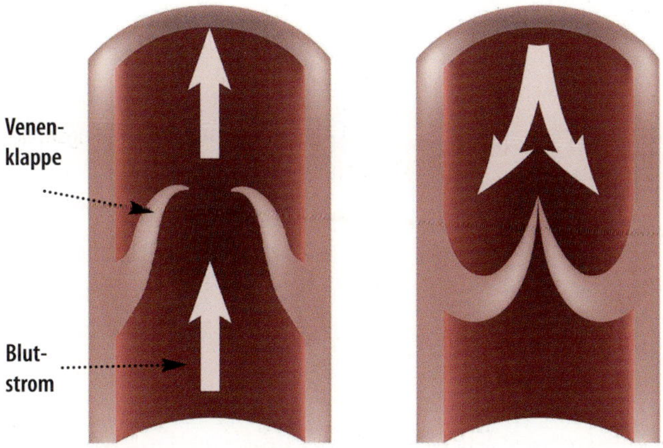

Längsschnitt einer Vene

Der vom Herzen aufgebaute Druck reicht nicht aus, um das Blut zu allen Stellen des Körpers und wieder zurück zu pumpen. Der Blutkreislauf wird unterstützt durch …

Muskelpumpe:

Körpermuskel erzeugen beim Anspannen Druck in den Venen.

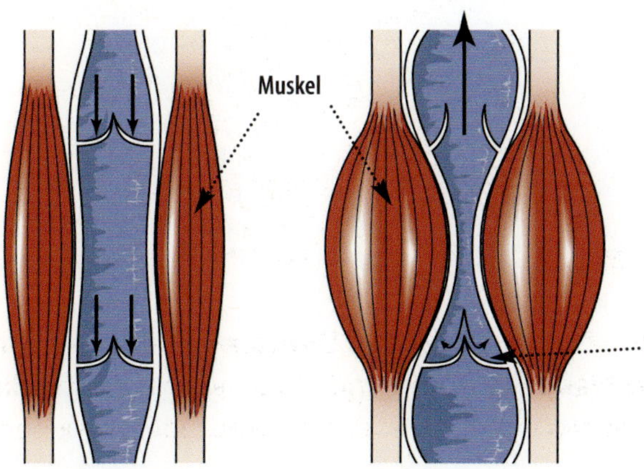

Arterienpumpe:

Druck in den Arterien überträgt sich auf daneben liegende Venen.

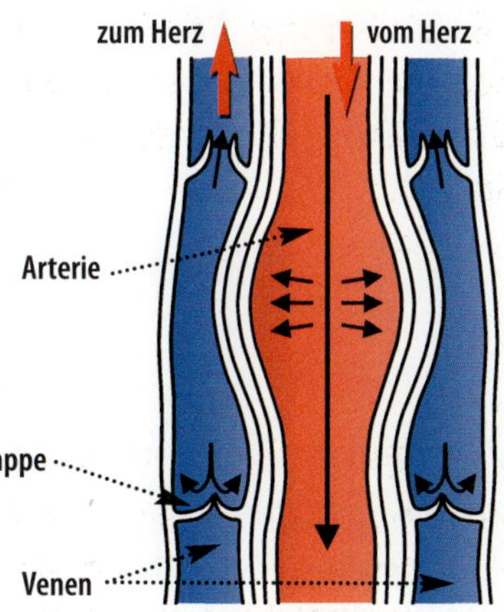

Die **Venenklappen** verhindern ein Zurückfließen des Blutes und stellen sicher, dass das Blut nur in eine Richtung fließen kann.

Erkrankungen des Herz-Kreislaufsystems

BLUTHOCHDRUCK: Laut **WHO** leidet man ab einem Wert von 140/90 mmHg an Bluthochdruck. Ursachen können psychische Belastungen und/oder organische Probleme wie Nierenerkrankungen sein. Die Neigung zu Bluthochdruck kann aber auch vererbt werden.

KRAMPFADERN: Durch eine Schwäche der Venenwände dehnen sich die Beinvenen, bis die Venenklappen nicht mehr richtig schließen. Nach langem Sitzen oder Stehen wird das Blut daher nicht mehr zum Herzen gepumpt, sondern sammelt sich in den gedehnten Venen, die an der Oberfläche der Beine sichtbar sind. Folgen können Venenentzündungen oder Venenthrombosen sein.

HERZRHYTHMUSSTÖRUNGEN: Der Schlagrhythmus des Herzens verläuft unregelmäßig. Im Extremfall kann ein Herzschrittmacher den Rhythmus unterstützen, indem er mit elektrischen Impulsen den Herzmuskel regelmäßig anregt.

Was sind die Herzkranzgefäße?
Herzkranzgefäße sind jene Blutgefäße, die den Herzmuskel mit Blut, Sauerstoff und Nährstoffen versorgen. Sie verlaufen kranzförmig rund um das Herz.

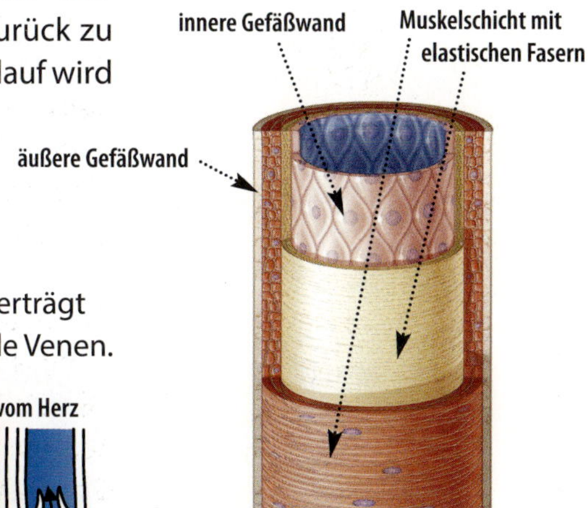

Aufbau eines Gefäßes

WHO: Weltgesundheitsorganisation (World Health Organisation)

Ist niedriger Blutdruck gefährlich?
Nein, denn er ist keine wirkliche Krankheit. Menschen mit niedrigem Blutdruck haben sogar eine höhere Lebenserwartung. Sie leiden allerdings unter Kälte- oder Schwindelgefühl, Schlafstörungen, Müdigkeit, Konzentrationsschwäche oder Sehstörungen. Regelmäßiger Sport kann Abhilfe schaffen.

Bei welchen Berufen ist die Gefahr, dass sich Krampfadern bilden, besonders groß? Nenne einige!

Schlaganfall: Störung der Durchblutung von Teilen des Gehirns; kann zu dauerhaften Schäden führen

Blutgerinnsel: kleine Menge geronnenen Bluts

Sport ist gesund
Sportler/innen haben nicht nur gut trainierte Muskel. Auch ihr Herzmuskel ist gut trainiert. So pumpt ihr Herz mit jedem Pulsschlag anstatt durchschnittlich 70 ml etwa 100 ml in den Körper. Daher schlägt es in Ruhe nicht 70- bis 80-mal pro Minute, sondern nur 45- bis 50-mal. Deshalb dauert die Entspannungsphase und Erholungsphase für das Herz von Sportler/innen länger.
MERKE: Sport ist gut für das Herz!

Das Herz besteht aus zwei **Vor-** und zwei **Hauptkammern**. Es pumpt Blut in den **Körper-** und in den **Lungenkreislauf**. Man unterscheidet 3 verschiedene Typen von Blutgefäßen, die sauerstoffreiches oder -armes Blut transportieren: **Arterien**, **Venen** und **Kapillaren**. Es gibt viele Möglichkeiten, positiv auf sein Herz-Kreislaufsystem einzuwirken.

ARTERIOSKLEROSE/Arterienverkalkung: Dies ist eine krankhafte Veränderung und Verengung der Arterien, wobei diese ihre Elastizität verlieren. Tritt die Arteriosklerose im Gehirn auf, kann ein **Schlaganfall** die Folge sein. Gründe für diese Erkrankung sind psychische Belastungen, fettreiche Ernährung, Zuckerkrankheit, Entzündungen oder auch Bluthochdruck.

„SCHAUFENSTERKRANKHEIT“: Verengungen in den Beinarterien verursachen bei Betroffenen nach wenigen Schritten Schmerzen. Wie bei einem Schaufensterbummel bleiben sie alle paar Schritte stehen, bis der Schmerz nachgelassen hat.

THROMBOSE: Das ist ein **Blutgerinnsel**, welches ein Blutgefäß verstopft. Thrombosegefahr besteht nach Operationen oder längerer Bettruhe und besonders bei Langstreckenflügen, wenn man die Beine nicht bewegt. Gefährdete Personen haben die Möglichkeit, Stützstrümpfe zu tragen oder gerinnungshemmende Medikamente einzunehmen.

INFARKT: Wenn Gewebe aufgrund von Durchblutungsstörungen nicht ausreichend mit Sauerstoff versorgt wird, spricht man von einem Infarkt. Teile des Gewebes sterben ab. Herzinfarkt und Hirninfarkt (Schlaganfall) sind die bekanntesten und häufigsten Infarkte.

Wie soll man reagieren?

Vorbeugende Maßnahmen

Herz-Kreislauferkrankungen zählen zu den häufigsten Todesursachen! Du kannst viel für dein Herz und dein Kreislaufsystem tun:

Achte auf dein Körpergewicht! Zu viel Gewicht belastet dein Herz-Kreislaufsystem!

Meide Genussmittel wie Alkohol, Zigaretten, Kaffee oder Süßigkeiten, auch sie wirken sich auf den Blutdruck aus!

Lass beim Arzt oder bei der Ärztin regelmäßig Blutdruck- und Pulsmessung durchführen! So kann Erkrankungen vorgebeugt werden.

Ernähre dich gesund, fett- und salzarm, denn die Ernährung wirkt sich auf den Blutdruck aus!

Betreibe in einem ausgewogenen Maße regelmäßig Sport! Er soll Spaß machen. Das stärkt das Herz und bewirkt gut durchblutetes Gewebe.

Nun geht's los – Aufgaben für schlaue Köpfe!

1) **Blutgeschichten** – Diese zwei Berichte sind vermischt. **Ordne jedem Satz die passende Überschrift zu, indem du den richtigen Buchstaben einsetzt! ★★★**

A. Wissenswertes über die Blutgerinnung!

B. Blutspenden können Leben retten!

- ☐ Ihre Inhaltsstoffe bewirken die Umwandlung vom wasserlöslichen Fibrinogen zum wasserunlöslichen, faser-förmigen Fibrin.
- ☐ Universalspender sind Personen mit der Blutgruppe 0- und Universalempfänger jene mit der Blutgruppe AB+.
- ☐ Die Blutgerinnung erfolgt in 3 Schritten:
- ☐ Die Blutgerinnung setzt ein und verschließt die Wunde.
- ☐ Das freiwillig gespendete Blut, pro Person etwa ½ Liter, wird aufbereitet und für medizinische, wissenschaftliche oder pharmazeutische Zwecke verwendet.
- ☐ Blutplättchen lagern sich am Wundrand ab.
- ☐ Das verletzte Blutgefäß zieht sich zusammen und der Blutaustritt wird verringert.
- ☐ Es bildet ein Netz, in dem die Blutplättchen hängen bleiben.
- ☐ Würde das Blut nicht gerinnen, würden wir bei der kleinsten Verletzung verbluten.

2) **Übertrage nun die beiden Texte mit der richtigen Überschrift in dein Heft! ★**

3) **In welche Richtung fließt das Blut?** **Beginne bei der linken Hauptkammer und zeichne von dort ausgehend die Fließrichtung des Blutes mit Pfeilen neben dieser Abbildung ein! Dann beschrifte die Kästchen! Zum Schluss erstelle eine Legende für die rote und die blaue Farbe in der Abbildung! ★★★★**

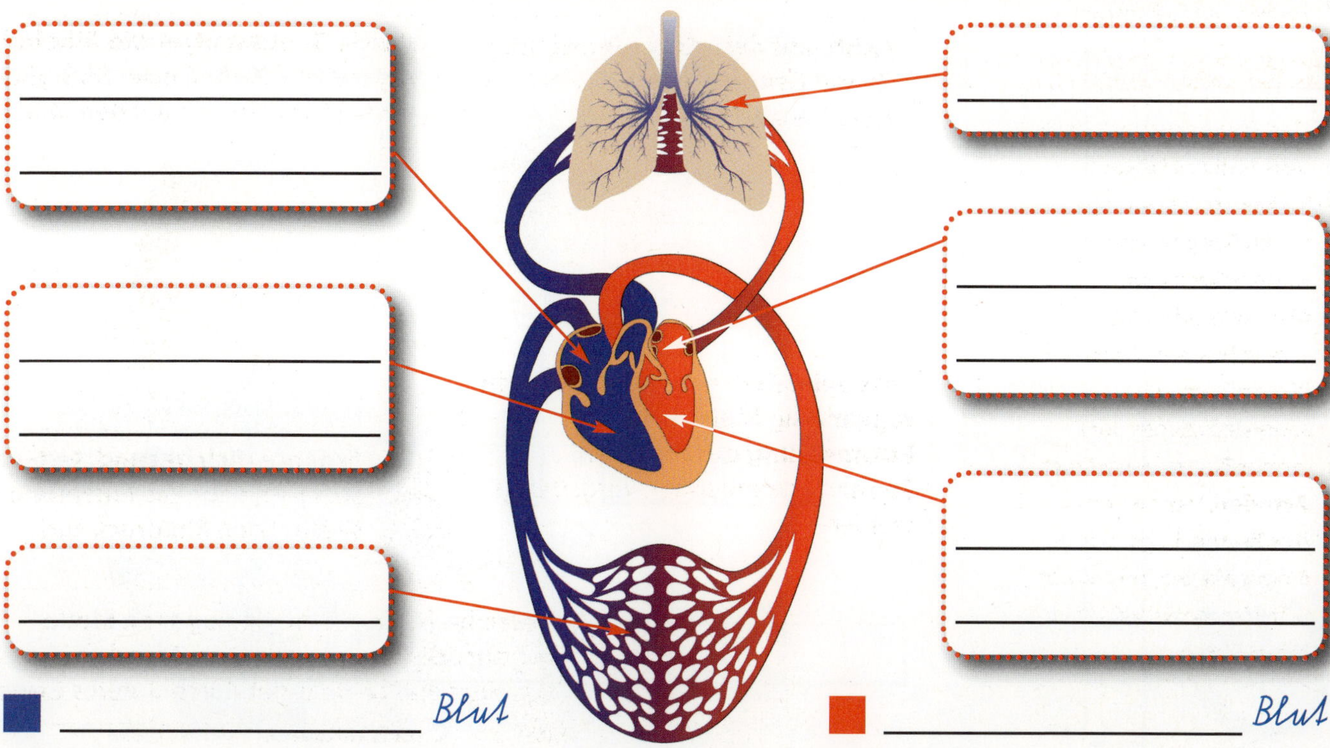

■ ________________ Blut   ■ ________________ Blut

Nun geht's los – Aufgaben für schlaue Köpfe!

4) **Was man über den Herzinfarkt wissen sollte!** – **Versuche, den in diesen 3 Herzen gesplitteten Text zu lesen!** ★

Im Falle eines Herzi
Je schneller man
en für Betroffene, den
hl es um Minuten g
fort einen Notarzt o
chen für einen Herz
in der Brust, Unruhe
weißausbrüche, Üb
che Fälle gerüstet z
absolvieren. Er
sprechende

nfarktes muss schn
handelt, desto bess
Herzinfarkt gut z
eht, sollte man beso
der eine Notärztin ru
infarkt sind Druck od
gefühl bis Todesang
elkeit oder auch Ate
u sein, ist es ratsam,
ste Hilfeorganisat
Kurse an.

ell gehandelt werden.
er stehen die Chanc
u überstehen. Obwo
nnen bleiben und so
fen. Typische Anzei
er heftiger Schmerz
st, Blässe, kalte Sch
mnot. Um gut für sol
Erste-Hilfe-Kurse zu
ionen bieten ent

5) **Überlege dir nun selbst 4 Fragen zu diesem Text und stelle sie deinem Sitznachbarn/deiner Sitznachbarin!** ★★ Wer von euch beiden kann alle beantworten?

6) **Was weißt du über Blutgefäße und deren mögliche Erkrankungen?** **Löse das Rätsel, indem du die gesuchten Begriffe richtig einsetzt!** ★★★ ACHTUNG: „ß" = „SS"

waagrecht
4. Blutdruck über 140/90 mmHg
6. Blutgefäße, die das Blut vom Herzen weg führen
7. erweiterte Venen, die an der Oberfläche der Beine sichtbar sind
9. Der Pulsschlag in Arterien wirkt in benachbarten Venen als …
10. Blutgefäße haben eine innere und eine äußere …

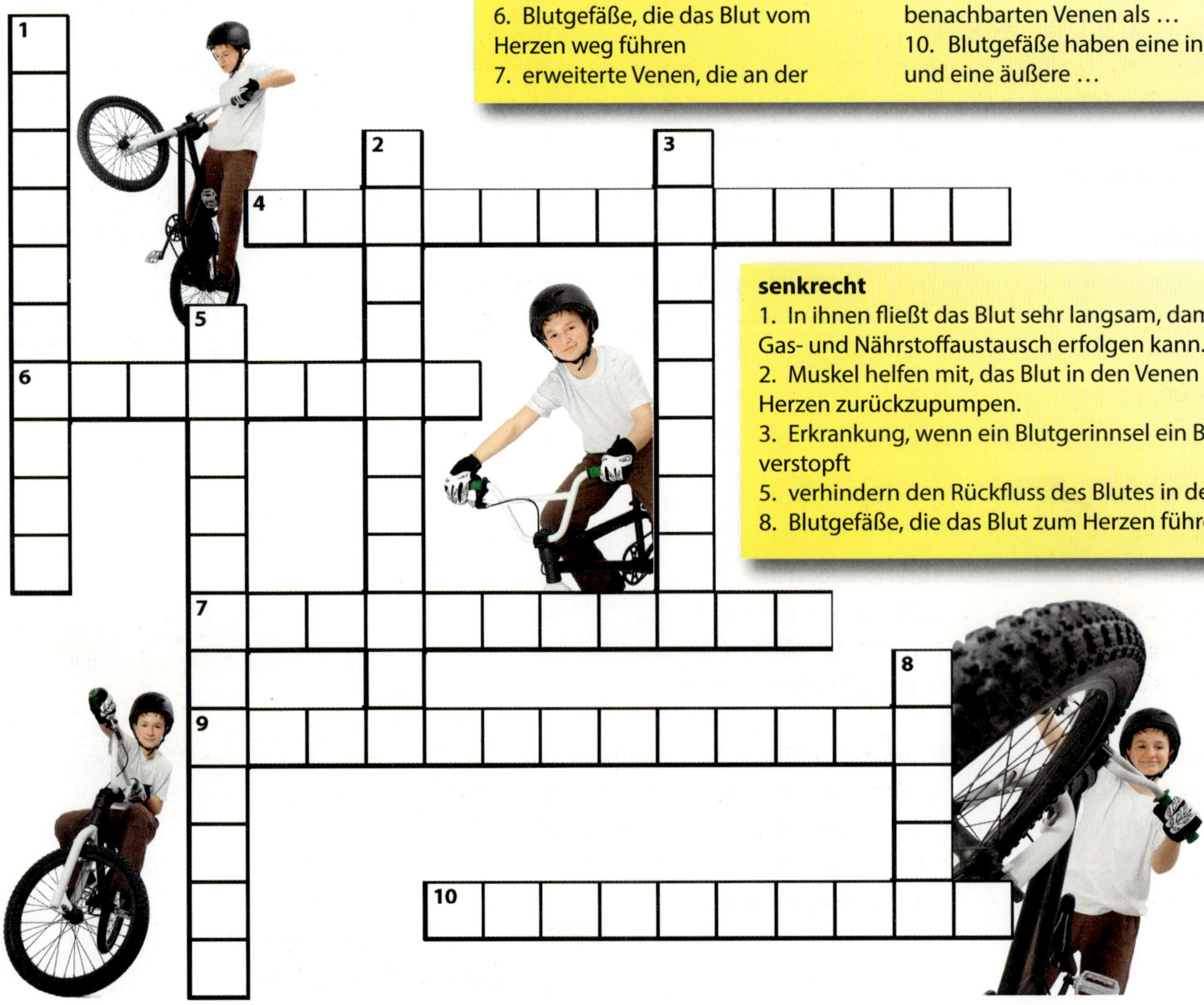

senkrecht
1. In ihnen fließt das Blut sehr langsam, damit der Gas- und Nährstoffaustausch erfolgen kann.
2. Muskel helfen mit, das Blut in den Venen zum Herzen zurückzupumpen.
3. Erkrankung, wenn ein Blutgerinnsel ein Blutgefäß verstopft
5. verhindern den Rückfluss des Blutes in den Venen
8. Blutgefäße, die das Blut zum Herzen führen

11. DAS IMMUNSYSTEM

Was versteht man unter dem Immunsystem?

Unter **Immun**system versteht man das **Abwehrsystem**, das gegen in den Körper eingedrungene Mikroorganismen oder fremde Substanzen gerichtet ist. Auch körpereigene fehlerhafte Zellen kann es zerstören. Es wird zwischen der **angeborenen** (unspezifischen) und der **erworbenen** (spezifischen) Immunabwehr unterschieden. Beispiele für die **unspezifische Immunabwehr** sind:

immun: unempfindlich gegen ansteckende Krankheiten

Säureschutzmantel der Haut

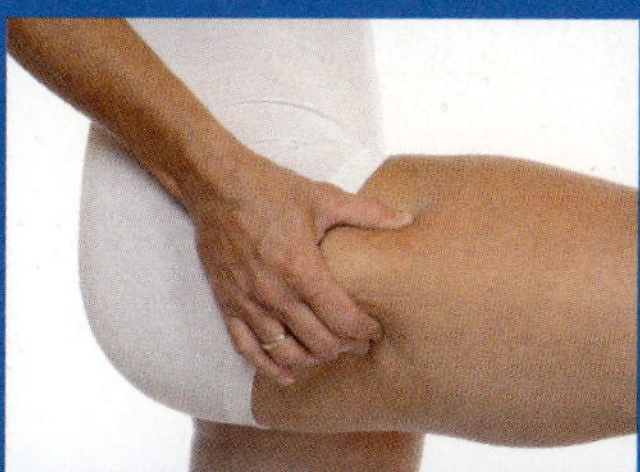

Die Haut sondert Schweiß und Fettsäuren ab. Diese wirken wie eine schwache Säure und töten Bakterien ab, bevor sie in den Körper eindringen können.

Schleimhäute

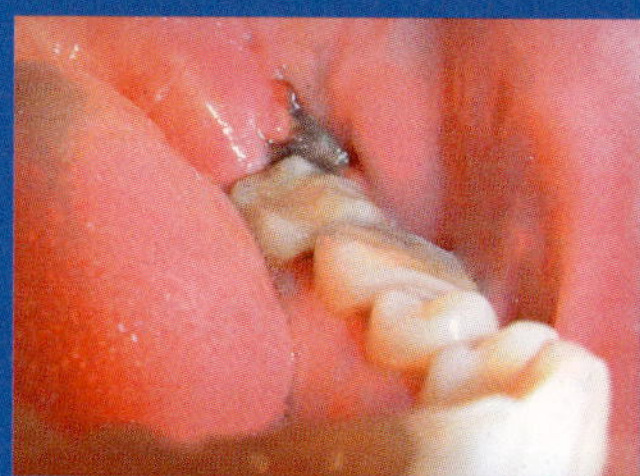

Diese sorgen z. B. im Mund dafür, dass Krankheitserreger hängen bleiben, um dann abtransportiert zu werden.

Tränenflüssigkeit

Diese enthält Substanzen, die Bakterien abtöten.

Die Aktivierung der unspezifischen Immunabwehr kann man am **Anschwellen der Lymphknoten** erkennen. Im Falle einer Infektion produzieren die Lymphknoten vermehrt Lymphozyten, die zur Kategorie der weißen Blutkörperchen gehören.

Dringen trotzdem Krankheitserreger in deinen Körper ein, beginnt das körpereigene Abwehrsystem, dein **Immunsystem**, zu arbeiten. Im Wesentlichen sind es die **weißen Blutkörperchen**, die gegen Krankheitserreger aktiv werden. Sie werden im **Blut**, aber auch in der **Lymphflüssigkeit** zu den erkrankten Stellen im Körper transportiert.

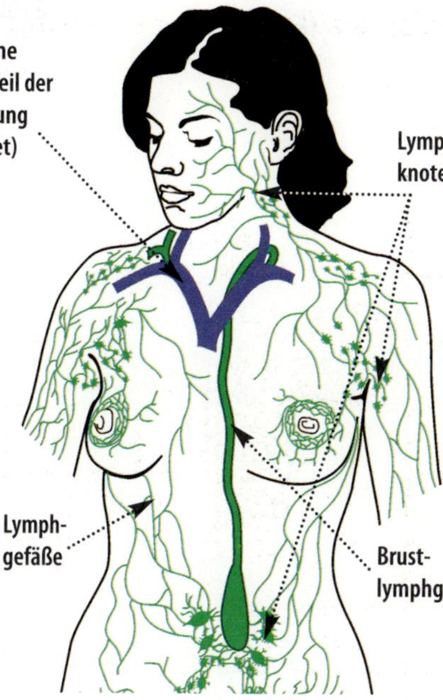

Lymphsystem

Das Lymphsystem

In den Kapillaren der Blutgefäße nimmt der Blutdruck stark ab. Dadurch geben die roten Blutkörperchen Sauerstoff ab, der sich im **Blutplasma** löst. Das Blutplasma gelangt durch die dünnen Kapillarwände ins Gewebe und wird jetzt **Gewebsflüssigkeit** genannt. Auf diese Weise werden die Zellen der Organe mit Nährstoffen und Sauerstoff versorgt.

Die Zellen geben **Abfallprodukte des Stoffwechsels** und **Kohlenstoffdioxid** an die Gewebsflüssigkeit ab. Der Großteil der Gewebsflüssigkeit kommt wieder in die Blutgefäße zurück. Abfallprodukte, die zu groß sind, um durch die Kapillarwände zurück in das Blut zu gelangen, werden gemeinsam mit einem Teil der Gewebsflüssigkeit als **Lymphe** abtransportiert. Dabei werden auch **Fremdkörper** und **Krankheitserreger** entfernt.

Lymphe fließt in eigenen Gefäßen, den **Lymphgefäßen**. Im Gewebe wird die Lymphe von **Lymphkapillaren** aufgenommen, um dann in den **Lymphknoten** gereinigt zu werden. Die Lymphgefäße vereinen sich zu immer größeren Gefäßen, wie etwa dem **Brustlymphgang**, und münden schließlich hinter den Schlüsselbeinen in die **Körpervene**.

Lymphkapillarensystem

Erkrankungen des Lymphsystems

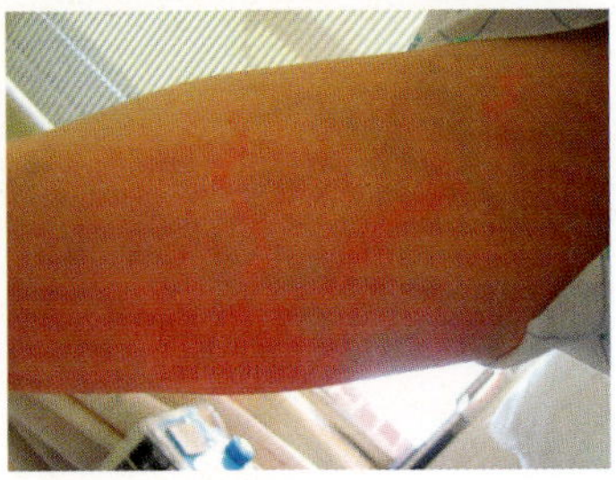

Entzündung der Lymphgefäße

Wie alle anderen Gewebe kann es auch bei Teilen des Lymphsystems zu **Entzündungen** kommen. Ein an der Hautoberfläche sichtbarer roter Strich, der häufig von einer verletzten Stelle ausgeht, deutet auf ein entzündetes Lymphgefäß hin. Früher glaubte man, ein roter Strich auf der Hautoberfläche wäre ein Zeichen für eine Blutvergiftung.

Erkrankungen des Lymphsystems führen meist dazu, dass die Lymphe nicht mehr abfließen kann und sich staut. Daher kann man solche Erkrankungen an einem **Anschwellen der Extremitäten** oder auch am Bauch erkennen.

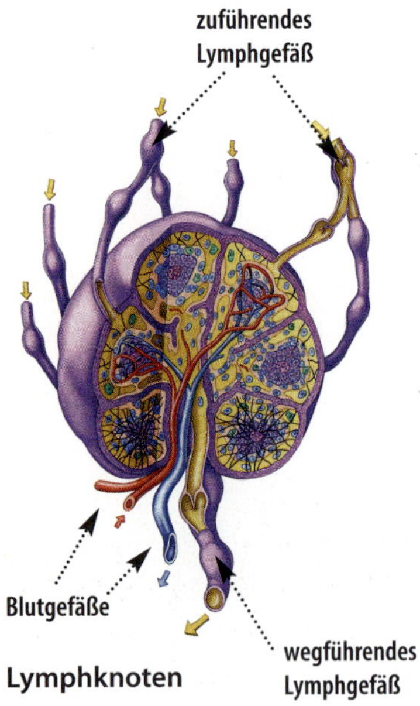

Lymphknoten

Organe des Immunsystems

Mehrere Organe unseres Körpers bilden gemeinsam mit dem Lymphsystem unser Immunsystem.

Fresszellen: weiße Blutkörperchen, die Erreger sofort vertilgen können

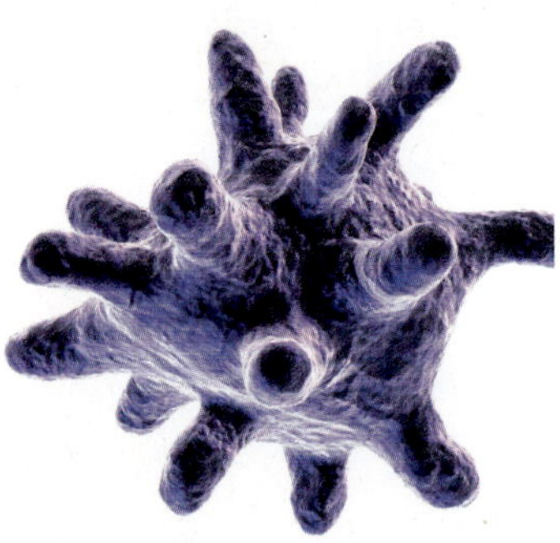

Fresszelle

Mandeln und Wurmfortsatz
Sie sind Teil des Lymphsystems. Bei starkem Kontakt mit Krankheitserregern bilden sich dort viele weiße Blutkörperchen, wodurch die Mandeln anschwellen können.

Lymphknoten
Sie arbeiten wie eine Filterstation für die Lymphe, denn sie bauen Krankheitserreger, Zellbruchstücke und erkrankte Zellen ab. Im Falle einer Infektion produzieren sie besonders viele weiße Blutkörperchen und schwellen an.

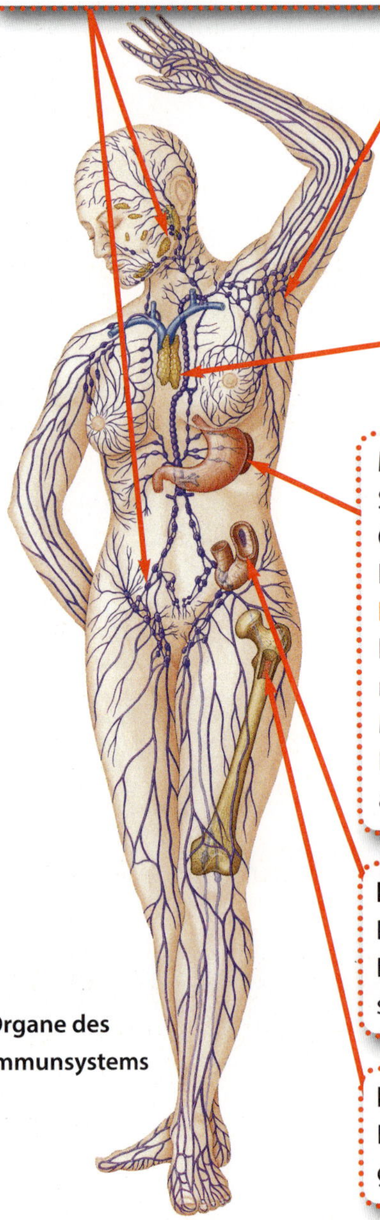

Organe des Immunsystems

Thymusdrüse
Sie spielt vor allem beim Aufbau des Immunsystems eine wichtige Rolle. In ihr werden die weißen Blutkörperchen so programmiert, dass sie körpereigene Zellen nicht angreifen. Nach der Pubertät hat sie keine Bedeutung mehr, weil andere Organe die weißen Blutkörperchen produzieren.

Milz
Sie wirkt wie ein großer Lymphknoten und ist das größte Organ des Lymphsystems. In ihr werden weiße Blutkörperchen gebildet. Sie speichert Blutplättchen sowie **Fresszellen** und baut alte Blutkörperchen ab. In ihr lagern sich außerdem Stoffwechselprodukte ab, die nicht ausgeschieden werden können. Ein Leben ohne Milz ist grundsätzlich möglich, weil andere Organe ihre Funktion übernehmen. Menschen ohne Milz haben allerdings ein geschwächtes Immunsystem.

Darm
Die Darmschleimhaut ist ständig Krankheitserregern wie Bakterien, Pilzen oder Viren ausgesetzt. Daher befinden sich etwa 80 % aller Abwehrzellen im Darm.

Knochenmark
Im Knochenmark werden ständig weiße Blutkörperchen gebildet.

Wenn du das nächste Mal krank bist, versuche, deine geschwollenen Lymphdrüsen zu ertasten!

Funktionsweise des Immunsystems

Wir sind ständig Krankheitserregern ausgesetzt, die auf verschiedenen Wegen in unseren Körper eindringen können. Die meisten Krankheitserreger werden jedoch durch Schutzmechanismen wie den Säureschutzmantel der Haut oder die Schleimhäute abgehalten.

Haben sie diese Hindernisse überwunden, beginnt im Inneren des Körpers eine eigene Immunabwehr zu wirken.

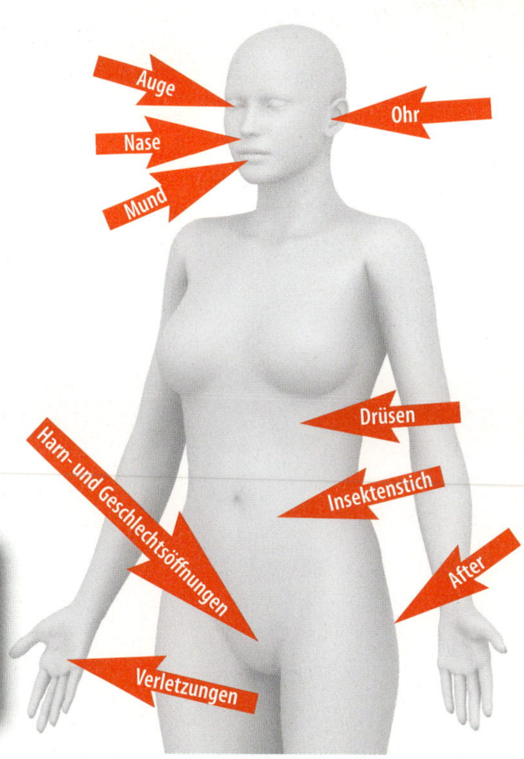

Infektionswege

Unspezifische Immunabwehr

Fresszellen haben bei der Immunabwehr eine besondere Bedeutung.

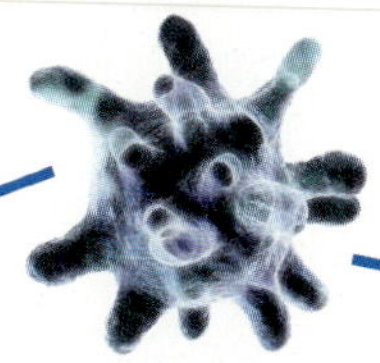

Sie unterscheiden zwischen eigenen und fremden Zellen.

Unspezifische Abwehr

Sie erkennen Viren oder Bakterien als Fremdkörper und vernichten sie.

In den Schleimhäuten befinden sich immer Fresszellen, um Eindringlinge zu vernichten. Wenn du dich verletzt, wird eine **Kettenreaktion** in Gang gesetzt.

Findet gemeinsam Infektionskrankheiten, die über die verschiedenen Wege in unseren Körper gelangen können!

Kettenreaktion: Aufeinanderfolge von Vorgängen, von denen jeder den nächsten auslöst

Stell dir vor, du schneidest dich in den Finger!

1. Schritt: Die **Zellen des verletzten Gewebes** – in diesem Fall der Haut – werden von **Bakterien** befallen. Die befallenen Hautzellen setzen **Signalstoffe** frei, um Fresszellen im Blut zu aktivieren. Blutplättchen lagern sich am Rand der Wunde ab. Der dabei abgegebene Stoff bewirkt, dass sich die blutenden Gefäße zusammenziehen und die Blutung gestoppt wird.

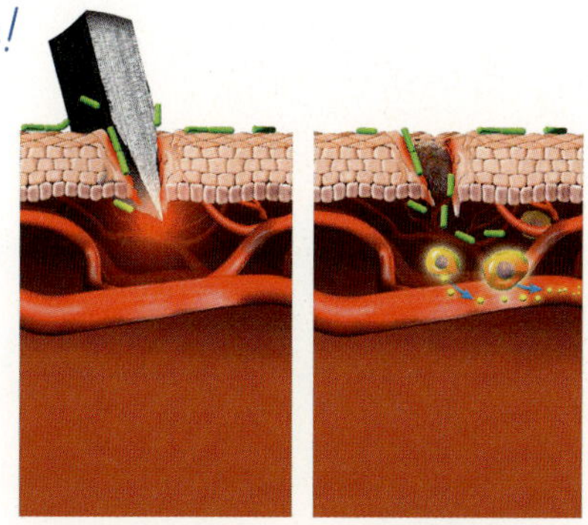

2. Schritt: Blutkapillaren unter der Haut reagieren auf die freigesetzten Signalstoffe und werden durchlässiger. **Fresszellen** können dann nicht nur die eingedrungenen Bakterien verdauen, sondern auch eingedrungene kleine Fremdkörper. Der dabei entstehende **Eiter** setzt sich aus toten Zellen, Lymphflüssigkeit und eingedrungenen Bakterien zusammen.

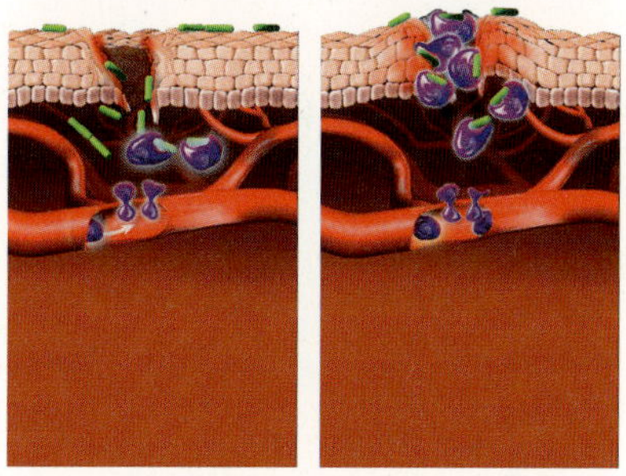

3. Schritt: Im weiteren Verlauf bildet sich eine **Kruste** aus Zellen. Dies können Fresszellen oder Bindegewebszellen sein. Während die Wunde nach außen verkrustet, polstern andere Zellen das Innere der Wunde mit einem vorübergehenden Gewebe auf.

Bereits nach einigen Tagen werden Bindegewebe und Blutgefäße sichtbar und eine oberste **Hautschicht** bildet sich, die die Wunde nach außen hin abdichtet.

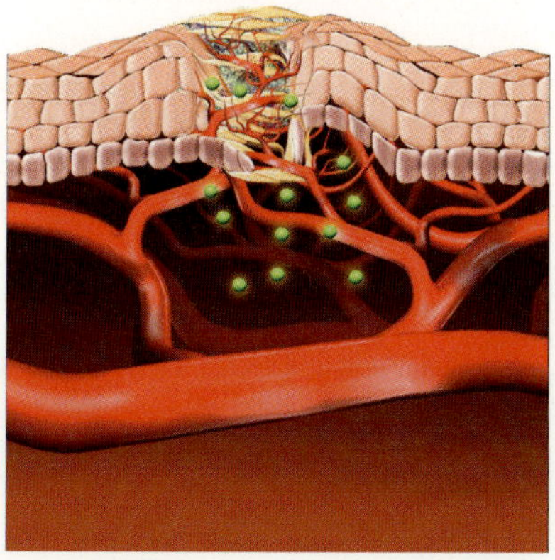

Wie sollten offene Wunden versorgt werden? Ladet den Schularzt/die Schulärztin in eure Klasse ein und lasst euch informieren!

Spezifische Immunabwehr

Es ist jedoch auch möglich, dass Krankheitserreger der unspezifischen Abwehr entgehen. Dies tritt zumeist bei diesen 3 **Infektionsarten** auf:

	Übertragungsart	Beispiel
Tröpfcheninfektion	Krankheitserreger werden über die Luft verbreitet und meist über die Schleimhäute des Nasen- und Mundbereichs aufgenommen.	beim Sprechen, Niesen oder Husten
Schmier- und Kontaktinfektion	Die Übertragung erfolgt durch Berührung eines infizierten Objektes oder Lebewesens.	Magen-Darm-Infektionen aufgrund mangelnder Hygiene auf Toiletten
Körperflüssigkeiten	Beim Austausch von Körperflüssigkeiten können Krankheiten übertragen werden.	beim Küssen oder beim Geschlechtsverkehr

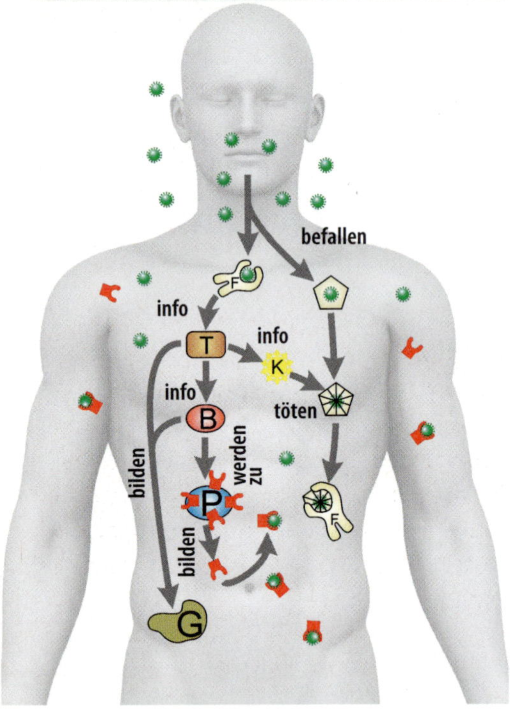

Reaktion des Immunsystems auf einen Krankheitserreger

Diese Krankheitserreger werden dann vom **spezifischen Abwehrsystem** unseres Körpers bekämpft. Es ist in der Lage, Eindringlinge gezielt zu erkennen.

Schaffen **Fresszellen** 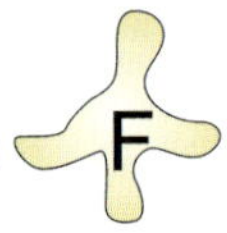 es nicht, **Krankheitserreger** 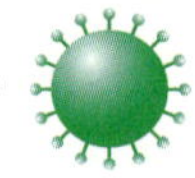 unschädlich zu machen, regen sie mit Signalstoffen einen weiteren Typ der weißen Blutkörperchen an, die **T-Zellen** . T-Zellen entstehen in der Thymusdrüse. Sie reagieren nun auf zweifache Weise:

1. SCHRITT: Sie aktivieren die **B-Zellen** . Diese entwickeln sich zu **Plasmazellen** , die Antikörper bilden können. Antikörper  können Krankheitserreger unschädlich machen.

2. SCHRITT: Sie informieren auch die **Killerzellen** . Diese Zellen können bereits **vom Erreger befallene Zellen**  aufspüren und abtöten.

Während dieser beiden Prozesse speichern bestimmte Zellen die Information der Eigenschaften der Krankheitserreger. Diese **Gedächtniszellen**  können im Falle einer späteren Infektion sofort aktiv werden und die Krankheit abwehren.

Der Körper hat also **Antikörper**  gebildet, die genau wie ein Schlüssel zum Schloss auf einen bestimmten Krankheitserreger passen. In diesem Fall ist man gegen diesen Krankheitserreger **immun**.

Man kann sich dieses Prinzip bildhaft vorstellen: Antikörper sind vergleichbar mit einem Schlüssel und passen zu dem Erreger, dem Schloss. Der Erreger wird so für den Körper ungefährlich.

Die **Haut**, **Schleimhäute** und auch die **Tränenflüssigkeit** schützen den Körper vor Eindringlingen. Das **Lymphsystem** macht gemeinsam mit mehreren **Organen** die **Immunabwehr** aus. Bei der **unspezifischen Abwehr** werden Fresszellen aktiv, bei der **spezifischen** werden T-Zellen aktiviert, die den Angreifer erkennen und Antikörper bilden.

Nun geht's los – Aufgaben für schlaue Köpfe!

1) Wie du dich vor Infektionen schützen kannst, erfährst du hier. **Lies diese Informationstexte zuerst genau durch!**

Aktive Immunisierung („Schutzimpfung"):
Der Körper wird vorbeugend mit **Krankheitserregern** geimpft. Eine Infektion wird nachgeahmt. Das Immunsystem reagiert **aktiv** aufgrund der Infektion mit körpereigenen Abwehrstoffen (Antikörpern) und bildet **Gedächtniszellen**, die bei erneutem Kontakt mit dem Erreger **Antikörper** nachbilden können.

- muss in bestimmten Zeitabständen wiederholt werden
- völlige Immunisierung tritt erst nach allen Teilimpfungen bzw. Auffrischungsimpfungen ein
- Beispiele: FSME, Masern, Mumps, Röteln

Passive Immunisierung:
Dem Körper wird ein **Konzentrat dieser Antikörper** geimpft. Dieses wurde von Menschen oder Tieren gewonnen, welche mit bestimmten Erregern infiziert wurden und bereits Antikörper gebildet hatten. Es kann sich um Antikörper gegen Bakterien, Viren oder tierische Gifte handeln. Das Immunsystem bleibt unbeteiligt, also **passiv**.

- bewirkt einen **sofortigen Schutz**
- hält maximal 3 Monate an, da Antikörper abgebaut werden
- wird angewendet, wenn der Körper bereits infiziert wurde oder Infektionsgefahr droht (z. B. Reisen in exotische Länder)
- Beispiele: Tollwut, Malaria, Schlangenbiss

Impfpass:
Alle Impfungen sollte man immer in diesen eintragen lassen. Bei Verlust des Impfpasses kann eine **Titerbestimmung** durchgeführt werden. Sie zeigt, ob die Konzentration bestimmter Antikörper im Blut ausreichend hoch ist. Ist der Titer-Wert zu niedrig, sollte eine erneute Impfung erfolgen.

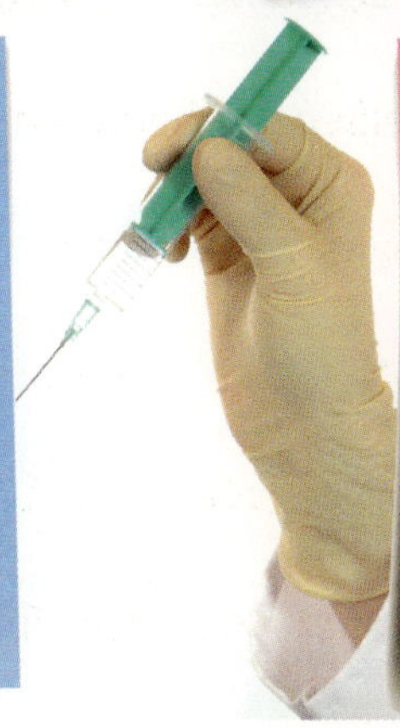

Impfplan:
Er gibt in tabellarischer Form an, welche Impfungen zu welchem Zeitpunkt durchgeführt werden sollen. Du kannst dir diesen z. B. im Internet unter **http://www.apotheker.or.at** ansehen. Er ist auch bei Ärzten/Ärztinnen erhältlich.

2) **Nun entscheide selbst, ob es sich bei diesen Abbildungen um eine aktive oder passive Immunisierung handelt! ★★**

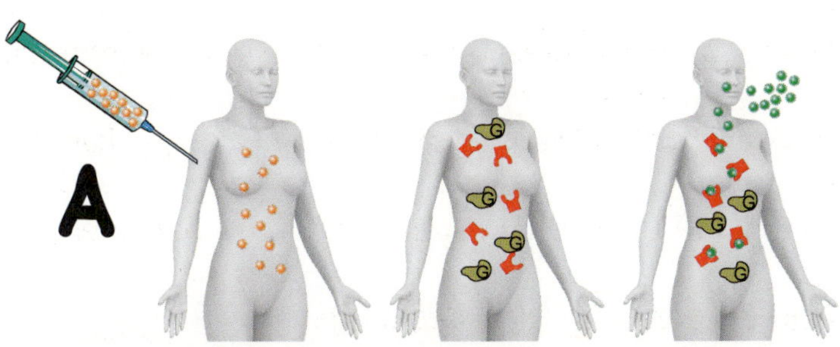

☐ aktive Immunisierung

☐ passive Immunisierung

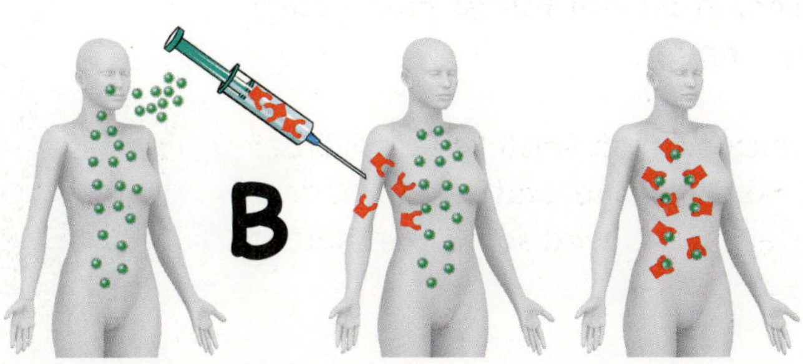

☐ aktive Immunisierung

☐ passive Immunisierung

Nun geht's los – Aufgaben für schlaue Köpfe!

3) **Für Experten/Expertinnen** – Hier geht es um wichtige Begriffe des Lymphsystems. **Verbinde den Begriff mit der Definition, indem du mit dem Lineal Linien ziehst! Da eine Definition fehlt ergänze diese! ★★★**

Lymphgefäße	
Lymphkapillaren	Gewebsflüssigkeit, die aus Zellen und Blutplasma besteht
Lymphe	feine Haargefäße des Lymphsystems
Brustlymphgang	Transportsystem der Lymphflüssigkeit
Körpervene	Gefäß, in das die großen Lymphbahnen münden

4) **Lies zuerst diesen Wellentext! Welche Überschrift passt dazu? Welche Aufgaben des Lymphsystems kannst du herausfinden! ★★**

____

DieBestandteilemancherNährstoffewieFettesindzugroßumdurchdieKapillar
wändegelangenzukönnenDiesewerdendeshalbdurchdasLymphsystemausd
emDarmzudenKörperzellentransportiertZellzwischenräumewerdenvonüber
schüssigerFlüssigkeitbefreitKrankheitserregerwerdenabtransportiert

1. AUFGABE: ____________________ **2. AUFGABE:** ____________________

3. AUFGABE: ______________________________

5) **Wie stärkst du dein Immunsystem?** – Eine Möglichkeit findest du hier schon angeführt. **Die anderen drei darfst du selbst formulieren und in dein Heft schreiben.** Tipp: Kater Eragon denkt gerade daran! ★★★

Versuche positiv zu denken und zu handeln!
Seelische Probleme, Angst oder Stress wirken sich negativ auf das Immunsystem aus. Achte darauf, dass du Zeit findest, in der du Energie tanken kannst und etwas machst, was dir Freude bereitet!

12. INFEKTIONSKRANKHEITEN

Gesundheit ist eines der kostbarsten Güter. Dies merkt man erst, wenn man sie nicht mehr hat.

Diskutiert in der Klasse diesen Satz! Welche Erfahrungen habt ihr damit bereits gemacht?

Der Mensch ist ständig Krankheitserregern wie **Bakterien** oder **Viren**, aber auch **Pilzen** oder **tierischen Einzellern** ausgesetzt. Diese Krankheitserreger können Krankheiten auslösen. Dies geschieht, wenn die Widerstandskraft des Körpers z. B. durch Stress oder Erschöpfung herabgesetzt ist. Vom Kontakt mit den Erregern bis zum Auftreten der ersten Krankheitssymptome dauert es meist einige Zeit. Diese Zeit nennt man **Inkubationszeit.**

Wie wirken Antibiotika?
Sind Bakterien in den Körper eingedrungen, können sie mit Antibiotika bekämpft werden. Diese hemmen das Wachstum von Bakterien. Ein bekanntes Antibiotikum ist das Penicillin. Antibiotika haben als Nebenwirkung, dass sie auch die für die Verdauung wichtigen Bakterien im Darm töten. Da es immer mehr Bakterien gibt, die gegen Antibiotika **resistent** sind, soll der Einsatz von Antibiotika immer von einem Arzt/einer Ärztin entschieden werden. ACHTUNG: Antibiotika müssen genau nach Anweisung eingenommen werden und dürfen nicht früher abgesetzt werden.

Bakterien als Krankheitserreger

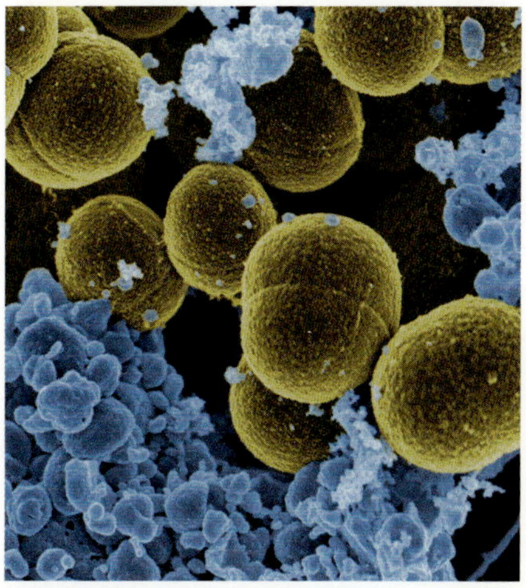

Du hast bereits in der 2. Klasse einiges über Bakterien erfahren. Manche Bakterien sind für den Menschen lebensnotwendig. Denke dabei an Bakterien im Darm, die unverdauliche Nahrungsbestandteile zerlegen.

Nur wenige Bakterien lösen Infektionskrankheiten aus. Sehr häufig werden diese durch **Tröpfcheninfektion** übertragen. Die Krankheitssymptome können sehr unterschiedlich sein.

Kugelförmige Bakterien (Kokken)

MANDELENTZÜNDUNG: Bei dieser setzen sich Bakterien wie etwa Streptokokken an den Gaumenmandeln fest. Werden sie dort nicht rechtzeitig abgetötet, vermehren sie sich rasch. Sie geben Gifte, sogenannte **Toxine**, aus ihrem Stoffwechsel ab. Dadurch kommt es zur Entzündung. Toxine werden mit dem Blut und der Lymphe im Körper verteilt, welcher auf diese Giftstoffe mit Fieber reagiert.

Es gibt aber noch andere durch Bakterien hervorgerufene Erkrankungen wie **Tuberkulose, Cholera, Tetanus** (Wundstarrkrampf) oder **Syphilis**. Bei diesen reagiert der Körper häufig mit Fieber, Durchfall oder Erbrechen.

resistent: widerstandsfähig

Versuche, mehr über diese Infektionskrankheiten im Internet herauszufinden!

Die Erreger von bakteriellen Erkrankungen können aber auch über die **Nahrung in unseren Körper** gelangen.

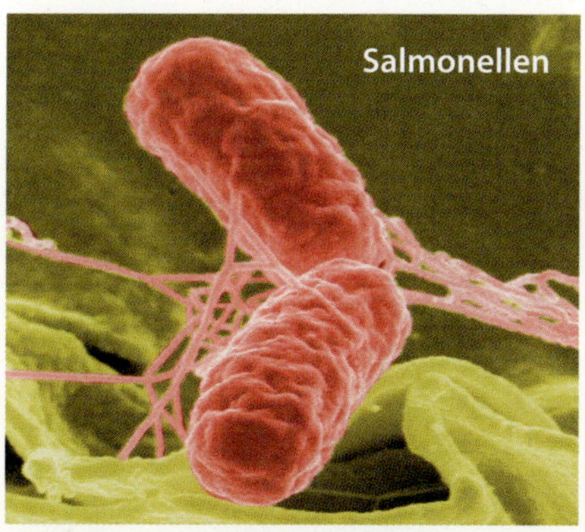

SALMONELLENINFEKTION: Diese wird häufig durch den Verzehr von rohen Eiern oder nicht **gar gekochtem** Geflügel hervorgerufen. Bei älteren Menschen oder kleinen Kindern kann eine Salmonellenvergiftung auch tödlich verlaufen.

Salmonellen werden abgetötet, wenn Lebensmittel bei der Zubereitung ausreichend gegart werden. Nach dem Kontakt mit rohen Eiern oder rohem Fleisch ist es wichtig, sich **gründlich die Hände zu waschen**, da sonst die Salmonellen auf andere Speisen übertragen werden können. Außerdem ist auf eine saubere Küche sowie saubere Küchengeräte zu achten!

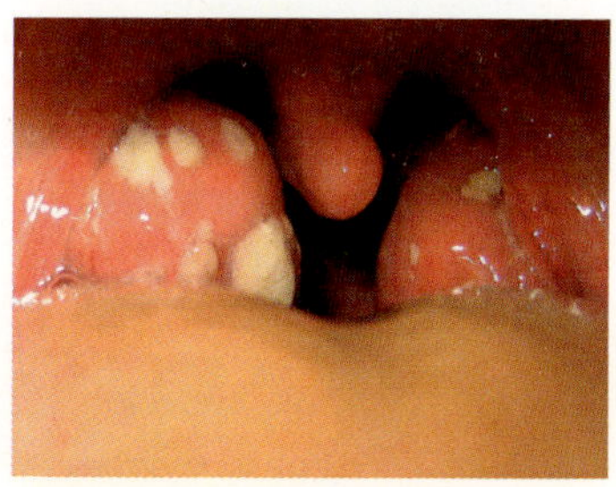

Bakteriell hervorgerufene Mandelentzündung

gar gekocht: so lange gekocht, bis das Fleisch nicht mehr roh ist

Viren als Krankheitserreger

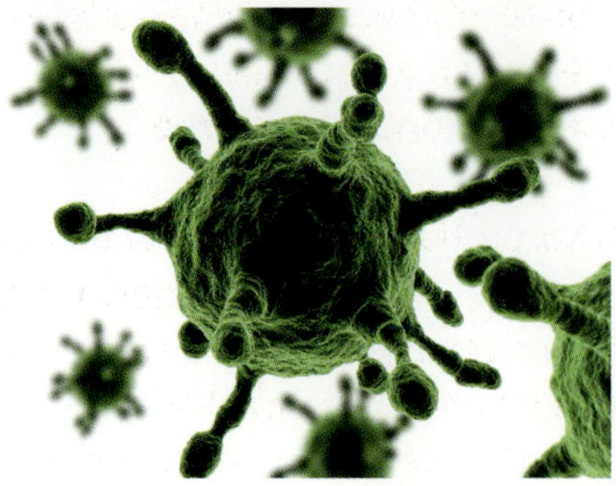

Viren sind keine echten Lebewesen. Vielmehr sind sie **stark rückgebildete Parasiten**. Sie können nicht wachsen, sich nicht bewegen, sich auch nicht selbst vermehren und haben keinen eigenen Stoffwechsel. Viren nutzten lebende Zellen als Wirtszellen. Sie schleusen ihre Erbsubstanz, die von einer Eiweißhülle umgeben ist, in die Wirtszelle ein und bringen diese dazu, neue Viren zu produzieren.

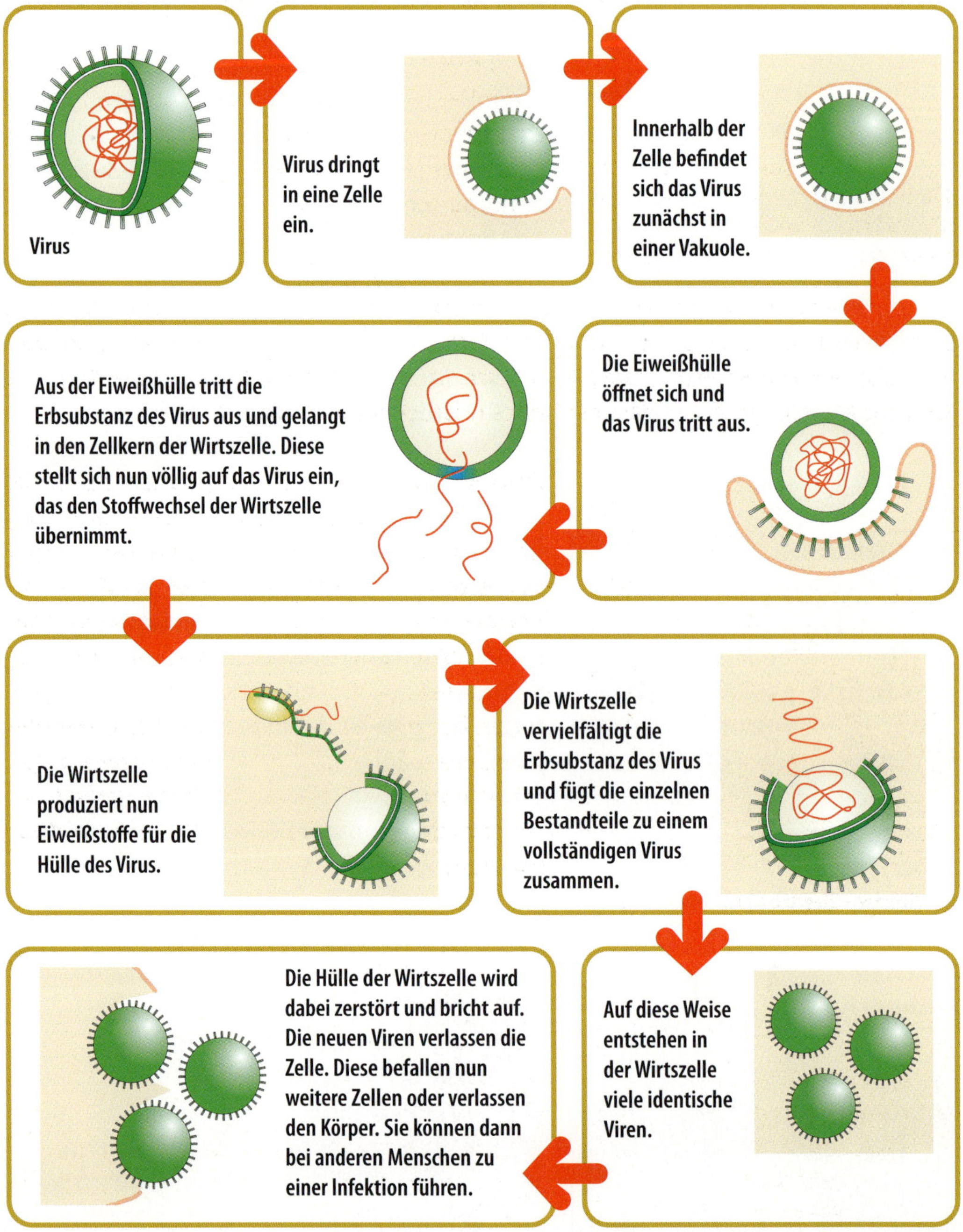

Zu den viral bedingten Erkrankungen zählen z. B. **Grippe**, **Masern**, **Mumps**, **Röteln**, **Fieberblase** und **Gürtelrose**. Auch **AIDS** ist eine virale Erkrankung.

Grippeviren gehören zwar zu den harmlosen Erregern, trotzdem sterben weltweit ca. 6 % der infizierten Personen. Vor allem ältere Menschen sowie Babys und Kleinkinder, deren Immunsystem nicht mehr oder noch nicht stark genug ist, können zu den Todesopfern zählen.

Erinnere dich an die Kennzeichen des Lebens! Welche sind das?

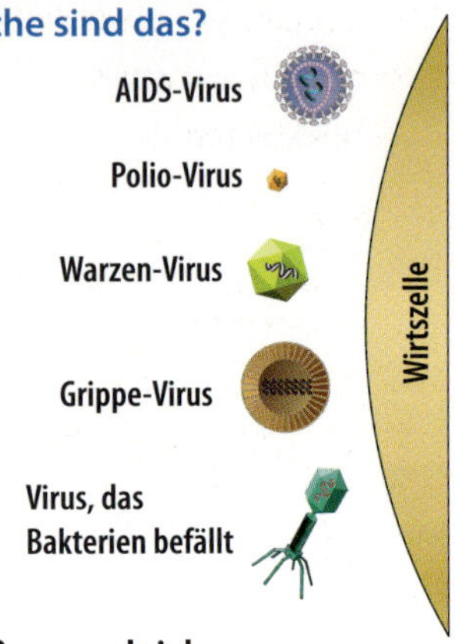

Größenvergleich: Viren – Wirtszelle

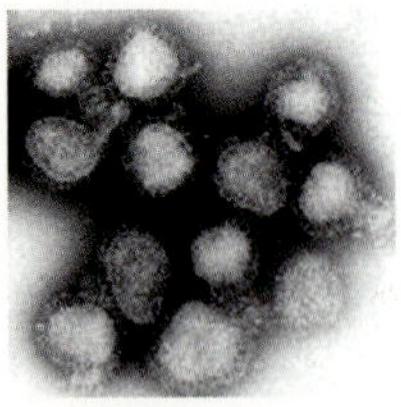

Grippevirus 70 000-fach vergrößert

Suche im Internet oder in Büchern nach weiteren viral verursachten Erkrankungen! Wie erfolgt die Infektion? Wie ist der Krankheitsverlauf? Wie kannst du dich vor einer Infektion schützen?

Der Kampf gegen Viren

Viren sind nur sehr schwer zu bekämpfen, da dabei auch die Wirtszelle zerstört werden kann. Dies kann zu einer Schädigung des Patienten/der Patientin führen. Da Viren keine Lebewesen sind, helfen auch Antibiotika nicht. Viren verändern sehr rasch ihre Oberflächenstruktur, weshalb Impfstoffe immer wieder dieser veränderten Struktur angepasst werden müssen. Medikamente lindern zumeist nur die Symptome der Erkrankung, bekämpfen aber nicht die Ursache – das Virus – selbst.

AIDS – eine spezielle Viruserkrankung

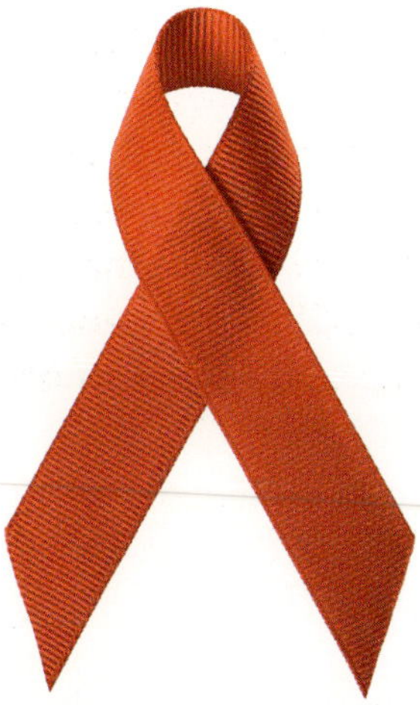

„Red Ribbon“ (Rotes Band) als Symbol für die Solidarität mit HIV-Infizierten und AIDS-Kranken

AIDS ist eine erworbene Immunschwächekrankheit und wird durch das **HI-Virus** hervorgerufen. AIDS steht für **Acquired immune deficiency syndrome**.

Das Virus wird durch Körperflüssigkeiten wie Blut oder Samenflüssigkeit, die in den Körper gelangen, übertragen. Es befällt dann spezielle Zellen des Immunsystems oder des Nervengewebes. Dabei schleust es seine Erbsubstanz in die Zelle ein, während die Eiweißhülle außerhalb der Zelle verbleibt.

Die Reaktion auf eine Erstansteckung verläuft vorerst relativ harmlos. Die ersten Symptome, die etwa 4 bis 6 Wochen nach der Infektion auftreten, sind ähnlich wie bei einer Grippe. Infizierte klagen über Übelkeit oder erhöhte Körpertemperatur.

Solidarität: Verbundenheit bzw. Zusammenhalt zwischen Gleichgesinnten oder Gleichgestellten

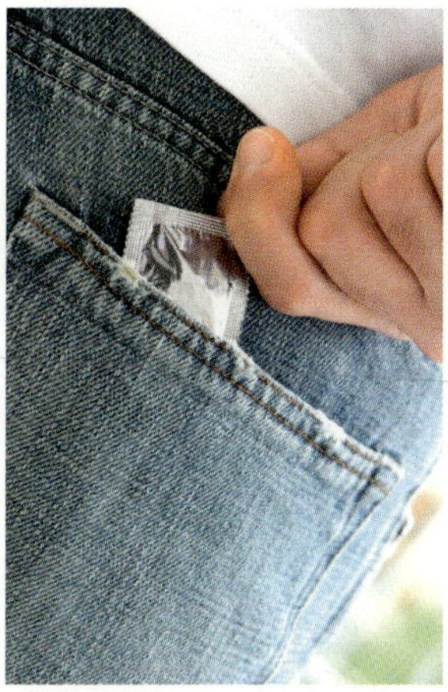

Kondome schützen vor einer Ansteckung mit dem HI-Virus!

Von nun an kann ein infizierter Mensch andere Personen anstecken. Ist jemand mit dem HI-Virus infiziert, spricht man von „**HIV-positiv**“. Die HI-Viren sind in Körperflüssigkeiten wie **Sperma**, **Blut** oder auch **Scheidenflüssigkeit** nachweisbar. Die Konzentration ist so hoch, dass ein hohes Ansteckungsrisiko gegeben ist.

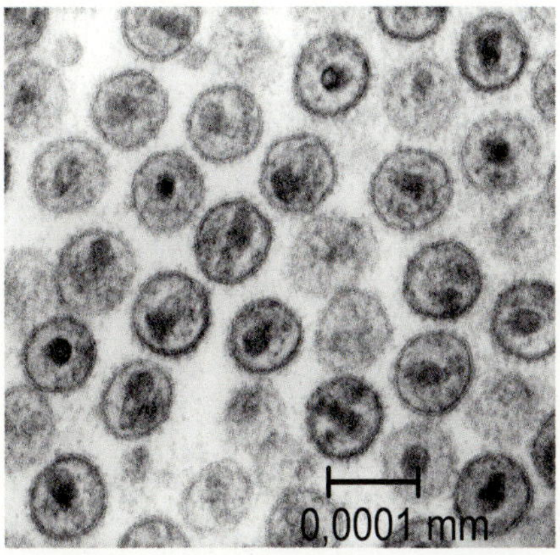

HI-Viren im Elektronenmikroskop

Das Virus kann bis zu 15 Jahre ruhen, bevor die Krankheit **AIDS** ausbricht. Wenn dies der Fall ist, ist das geschwächte Immunsystem eines infizierten Menschen nicht mehr in der Lage, Krankheitserreger zu bekämpfen. Deshalb ist das Krankheitsbild bei einer Infektion mit dem HI-Virus sehr unterschiedlich. Es kann zu Lungenentzündung, Durchfall, Gewichtsverlust, Herpesinfektionen, Pilzbefall, Krebserkrankungen und zu Erkrankungen des Nervensystems kommen. Bei sehr geschwächten AIDS-Patienten führen diese Erkrankungen zum Tod.

Warum ist AIDS so gefährlich?
HI-Viren verändern sich sehr rasch. Deswegen konnte noch **kein Impfstoff gegen HI-Viren** entwickelt werden.
Mit Medikamenten können aber das Ausbrechen der Erkrankung hinausgezögert und die Symptome gemildert werden.

Wobei kann man sich NICHT infizieren?
- beim Händeschütteln oder Umarmen
- Küsse auf die Wange
- gemeinsames Benutzen von Essbesteck, Schreibzeug oder Kleidung, WC, Bad
- Arztbesuche
- Mückenstiche

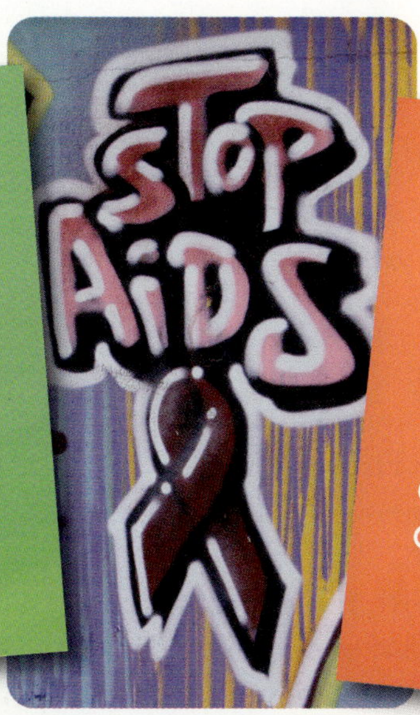

Wie kann man sich mit HI-Viren infizieren?
- Sexualkontakt ohne Kondom
- Verwenden von gebrauchten Injektionsnadeln
- Kontakt mit Blut
- verseuchte Blutkonserven bei Bluttransfusionen

Das Überstreifen eines Kondoms kann man mit einer Banane üben!

WICHTIG:
Wenn du Erste Hilfe leistest, verwende Einmalhandschuhe und ein Beatmungstuch!

Andere Krankheitserreger

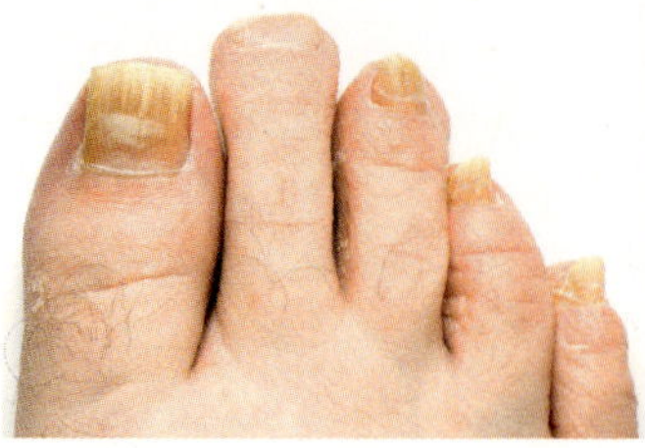
Nagelpilz

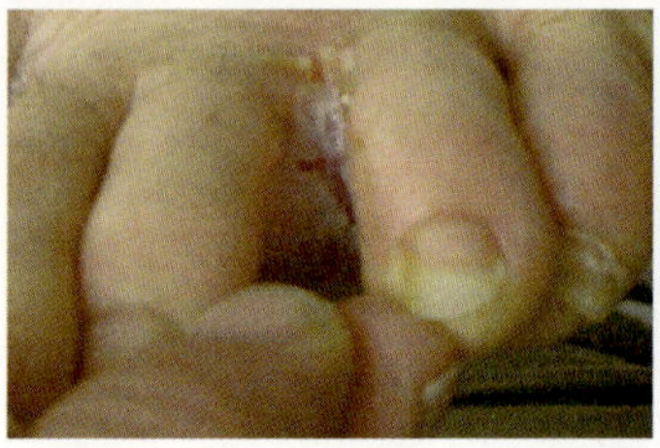
Fußpilz

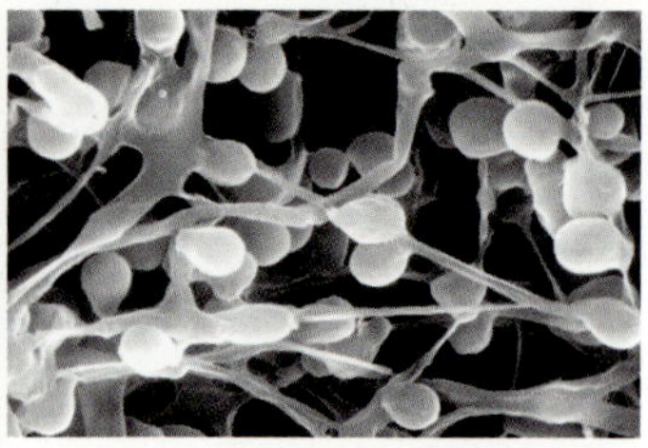
Fußpilzerreger unter dem Mikroskop

Wie ernähren sich Pilze auf Haut und Nägeln von Menschen?
Pilze ernähren sich von einem Eiweiß, nämlich dem Keratin. Dieses wird von der Hornschicht der Oberhaut bzw. von Nägeln gebildet. Von der Oberhaut wachsen die Pilzfäden in die Unterhaut hinein.

PILZE: Typische Pilzerkrankungen sind Hautpilz, Nagelpilz oder Pilzinfektionen der Scheide. Eine Infektion mit einem Pilz ist in öffentlichen Bädern, Dusch- oder Waschräumen oder auch in der Sauna möglich, denn Pilze können sich besonders gut im feuchtwarmen **Milieu** vermehren. Die Sporen bleiben auf Hautschüppchen oder auch Kleidungsstücken haften.

Milieu: hier – eine bestimmte Region

PROTISTEN: Dies sind **tierische Einzeller**, die einige Tropenkrankheiten hervorrufen können wie Schlafkrankheit, Malaria, Amöbenruhr oder Bilharziose. Sie werden in tropischen oder subtropischen Ländern z. B. durch Stechmücken übertragen.

PRIONEN: Dies sind Eiweiße, die Veränderungen an Eiweißen der Nerven- und Gehirnzellen auslösen. Die veränderten Zellen sterben dann ab. Dies ist z. B. bei **BSE** und der **Creutzfeldt-Jacob-Erkrankung** der Fall. Beides sind unheilbare Gehirnerkrankungen.

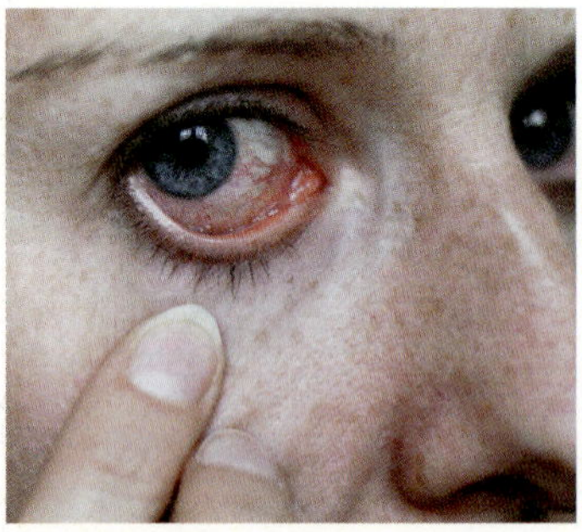
Allergische Reaktion – Bindehautentzündung

Allergien

Allergien sind übersteigerte **Abwehrreaktionen des Immunsystems** auf harmlose Stoffe wie Pollen oder Tierprodukte. Diese Stoffe nennt man **Allergene**. Sie befinden sich in der Atemluft, in der Nahrung oder auf Gegenständen.

Gelangen Allergene in oder an den Körper, werden in **Plasmazellen** Antikörper gebildet. Diese Antikörper heften sich an die Oberfläche einiger Typen von weißen Blutkörperchen, welche **Histamine** herstellen. Kommt der Körper erneut in Kontakt mit demselben Allergen, werden diese Histamine abgegeben. Histamine rufen Symptome wie Schnupfen oder eine Bindehautentzündung hervor.

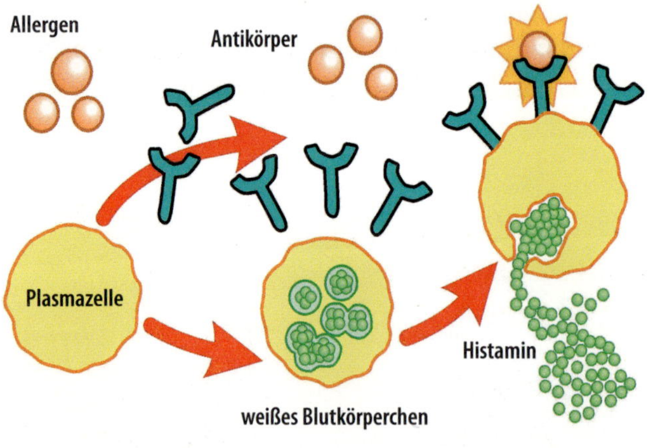

Schema einer Histaminabgabe

Heuschnupfen, Neurodermitis, allergisches Asthma, Nahrungsmittelallergien, Nesselausschlag, Haustierallergien und die Hausstaubmilbenallergie sind **häufige Allergien**, von denen ca. 15 % der Erwachsenen und 25 % der Kinder betroffen sind. Wissenschaftler/innen nehmen an, dass die Neigung zu einer Allergie vererbt wird.

Obwohl Sauberkeit wichtig ist, kann übertriebene Sauberkeit im Haushalt Allergien bei Kindern begünstigen. Häufiges Desinfizieren tötet zu viele Krankheitserreger ab. Diese sind aber notwendig, damit Kinder ein funktionierendes Immunsystem aufbauen können.

Bakterien als Krankheitserreger können mit **Antibiotika** bekämpft werden. **Virale** Erkrankungen sind schwieriger zu bekämpfen. **HI-Viren** verursachen **AIDS**. Es gibt mehrere Möglichkeiten, sich davor zu schützen. Auch **Pilze**, **Protisten** und **Prionen** können Erkrankungen hervorrufen. **Allergien** sind übersteigerte Abwehrreaktionen des Immunsystems.

Nun geht's los – Aufgaben für schlaue Köpfe!

1) **Großes Rätsel der Infektionskrankheiten** – Löse dieses Kreuzworträtsel! ★★★

senkrecht:

1. Medikamente, die gegen bakterielle Erkrankungen helfen
2. Krankheitserreger, die durch den Verzehr von rohen Eiern in den Körper gelangen können
3. keine echten Lebewesen, können aber Erkrankungen hervorrufen
4. Viren brauchen sie, um sich zu vermehren.
6. Pilzsporen bleiben an ihnen haften.
7. bakterielle Lungenkrankheit
10. Ältere Menschen und Babys können an diesem viralen Infekt sterben.

waagrecht:

5. Körperflüssigkeit, in der das HI-Virus nachweisbar ist
8. mögliche Verursacher für BSE
9. Tiere, die manche Tropenkrankheiten übertragen
11. Stoffe, die eine übersteigerte Abwehrreaktion des Immunsystems hervorrufen können
12. tierische Einzeller, die z. B. Malaria verursachen
13. Milieu, das von Pilzen bevorzugt wird

2) **Was ist was?** – Handelt es sich hier um eine **bakterielle** oder **viral** verursachte Erkrankung? Male die Kästchen mit den bakteriellen Erkrankungen BLAU, jene mit den viralen Erkrankungen ROT an! ★★

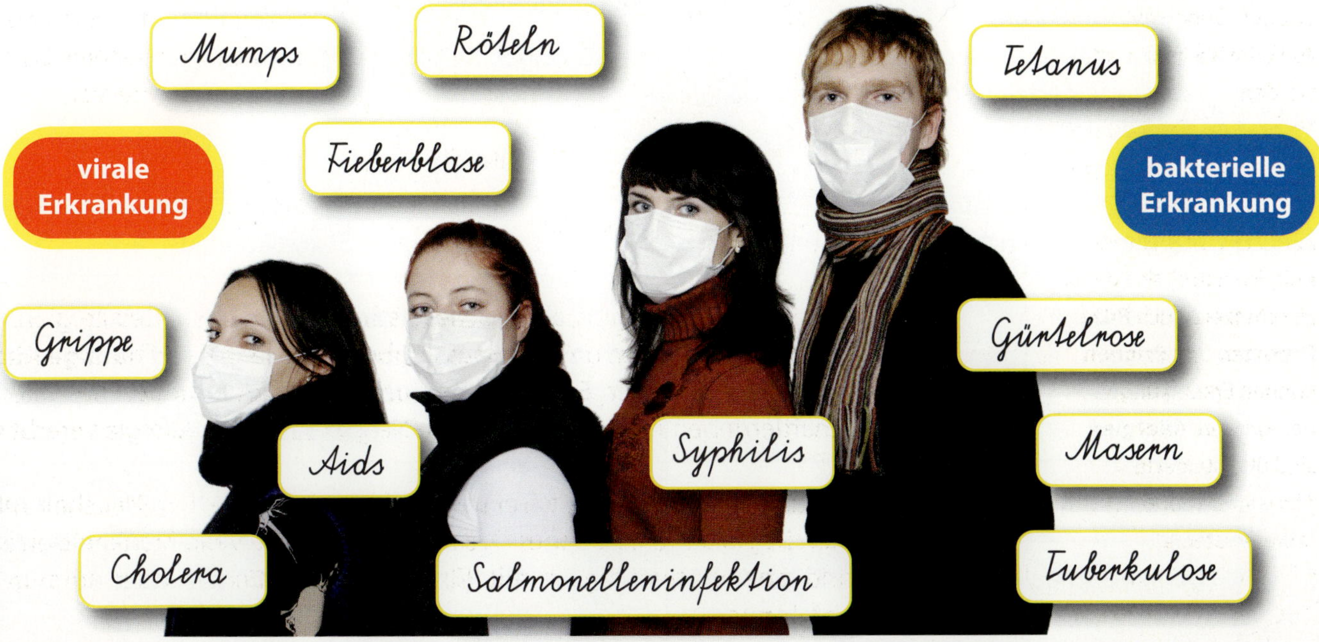

Nun geht's los – Aufgaben für schlaue Köpfe!

3) Du hast Info-Material zur Verwendung von Kondomen als Präventionsmaßnahme gegen AIDS erhalten. Leider sind einige Wörter sind nicht mehr lesbar. **Setze die Wörter aus der Wortliste richtig ein ★★★**

Etwa 80 % der Neuinfektionen mit dem ______________ in Österreich erfolgen durch ungeschützten Geschlechtsverkehr. Man spricht von __________________, wenn man den Kontakt mit infektiösen Körperflüssigkeiten des Geschlechtspartners oder der Geschlechtspartnerin meidet. Als Prävention vor einer Ansteckung mit dem HI-Virus gilt nach wie vor das Verwenden eines ________________ als sicherste Methode. Es schützt nicht nur vor dem HI-Virus, sondern auch vor ungewollten Schwangerschaften und anderen übertragbaren _________________. Kondome sind kostengünstig und in vielen Geschäften erhältlich. Auch in Lokalen oder öffentlichen Toiletten gibt es häufig die Möglichkeit, sich Kondome zu kaufen. Man kann zwischen verschiedenen _____________, Stärken, Farben und Geschmacksrichtungen wählen. Ein paar Dinge sollte man unbedingt beachten:

- Kondome haben ein __________________________ und sie sollten eine CE-Prüfnummer aufweisen.
- Kondome sollten kühl, _____________ und lichtgeschützt gelagert werden.
- Beim Öffnen der Packung das Kondom nicht ritzen!
- Im Nippel an der Spitze des Kondoms sollte beim Aufrollen keine _______ sein → Platzgefahr!
- Beim _______________ des Kondoms auf die Rollrichtung achten!
- Das Kondom am Rollrand festhalten, damit beim Herausziehen des __________ die Samenflüssigkeit nicht ausfließen kann!
- Nach der Verwendung einen Knoten in das Kondom binden und mit dem Restmüll entsorgen!
- Kondome nur ____________ verwenden!
- Beim Einsatz von Kondomen ist die Verwendung von ___________________ vorteilhaft, weil Kondome dann weniger leicht reißen.

Größen ★ trocken ★ Ansetzen ★ Gleitmittel ★ Safer Sex ★ Krankheiten ★ einmal ★ Verfallsdatum ★ Penis ★ HI-Virus ★ Luft ★ Kondoms

4) Natürlich muss man vorsichtig sein in Bezug auf die Ansteckungsgefahr mit dem HI-Virus. Manches sollte man auf jeden Fall vermeiden und manches ist unbedenklich. **Trage ein + ein, wenn etwas unbedenklich ist und ein – wenn du dies vermeiden sollst. ★★**

	Hände schütteln oder einander umarmen		ungeschützter Sexualkontakt
	Arztbesuche		Küssen auf die Wange
	Verwenden von gebrauchten Injektionsnadeln		gemeinsames Benutzen von Essbesteck, Schreibzeug oder Kleidung
	Kontakt mit Blut		Gelsenstiche
	gemeinsames Benutzen von WC oder Bad		verseuchte Blutkonserven bei einer Bluttransfusion

13. DAS NERVENSYSTEM

Unser Körper ist von einem dichten Geflecht von **Nerven** durchzogen. Sie übermitteln Signale von den Sinnesorganen an unser Gehirn und vom Gehirn zur Muskulatur. Nerven bilden ein komplexes verzweigtes System – das **Nervensystem**: Es wird folgendermaßen unterteilt:

- **Nervensystem**
  - **Zentrales Nervensystem**
    - Gehirn
    - Rückenmark
  - **Peripheres Nervensystem**
    - Somatisches Nervensystem
      - Empfindungsnerven
      - Bewegungsnerven
    - Vegetatives Nervensystem
      - Sympathikus
      - Parasympathikus

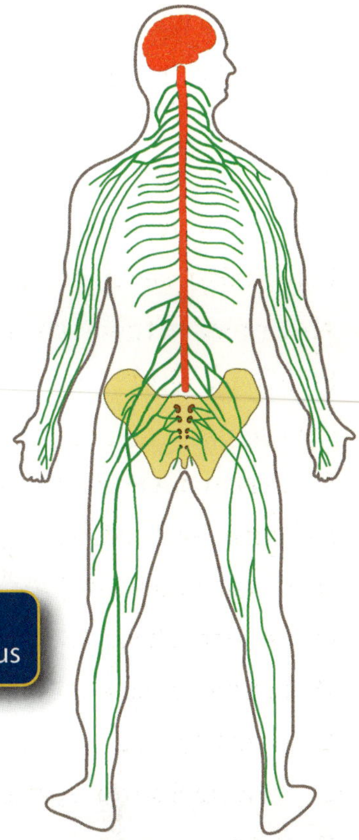

Zentrales (rot) und peripheres Nervensystem

peripher: am Rand liegend

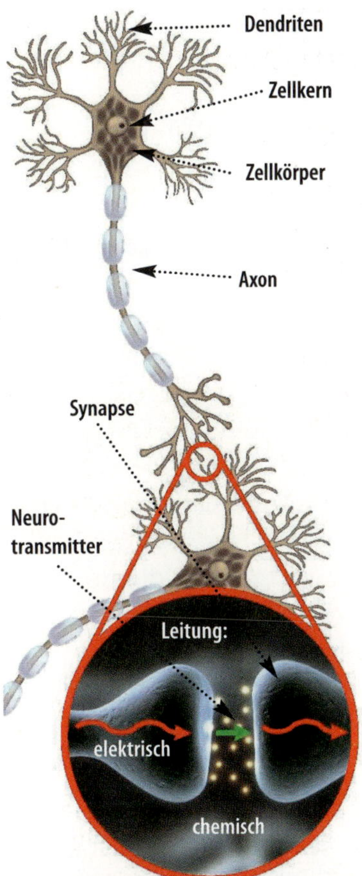

Nervenzelle

Die Baueinheit des Nervensystems ist die **Nervenzelle**. Sie besteht aus einem **Zellkörper** und zahlreichen Fortsätzen. Die kurzen Fortsätze, die **Dendriten**, nehmen Informationen von den Sinneszellen oder von anderen Nervenzellen auf und leiten sie **zum Zellkörper** weiter. Die langen Fortsätze, die **Axone**, leiten aufgenommene Informationen an die **nächste Nervenzelle** weiter.

Die Verbindungsstellen zwischen zwei Nervenzellen sind die **Synapsen**. Diese sorgen mit chemischen Substanzen, den **Neurotransmittern**, für die Weiterleitung der Informationen. Innerhalb einer Nervenzelle werden Informationen als **elektrische Impulse** weitergeleitet.

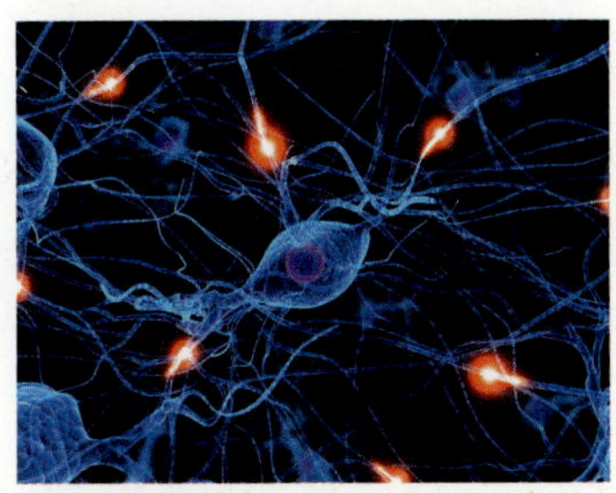

Übertragung von Nervenimpulsen zwischen Nervenzellen

Das zentrale Nervensystem

Das **Gehirn** und das **Rückenmark** bilden das **Zentralnervensystem**. Beide sind durch Knochen geschützt. Das Gehirn liegt in der knöchernen Schädelkapsel, das Rückenmark im Wirbelkanal.

Das Gehirn

Das Gehirn ist die **Kontrollzentrale** unseres Körpers. Es wird in 5 Abschnitte eingeteilt: Großhirn, Zwischenhirn, Mittelhirn, Kleinhirn und Nachhirn.

GROSSHIRN: Es ist der größte Teil des Gehirns und kann aufgrund seines Aufbaus in die **„graue Substanz"** und die **„weiße Substanz"** unterteilt werden. Die **Großhirnrinde** des Großhirns wird hauptsächlich aus der „grauen Substanz" gebildet. Sie besteht größtenteils aus Nervenkörpern.

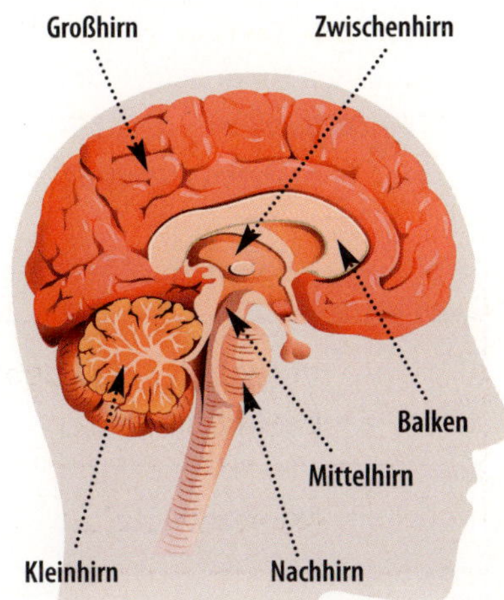

Teile des Gehirns

Die Oberfläche des Großhirns hat Falten!
Diese Falten vergrößern die Oberfläche des Großhirns. Deshalb haben in der Rinde etwa 100 **Mrd.** Nervenzellen Platz.
Die Verknüpfung der Hirnzellen ist aber genauso wichtig für die Hirntätigkeit wie ihre Anzahl. Lernen lebt von der Wiederholung, da dadurch Verknüpfungen zwischen den Nervenzellen hergestellt werden.

Mrd.: Milliarde

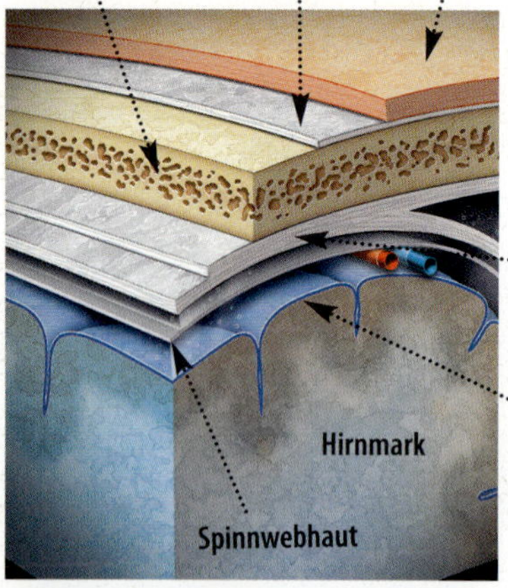

Schnitt durch die Schädelkapsel: Mehrere Häute und ein Flüssigkeitspolster schützen das Gehirn.

Besprecht, warum es Sinn macht, einen Helm beim Radfahren, Skifahren oder bei anderen Sportarten zu tragen!

logisch: strukturiert, klar

Achte beim Betrachten eines spannenden Films auf deine Reaktionen! Kannst du sie beeinflussen?

Darunter befindet sich die „weiße Substanz", die einen hohen Fettanteil aufweist. Sie setzt sich größtenteils aus Nervenfasern zusammen, die zwischen den Hirnregionen vermitteln.

Die in der Großhirnrinde liegenden Nervenzellen werden in größere Abschnitte, die **Rindenfelder**, zusammengefasst. Man unterscheidet zwischen motorischen und sensorischen, zwischen primären und sekundären Rindenfeldern sowie den Rindenfeldern der Sinnesorgane.

Steuern die Nervenzellen des **primären motorischen** Rindenfeldes hauptsächlich Bewegungen der Skelettmuskulatur, so sind jene des **primären sensorischen** Rindenfeldes für die Aufnahme bewusster Empfindungen zuständig (z. B. der Haut).

Die Nervenzellen der **sekundären** Rindenfelder können falls nötig jene der primären ersetzen. Sie speichern Empfindungen und vergleichen sie mit neuen.

Zu den **Rindenfeldern der Sinnesorgane** gehören die Seh- und die Hörrinde.

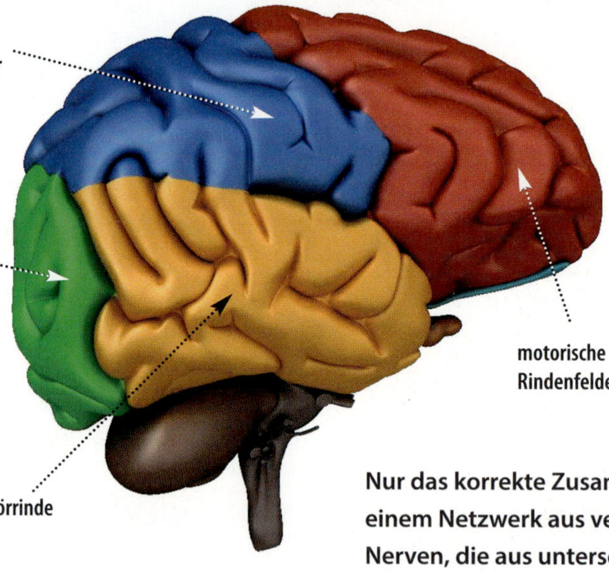

Nur das korrekte Zusammenspiel in einem Netzwerk aus verschiedenen Nerven, die aus unterschiedlichen Feldern stammen, ermöglicht eine vollständige Funktion des Gehirns.

Das Großhirn besteht aus der rechten und der linken Gehirnhälfte, die durch den **Balken** verbunden sind. Die beiden Gehirnhälften unterscheiden sich voneinander. Künstlerische Tätigkeiten werden vor allem von der rechten Hälfte gesteuert, während **logisches** Denken sowie das Sprechen und das Sprachverständnis vor allem in der linken Hälfte stattfinden. Alle bewussten Handlungen werden vom Großhirn gesteuert.

ZWISCHENHIRN: Dieses liegt unterhalb des Balkens. Es verknüpft die Erregungen der Sinnesorgane mit den entsprechenden Rindenfeldern des Großhirns, reguliert den Stoffwechsel, den Wasserhaushalt und die Körpertemperatur.

MITTELHIRN: In diesem werden hauptsächlich die eingehenden Informationen der Sinnesorgane bearbeitet und Informationen an Muskel weitergegeben.

KLEINHIRN: Dieses reguliert das Bewegungszusammenspiel und das Gleichgewicht.

NACHHIRN: Es ist das verlängerte Mark und verbindet Rückenmark und Gehirn. Es steuert automatisch ablaufende Körperfunktionen wie Atmung, Herzschlag oder Blutdruck.

Das Rückenmark

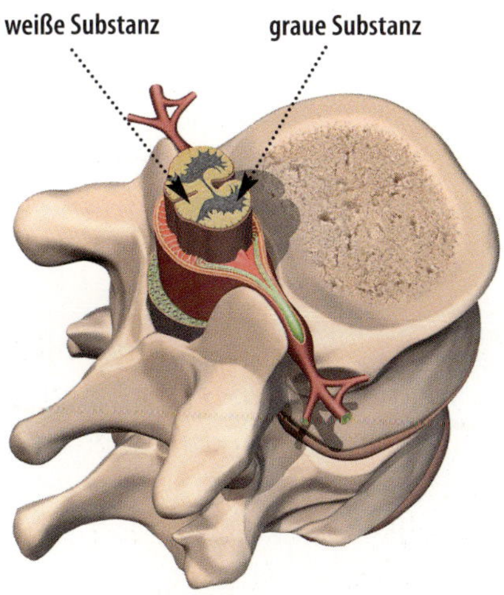

Rückenmark im Wirbelkanal

Das **Rückenmark** verbindet das Gehirn mit den Nerven unseres Körpers. In der äußeren Schicht des Rückenmarks, der **weißen Substanz**, verlaufen die Nervenfasern vom und zum Gehirn. Im Inneren des Rückenmarks liegt die aus den Zellkörpern der Nervenzellen bestehende **graue Substanz**, die im Querschnitt einem Schmetterling ähnelt. Geschützt wird das Rückenmark durch einen Flüssigkeitspolster.

Wenn bei einem Unfall das Rückenmark durchtrennt wird, sind bestimmte Körperteile nicht mehr mit dem Gehirn verbunden. In diesem Fall spricht man von einer **Querschnittslähmung**.

Was passiert, wenn du stolperst?
Bist du schon einmal gestolpert? Dein Bein bleibt hängen, dann schnellt es nach vorne, um den Körper aufzufangen. Du reißt die Arme hoch, um das Gleichgewicht zu halten. All das geschieht automatisch, ohne dass du nachdenken musst. Was geschieht dabei in deinem Körper?
Im Oberschenkel sitzen Sinneszellen, die über Nerven die Information an das Rückenmark leiten, dass dein Bein sich nicht nach vorne bewegen lässt. Das Rückenmark löst sofort ein Signal aus, welches die Muskel in den Beinen und den Armen aktiviert. Ein Reflex wurde ausgelöst, der dich vor dem Sturz bewahrt hat.

Das Rückenmark hat **2 Hauptfunktionen**:

- Es leitet Informationen in das Gehirn und aus dem Gehirn weiter.
- Es verarbeitet bestimmte Reize im Reflexbogen.

Bewusste Handlung

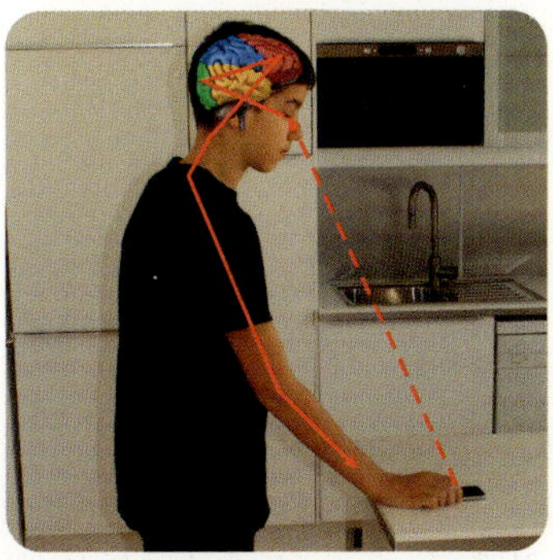

Wenn du **willkürlich** nach deinem Handy greifst, melden die **Empfindungsnerven** deiner Hand diese Berührung über das Rückenmark an das Großhirn. Das Gehirn gibt die Impulse an die **Bewegungsnerven** weiter. Diese Impulse sind nötig, damit deine Hand auch sicher greifen kann. Die bewusste Handlung wird also **vom Gehirn aus gesteuert**.

Unbewusste Handlung – Reflex

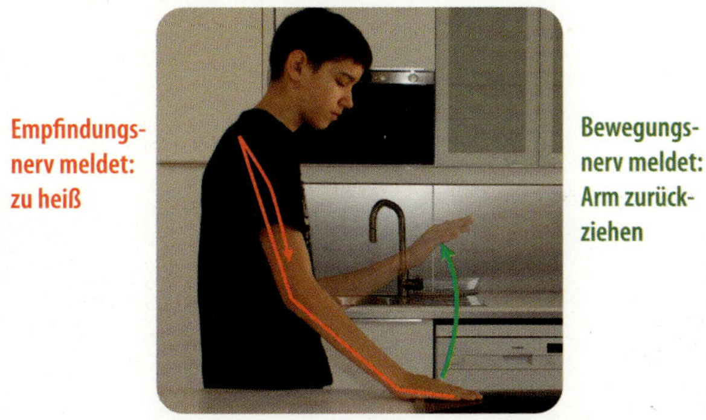

Wenn du auf eine heiße Herdplatte greifst, ziehst du deine Hand **unwillkürlich** zurück. Dies ist ein **Reflex**. Reflexe können nicht von unserem Willen gesteuert werden. Sie müssen rasch erfolgen, weil sie uns schützen. Bei einem Reflex erfolgt im Rückenmark eine Umschaltung direkt in die motorischen Nerven der grauen Substanz. Impulse verlaufen also zwischen Rückenmark und Muskeln. Die Meldung zum Gehirn und der Weg dorthin werden eingespart, sodass die Reaktionszeit verkürzt wird. In diesem Fall spricht man auch vom **Reflexbogen**.

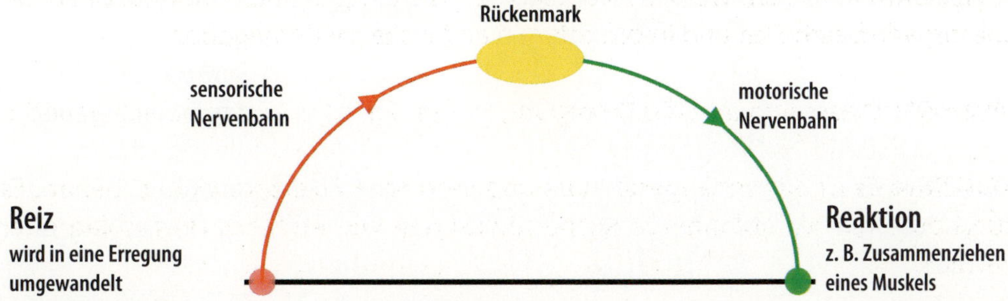

Setze dich auf einen Tisch und lass deine Unterschenkel frei in der Luft baumeln! Jemand anderer schlägt dir leicht mit der Handkante auf die Stelle unterhalb der Kniescheibe. Der Unterschenkel dieses Beines wird nach vorne schnellen, da durch den Schlag der Kniesehnenreflex ausgelöst worden ist.

somatisch: von griechisch „soma" = Körper

vegetativ: von lateinisch „vegetare" = beleben, reizen

Sympathikus
Stell dir vor, du bist auf dem Weg in die Schule und zu spät dran. Dein Herzschlag und dein Atem erhöhen sich, die Blutgefäße werden weiter. Dadurch gelangen die benötigten Energiereserven rascher zu den Muskeln, wo sie jetzt gebraucht werden. Das Blut wird außerdem aus anderen Organen (z. B. Darm) abgezogen. Dein Sympathikus hat deinen Körper auf Hochleistung, nämlich auf **Sprinten**, eingestellt.

Parasympathikus
Eine Minute vor acht sitzt du auf deinem Platz in der Klasse – du hast es noch rechtzeitig geschafft. Nun sorgt der Parasympathikus dafür, dass dein Herzschlag und dein Atem wieder langsamer werden.
Er aktiviert auch die Darmtätigkeit, um neue Energiereserven aufzubauen.

Sprint: Laufen mit größtmöglicher Geschwindigkeit

Das periphere Nervensystem

Zum peripheren Nervensystem gehören die zu den Zentren, also Gehirn und Rückenmark, hin- und von ihnen wegführenden Nervenbahnen. Man unterscheidet zwischen dem **somatischen** und dem **vegetativen** **Nervensystem**.

SOMATISCHES NERVENSYSTEM: Das somatische Nervensystem besteht aus den **Empfindungs-** und den **Bewegungsnerven**. Empfindungsnerven übertragen die Reize der Sinnesorgane an das Gehirn weiter, während Bewegungsnerven die Befehle der motorischen Gehirnzentren zu den Muskeln leiten.

VEGETATIVES NERVENSYSTEM: Im Gegensatz zum somatischen wird das vegetative Nervensystem **nicht von unserem Willen beeinflusst**. Es steuert lebensnotwendige automatische Vorgänge in unserem Körper wie Herzschlag, Atmung, Blutdruck oder Verdauung und arbeitet auch im Schlaf oder bei Bewusstlosigkeit. Es wird vom Zwischenhirn gesteuert.

Im vegetativen Nervensystem wirken zwei Nervensysteme zusammen: der **Sympathikus** und der **Parasympathikus**. Sie sind „Gegenspieler". Während der Sympathikus die Aktivität eines Organs anregt, hemmt der Parasympathikus dessen Tätigkeit. So regt der Sympathikus z. B. bei Gefahr, Angst oder Stress den Körper zu **mehr Leistung** an und bereitet ihn auf die erwartete Belastung vor. Der Parasympathikus hingegen sorgt für **Entspannung**, **Ruhe** und **Regeneration**. Er verlangsamt z. B. den Herzschlag oder die Atmung, regt aber die Darmtätigkeit an.

	Sympathikus	**Parasympathikus**
 **Auge**	Erweiterung der Pupillen	Verengung der Pupillen
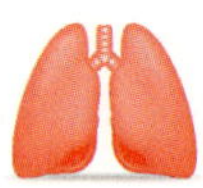 **Lunge/Bronchien**	Erweiterung	Verengung, Schleimproduktion
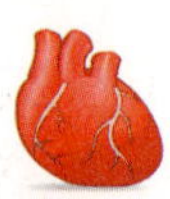 **Herz**	steigert Herzschlag	verringert Herzschlag
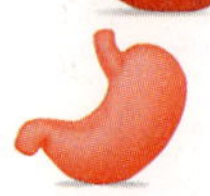 **Magen**	reduziert Magensaftproduktion	steigert Magensaftproduktion
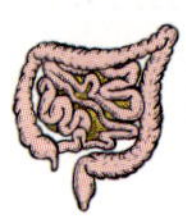 **Darm/Verdauung**	hemmt Darmfunktion	steigert Darmfunktion
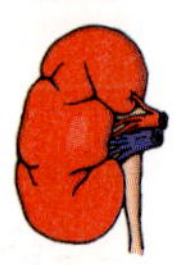 **Niere**	hemmt Nierenfunktion	fördert Nierenfunktion
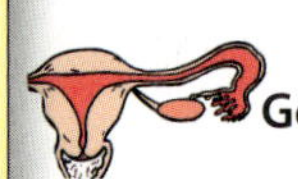 **Geschlechtsorgane**	Gefäßverengung, Beruhigung	Gefäßerweiterung, Erregung

Auch der Tag- und Nachtrhythmus wird vom Zusammenspiel von Sympathikus und Parasympathikus bestimmt:

Steuert der **Parasympathikus** deinen Körper, dass du müde wirst und schlafen kannst,…

…so sorgt der **Sympathikus** für das Erwachen und die Aktivitäten tagsüber

Wie wirkt sich Stress aus?

Stress ist eine physische und psychische Reaktion, die entsteht, wenn du auf Druck von außen reagieren musst. Denke dabei an Anforderungen in der Schule oder von deinen Eltern. Druck kannst du dir aber auch selbst machen, wenn du etwas unbedingt erreichen willst. **Stress** ist eine **normale Reaktion** auf Druck.

Wie erlebst du deinen Körper vor Prüfungen oder in anderen Situationen, wenn du Angst hast?

Sprecht in der Klasse darüber, was man gegen Prüfungsangst tun kann!

Zu Stresssituationen kommt es nicht immer nur durch tatsächliche Gefahren oder Bedrohungen. Auch durch **seelische Belastungen** kann Stress entstehen und dein Körper reagiert darauf.

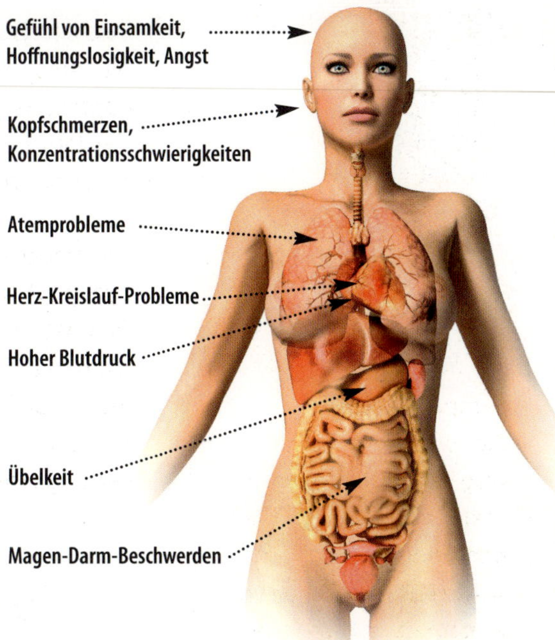

Psychosomatische Beschwerden

Ein wenig Stress wirkt mobilisierend und ist gut für den Körper. Dein Kreislauf wird angeregt, dadurch wird zusätzlich Energie umgesetzt, sodass du auch vor einer Prüfung konzentriert lernen kannst. Hast du die Stress auslösende Situation gemeistert, kannst du dich wieder entspannen und du fühlst dich wohl.

Wenn du aber über einen längeren Zeitraum immer wieder Stresssituationen ausgesetzt bist, kann dieser negative Stress zu **psychosomatischen Beschwerden** führen. Dabei handelt es sich um Erkrankungen, die zumeist nicht durch Infektionen oder Verletzungen verursacht werden.

Stress führt zu Veränderungen in Gehirn und Gewebe und stört durch den ständig erhöhten **Kortisolwert** im Blut die hormonelle Steuerung des Körpers. Kortisol ist ein Hormon, das dem Körper energiereiche Stoffe zur Verfügung stellt. Der Körper verlernt dadurch das Entspannen, was zu noch mehr Stress führt. In jedem Fall sollte man sich helfen lassen und ärztliche oder psychologische Unterstützung in Anspruch nehmen.

Volkskrankheit: Krankheit, die viele Menschen befällt

Positiver Stress: Stress + Erfolg → Entspannung

Negativer Stress: Stress + oftmaliger Misserfolg → Dauerspannung

Meist kannst du nichts an den Auslösern für deinen Stress verändern. Du kannst aber etwas daran ändern, wie du damit umgehst. Folgende Tipps können dir behilflich sein:

- *Ernähre dich regelmäßig, gesund und ausgewogen!*
- *Meide Koffeinhältiges wie Kaffee oder Energy-Drinks!*
- *Achte auf ausreichenden Schlaf!*
- *Übe regelmäßig körperliche Aktivitäten aus!*
- *Mentales Training kann gegen Stress helfen.*

Die **WHO** hat Stress zur **Gesundheitsgefährdung** des 21. Jh. und zur **Volkskrankheit** erklärt. Laut WHO ist seelischer Druck für etwa 70 % aller Erkrankungen verantwortlich!

Gehirn und Rückenmark sind das **zentrale Nervensystem**. Sie steuern **bewusste** und **unbewusste Handlungen/Reflexe**. Das **somatische Nervensystem**, das aus den **Empfindungs-** und den **Bewegungsnerven** besteht, und das **vegetative Nervensystem**, das die automatischen Vorgänge in unserem Körper steuert, bilden das **periphere Nervensystem**.

14. THEMA SUCHT

Missbrauch von Suchtmitteln

Strategie: planvolles Vorgehen

zwanghaftes Verhalten: ein Verhalten, das der Betroffene immer wieder an den Tag legen muss

Jeder Mensch hat andere **Strategien** mit Stress oder seelischen Belastungen umzugehen. Während einige Menschen auf Druck mit verändertem Verhalten reagieren, versuchen andere, durch die Einnahme von Medikamenten auftretende Stresssymptome zu bekämpfen. Vor allem unkontrollierte Medikamenteneinnahme kann zu einem **Suchtverhalten** führen.

Sucht ist ein **zwanghaftes Verhalten**. Jemand, der an einer Sucht leidet, fühlt sich nur dann wohl und sicher, wenn er bestimmte Substanzen zu sich nimmt oder ein bestimmtes Verhalten an den Tag legt. Er ist **psychisch abhängig**.

Schrittweises Entstehen von Sucht

In manchen Fällen reagiert der Körper auch mit Krankheitssymptomen, wenn der oder die Süchtige die Substanzen, nach denen er/sie süchtig ist, nicht einnimmt. Dann spricht man von **physischer** oder **körperlicher Abhängigkeit**.

Eine Sucht entsteht nicht von einem Tag auf den anderen, sondern zumeist Schritt für Schritt. Den Betroffenen fällt es meist auch schwer zu erkennen, dass sie selbst nach etwas süchtig sind.

Diskutiert in Kleingruppen über die einzelnen Punkte! Versucht, euch die Aussagen gegenseitig in einfachen Worten zu erklären!

Such dir etwas aus, was du gerne machst (Fernsehen, Computerspielen, Süßigkeiten essen usw.)! Verzichte für die nächsten 24 Stunden darauf! Berichte in der Klasse, wie es dir dabei ergangen ist!

Droge: Heilmittel, Rauschgift

Entzugserscheinung: Reaktion darauf, dass man eine Substanz nicht mehr einnimmt

legal: gesetzlich, ab einem gewissen Alter erlaubt

illegal: ungesetzlich, nicht erlaubt

Typische Anzeichen für Suchtverhalten sind …

- ein starker **Wunsch** nach einer bestimmten Substanz
- **Fortführung** des Konsums trotz Auftreten von eindeutigen körperlichen, psychischen und sozialen Folgeschäden
- **Vernachlässigung** anderer Vergnügungen und Interessen zugunsten des Konsums der Substanz
- **Kontrollverlust** über die Menge und die Dauer des Konsums
- körperliche und/oder psychische **Entzugserscheinungen** bei Beendigung oder Reduzierung der Einnahme der Substanz
- **Gewöhnung** an diese Substanz, sodass man immer mehr braucht

Man unterscheidet zwischen **legalen** und **illegalen** Stoffen.

Zu den legalen Stoffen zählen …

Alkohol ist eine chemische Verbindung, die in größeren Mengen auf unser Nervensystem wirkt. Der Konsum von alkoholischen Getränken beeinflusst unsere Wahrnehmung und wirkt sich auf unser Denken, Fühlen und Verhalten aus. Je früher der Einstieg in den Alkoholkonsum erfolgt, desto wahrscheinlicher ist es, dass ein Mensch im Laufe seines Lebens **Alkoholprobleme** bekommt. Trinken Jugendliche regelmäßig Alkohol, hängt dies meist mit anderen Problemen zusammen, wie etwa Gewalt, Missbrauch in der Familie oder seelische **Verwahrlosung**.

Koffein regt das zentrale Nervensystem an. Die Aufmerksamkeit und Konzentrationsfähigkeit erhöhen sich. Regelmäßiger Konsum von Koffein führt allerdings zu einem **Gewöhnungseffekt** des Organismus und die anregende Wirkung verringert sich. Wird dem Körper dann kein Koffein zugeführt, kann dies zu Entzugserscheinungen wie Kopfschmerzen führen.

Medikamente wie Schlaf-, Beruhigungs- oder Aufputschmittel können, wenn sie missbräuchlich verwendet werden, zur **Abhängigkeit** führen. Medikamentensüchtige nehmen diese Arzneimittel ein, ohne dass dafür eine medizinische Notwendigkeit besteht. Oder sie wählen eigenständig eine höhere Dosierung als medizinisch notwendig wäre. Selbst die Verwendung eines Nasensprays kann bereits nach kurzer Zeit zu einer Schädigung der Nasenschleimhaut führen und damit zu einer Daueranwendung verleiten.

Nikotin beeinträchtigt die Übertragung von Informationen zwischen bestimmten Nervenzellen und ruft dadurch einen kurzen Erregungszustand hervor. Es macht relativ **schnell abhängig**. Zusätzlich schädigen die verschiedenen giftigen sowie krebserregenden Inhaltsstoffe von Zigaretten den Körper.

Ist das Rauchen von Zigaretten wirklich „cool"?

Meist beginnen Jugendliche zu rauchen, weil sie glauben, dass es „cool" sei. Nach dem ersten Ausprobieren folgt für viele Jugendliche die Experimentierphase, in der unregelmäßig, aber wiederholt geraucht wird. In der nächsten Phase werden Zigaretten regelmäßig konsumiert, wobei gleichzeitig die psychische und physische Abhängigkeit von Nikotin beginnt.

Diskutiert den „Coolheitsfaktor" von Zigaretten für Jugendliche in der Klasse!

Schnüffelstoffe sind Substanzen, die Dämpfe abgeben wie Farben, Kleber, Benzin usw. Diese Dämpfe werden über Mund oder Nase **inhaliert**. Die Blutgefäße erweitern sich und es kommt zu einem kurz anhaltenden **Rauschzustand**. Das Inhalieren halluzinogener Stoffe führt zu schweren Langzeitschäden, vor allem am Zentralnervensystem, der Leber und der Lunge.

Jugendlicher schnüffelt Klebstoff

Verwahrlosung: Vernachlässigung

inhalieren: einatmen

Zu den illegalen Stoffen zählen …

Cannabisprodukte wie Marihuana (getrocknete Teile der Pflanze), Haschisch (gepresstes Harz) oder Haschischöl gewinnt man aus der indischen Hanfpflanze. Diese **Drogen** werden meist als Joint geraucht und führen zu Wahrnehmungsveränderungen.

Marihuana Zigarette mit Cannabispflanze

Starker Cannabiskonsum über längere Zeit kann zu Verminderung der Aufmerksamkeits-, Konzentrations- und Lernfähigkeit sowie zu Gedächtnisproblemen führen. Es folgt eine **psychische Abhängigkeit**.

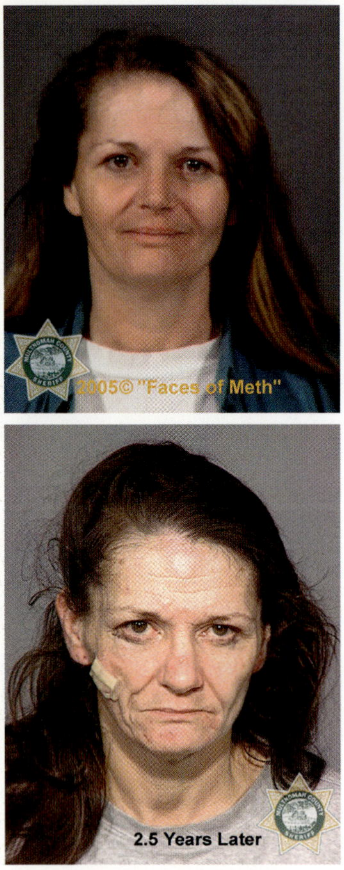

Auswirkungen der Einnahme von Crystal Meth nach 2,5 Jahren

link: www.facesofmeth.us

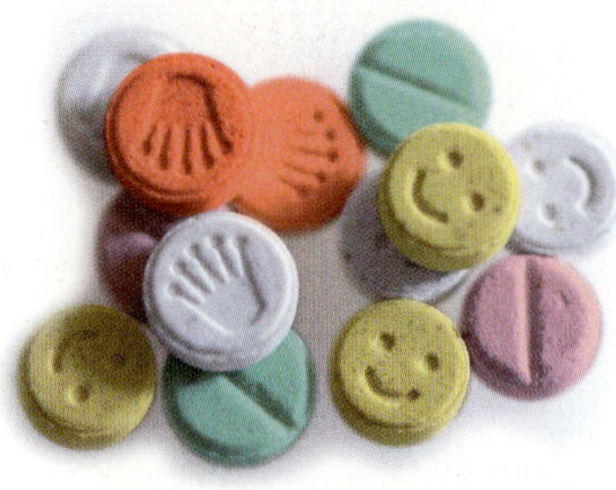

Ecstasy Tabletten

Halluzinogene wie LSD oder Ecstasy werden aus Pflanzen wie Nachtschattengewächsen oder aus Pilzen erzeugt. Sie können auch **synthetisch**, also im Labor, hergestellt werden. Halluzinogene verursachen starke Sinnestäuschungen, Ängste (Horrortrip) und können zu psychischer Abhängigkeit führen.

Kokainkonsum

Kokain ist ein weißes Pulver, das aus dem Kokastrauch gewonnen wird. Es gilt als das Aufputschmittel schlechthin. Kokain wird geschnupft, als Tablette eingenommen oder flüssig in die Venen gespritzt. **Crack** oder **Freebase** sind rauchbare Formen des Kokains. Mit der Einnahme erfolgt eine sehr rasche und starke psychische Abhängigkeit.

Methamphetamin ist eine hochgefährliche **synthetische Droge**, die schon während des Zweiten Weltkrieges vom Militär zur Leistungssteigerung eingesetzt wurde, weil sie Hungergefühl, Müdigkeit und Schmerz unterdrückt.

Heute ist Methamphetamin unter verschiedenen Modenamen wie **Crystal Meth, Ice** oder **Yaba** bekannt und gehört zu jenen Drogen, die am schnellsten in die Abhängigkeit führen. Es weist eine hohe zerstörerische Wirkung auf den Organismus auf. Zahn- und Haarausfall, Herzrhythmusstörungen, Magendurchbruch sind neben Wahnvorstellungen und Aggression die häufigsten Nebenwirkungen.

Treibstoffe für den Seelentank

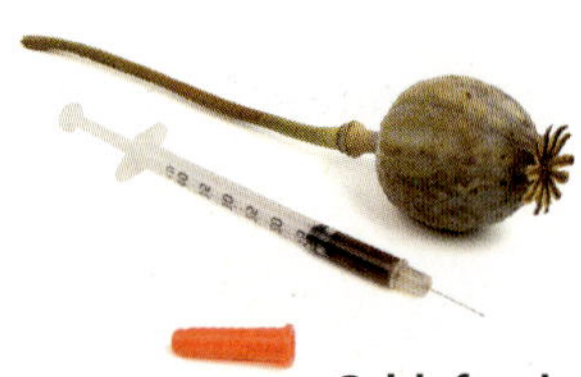

Schlafmohn

Opiate sind Drogen, die aus dem **Schlafmohn** gewonnen werden. Zu ihnen zählt man **Opium**, **Morphium** und **Heroin**. Sie verändern das Bewusstsein und wirken stark beruhigend oder schmerzlindernd. Opiate werden inhaliert, geraucht oder flüssig in die Venen gespritzt. Eine psychische und körperliche Abhängigkeit erfolgt sehr schnell. Die Dosis muss ständig erhöht werden.

Prävention: vorbeugende Maßnahmen

Suchtprävention

Ein Auto braucht im Tank den richtigen Treibstoff. Stell dir vor, du wärst ein Auto! Auch du hast einen Tank, deinen „Seelentank". Auch in diesem Seelentank brauchst du Treibstoff, damit du gut „funktionierst".

Aber was ist der „richtige Treibstoff" für dich? Das kannst nur du selbst herausfinden. Möglicherweise sind es Freunde oder Freundinnen, Natur, Sport, Kunst oder etwas ganz anderes. Sobald du das weißt, kannst du deinen Seelentank füllen. Gelingt dir das nicht, dann besteht die Gefahr, dass du Zuflucht zu Ersatzhandlungen suchst. Sucht ist eine mögliche Folge. Dieses **Tankmodell** hilft dir, Suchtprävention zu betreiben.

Sucht ist ein zwanghaftes Verhalten. Man unterscheidet stoffgebundene und stoffungebundene Süchte, die zu **psychischer** oder **physischer Abhängigkeit** führen können.

TIPPS: Wie ich mein Leben lebenswert gestalten kann und keine Drogen brauche!

- *Ich umgebe mich mit Menschen und führe Aktivitäten aus, die mir gut tun.*
- *Ich achte auf meine Wahrnehmungen und höre auf meine Gefühle.*
- *Ich achte auf meine Ernährung.*
- *Ich setze mir große und kleine Ziele.*

Nun geht's los – Aufgaben für schlaue Köpfe!

1) Parasympathikus und Sympathikus wirken jeweils unterschiedlich auf die Organe. **Ziehe Linien zum jeweils richtigen Wort! ★★**

Parasympathikus		Sympathikus
Pupille	Verengung Erweiterung	Pupille
Herz	Hemmung Anregung	Herz
Bronchien	Erweiterung Verengung	Bronchien
Magensaftproduktion	Hemmung Förderung	Magensaftproduktion
Darmtätigkeit	Hemmung Förderung	Darmtätigkeit
Geschlechtsorgane	Gefäßverengung Gefäßerweiterung	Geschlechtsorgane
Niere	Förderung Hemmung	Niere

2) Gibt es Wünsche, die du hast? **Wenn ja, notiere sie auf einem Blatt Papier! Unterscheide dabei zwischen verschieden realisierbaren Wünschen! Überlege auch, ob es wirklich so schlimm ist, wenn du einige dieser Wünsche nicht realisieren kannst! Kannst du sie durch andere ersetzen, die realisierbar sind?** Tipp: Die Tabelle hilft dir! ★★

Wünsche sind ...	*Wünsche, die ich habe*	*Was kann ich dazu beitragen, um diese Wünsche zu erfüllen?*
einfach zu erfüllen		
schwer zu erfüllen		
nie zu erfüllen		

3) **Klassendiskussion** ★
- Haben Klassenkolleg/innen ähnliche Wünsche wie du?
- Wie gut realisierbar schätzen sie deine Wünsche ein?
- Gibt es Wünsche oder Erwartungen, die du hattest und die bereits erfüllt wurden?

4) **Fülle nun deinen eigenen „Seelentank", indem du in diesen Kanister alles hineinschreibt, was du brauchst, damit es dir in der Schule gut geht!** ★

Nun geht's los – Aufgaben für schlaue Köpfe!

5) **SPIELANLEITUNG:** Was findest du an anderen gut? Ein Spiel für die ganze Klasse! ★

a) Jeder in der Klasse schreibt auf ein leeres Blatt Papier: „Mir gefällt an dir, dass…", heftet es auf seinen Rücken und geht in der Klasse herum.

b) Nun überlege, was du an den anderen gut findest, was dir an ihm oder ihr gefällt, und schreibe das für ihn/sie auf das Blatt auf seinem/ihrem Rücken!

c) Nimm dir anschließend Zeit und lies dir dein Blatt in Ruhe durch – vielleicht bewahrst du es auch auf?

Überlegungen zum Schluss: *Kann ich die Sichtweise der anderen annehmen? Was überrascht mich daran?*

6) Die Silben einiger substanzgebundener und nicht substanzgebundener Suchtmittel bzw. Aktivitäten haben sich hier versteckt. **Finde die 12 Begriffe! Schreibe jeweils einen in die vorgesehene Zeile und schätze ab, ob man stärker psychisch oder physisch davon abhängig wird, indem du ein Kreuz in das Kästchen setzt!** ★★★

Al- ★ Ar- ★ -beits- ★ -bis ★ Can- ★ -di- ★ Ecs- ★ -fe ★ -fe- ★ -fel- ★ He- ★ -hol ★ In- ★ -in ★ -in ★ -in ★ -ka- ★ -ka- ★ Ko- ★ Kof- ★ -ko- ★ Me- ★ -men- ★ -na- ★ -net- ★ -ro- ★ Schnüf- ★ Spiel- ★ Sport- ★ -stof- ★ -sucht ★ -sucht ★ -sucht ★ -sucht ★ -sy ★ -ta- ★ -te ★ -ter-

	stärkere psychische Abhängigkeit					stärkere physische Abhängigkeit

15. DAS AUGE: DER SEHSINN

Das Auge ist für uns ein sehr wichtiges Sinnesorgan, da es Lichtreize verarbeitet. Mit unseren Augen nehmen wir Reize auf, Nerven leiten diese Erregung dann an das Gehirnzentrum weiter, wo letztendlich die Wahrnehmung erfolgt. Funktioniert ein Teil dieses Sinnessystems nicht, entsteht keine Wahrnehmung.

Unsere Augen liegen gut geschützt in der knöchernen Augenhöhle. Augenbrauen, Wimpern und die beiden Lider schützen die Augen vor Schweiß und kleinen **Partikelchen**, die ins Auge eindringen können. Von den **Tränendrüsen** wird Tränenflüssigkeit abgegeben und mit dem Lidschlag am Auge verteilt, um das Auge zu reinigen und zu befeuchten. Dann fließt die Tränenflüssigkeit durch den Tränenkanal zur Nase ab.

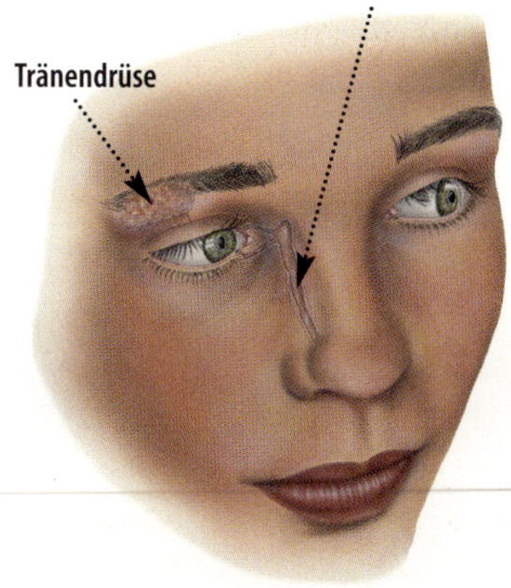

Tränendrüse und -kanal

Partikelchen: sehr kleine Teile

Warum musst du dir die Nase putzen, wenn du weinst?

Der Aufbau des Auges

Erinnere dich! In der 1. Klasse hast du die von außen sichtbaren Teile des Auges kennengelernt. Nenne sie!

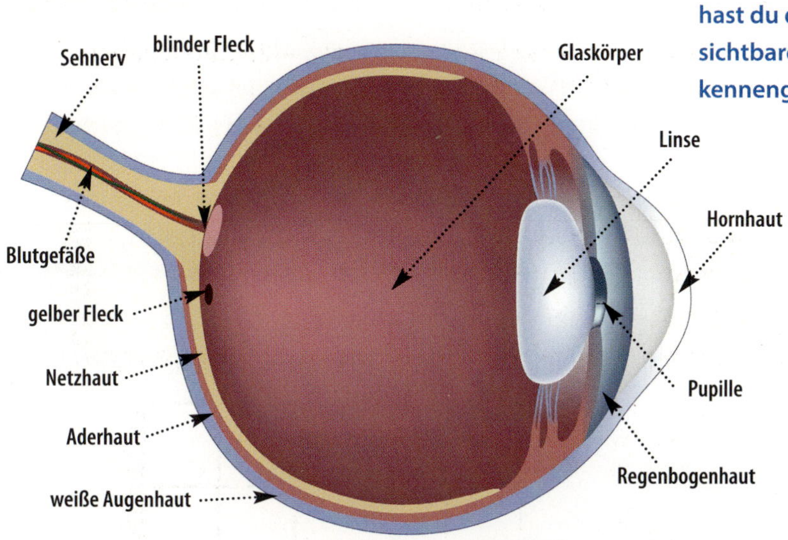

Die wichtigsten Teile des Auges

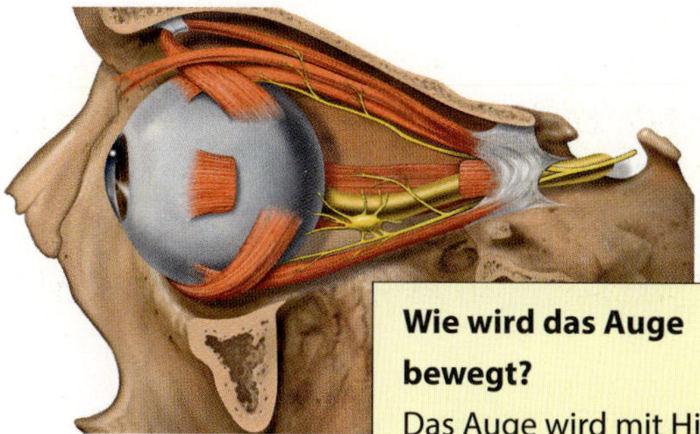

Augenmuskel

Wie wird das Auge bewegt?
Das Auge wird mit Hilfe von 6 Muskel seitwärts, einwärts, nach oben und unten bewegt.
Auch unbewusst führen die Muskel ständig winzige Bewegungen durch. Deshalb trifft das einfallende Licht nicht immer auf dieselben Sehsinneszellen der Netzhaut.

Die Hülle des Auges besteht aus **3 Häuten**:

Ganz außen liegt die **weiße Augenhaut**, die **Lederhaut** des Auges. Sie besteht aus festem Bindegewebe. An ihr setzen die **Augenmuskel** an. Die durchsichtige und berührungsempfindliche **Hornhaut** ist mit der Augenhaut verwachsen. Hinter der Hornhaut liegen die **farbige Iris (Regenbogenhaut)** und die **Pupille**, die **schwarz** erscheint. Die **Pupille** regelt die einfallende Lichtmenge durch Veränderungen ihrer Weite. Dies wird von den Muskeln in der **Regenbogenhaut** gesteuert.

In der hinteren Hälfte der Augenwand liegt die **Aderhaut**. Sie ist der blutreichste Teil des Auges, da sie von zahlreichen Kapillaren durchzogen ist. Die **Netzhaut** ist die innere Schicht und jener Teil des Auges, der mit 150 Mio. Sehsinneszellen die Lichtreize aufnimmt.

Im Innenraum des Auges – zwischen Linse und Netzhaut – liegt der **Glaskörper**. Er besteht aus einer durchsichtigen, gallertartigen Flüssigkeit. Der **Sehnerv** leitet die Erregungen der Sehsinneszellen vom Auge an das Gehirn weiter. Der Sehnerv besteht aus zahlreichen Fasern, welche die **Neuriten** der Sehsinneszellen sind. Jene Stelle, an der der Sehnerv aus dem Glaskörper austritt, nennt man **blinder Fleck**, weil sich an dieser Stelle keine Sehsinneszellen befinden. Als **gelben** Fleck bezeichnet man die Stelle an der Netzhaut, an der sich die meisten Sehsinneszellen befinden.

Neurit: langer, schlauchartiger Nervenzellfortsatz zur Reizleitung

Das Seh-Sinnessystem ermöglicht uns:

- ca. 160 reine Farben und 600 000 Farbschattierungen zu unterscheiden
- genau zu erkennen, wo sich etwas befindet
- die Orientierung im Raum

Funktion des Auges – Sehen

Ohne Licht könnten wir nicht sehen. Licht, das von einem Gegenstand reflektiert wird, gelangt durch die **Hornhaut**, die **Linse** und den **Glaskörper** auf die Netzhaut. Die verformbare Linse bündelt dabei das durch die Pupille eintretende Licht so, dass es exakt auf die Sehsinneszellen der Netzhaut trifft.

Von den Sehsinneszellen werden die Erregungen ins Gehirn geleitet. Erst dort wird die Information so verarbeitet, dass ein aufrechtes Bild wahrgenommen wird.

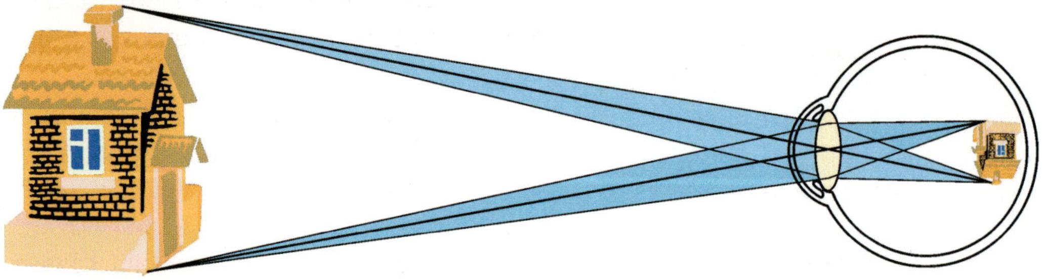

Bildentstehung im Auge

Um in der Nähe Dinge scharf zu sehen, braucht unser Auge eine andere Einstellung als für Dinge, die weiter entfernt sind. Diese Entfernungseinstellung nennt man **Akkommodation**. Stellt sich das Auge auf einen Gegenstand in der Nähe ein, spannt sich der **Ringmuskel** um die Linse. Mit angespanntem Ringmuskel ermüdet das Auge rascher. Dabei werden die Haltefasern der Linse locker und die elastische Linse wölbt sich stärker. **Durch die stärkere Lichtbrechung werden Gegenstände in der Nähe scharf gesehen.**

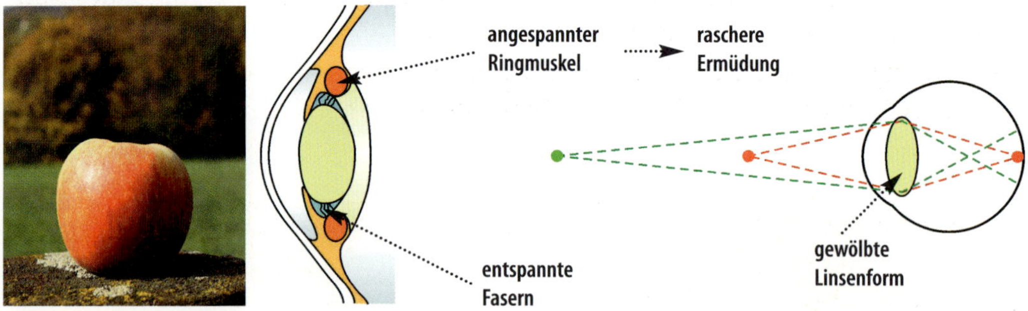

Nahakkommodation

Stellt sich das Auge hingegen auf einen Gegenstand in der Ferne ein, entspannt sich der Ringmuskel. Dabei ziehen die Fasern die Linse auseinander und ihre Form wird flacher. **Die Lichtstrahlen werden weniger stark gebrochen und entfernte Gegenstände auf der Netzhaut scharf abgebildet.** Der Ringmuskel wird bei der Fernakkommodation weniger beansprucht als bei der Nahakkommodation. Deswegen ist das Sehen in die Ferne weniger anstrengend als Lesen oder konzentriertes Betrachten eines Bildschirms.

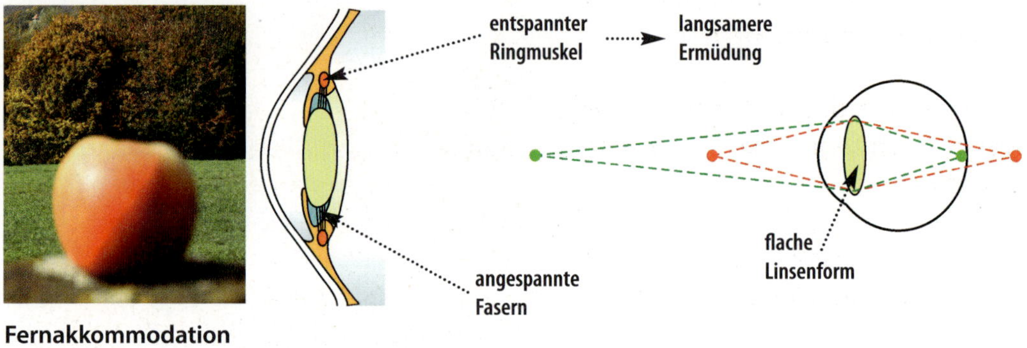

Fernakkommodation

Warum ist die Pupille nicht immer gleich groß?
Die Größe der Pupille wird durch die Muskelfasern der Regenbogenhaut verändern.

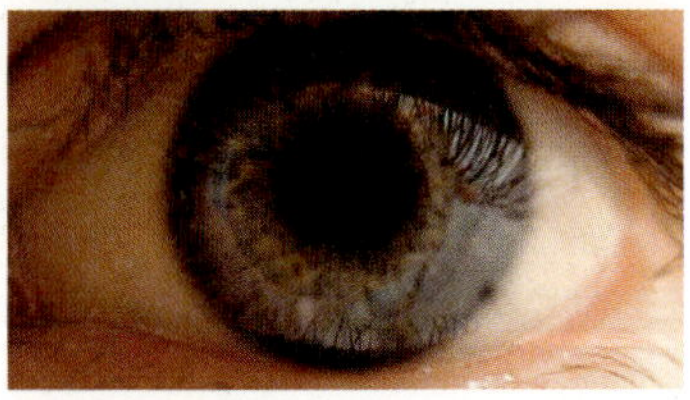

Verkleinerte Pupille: In einer hellen Umgebung verkleinert sich die Pupille.

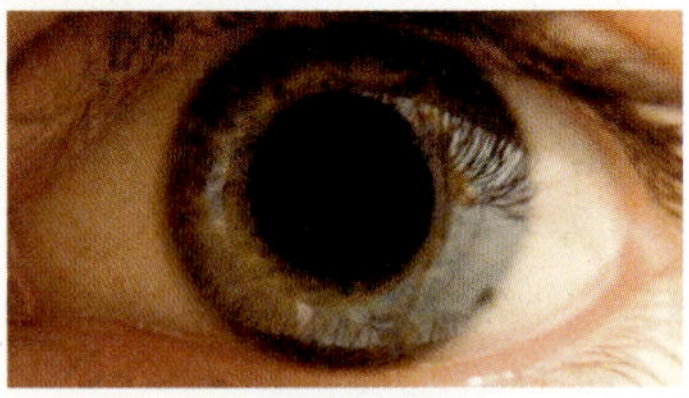

Vergrößerte Pupille: Im Dunkeln öffnet sich die Pupille, sodass möglichst viel Licht einfallen kann.

Probiere es aus: Halte einen Stift knapp vor deine Augen, sodass du ihn scharf sehen kannst! Wie siehst du den Hintergrund?

Fixiere nun einen Gegenstand im Hintergrund! Was passiert mit dem Stift?

Wie entstehen Bilder?
Die Sehsinneszellen der Netzhaut werden durch eindringende Lichtstrahlen erregt. Diese Erregungen leitet der Sehnerv in Form von elektrischen Signalen an das Gehirn weiter. Dort werden die Signale aufgeschlüsselt und in Bilder verwandelt.

Mit unseren Augen können wir einerseits zwischen **Farben** und andererseits zwischen **Hell** und **Dunkel** unterscheiden. Dafür haben wir auf der Netzhaut zwei unterschiedliche Typen von Sehsinneszellen: **Stäbchen** und **Zapfen**.

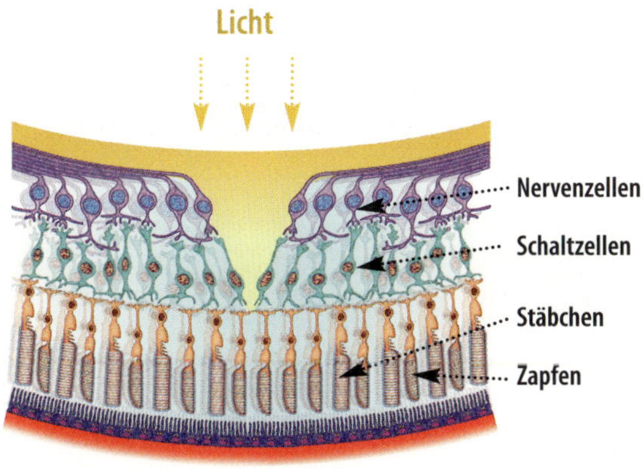

Schnitt durch die Netzhaut

Es gibt 3 unterschiedliche Arten von Zapfen, jeweils eine für den Farbbereich **Rot**, **Grün** oder **Blau**. Gemeinsam ermöglichen sie die Wahrnehmung aller Farben, die wir unterscheiden können.

Fällt Licht auf die **Zapfen**, werden diese erregt. Diese Erregung wird zu den Nervenzellen und von den **Neuriten**, die den Sehnerv bilden, zum Gehirn weitergeleitet. Dieses verarbeitet die Signale der 3 Zapfenarten. So nehmen wir Farben wahr. Damit die Zapfen reagieren, benötigen sie eine gewisse Lichtmenge. Ist nicht genügend Licht vorhanden, können wir daher keine Farben wahrnehmen.

Stäbchen reagieren schon bei geringeren Lichtmengen, allerdings erlauben sie kein Farbsehen, sondern nur das Unterscheiden von Hell und Dunkel. Deswegen erscheinen uns in der Dämmerung Farben nur noch als grau.

Unsere beiden Augen haben einen bestimmten Abstand voneinander. Jedes Auge nimmt dasselbe Bild aus einer etwas anderen Richtung auf. Das Gehirn schafft aus dieser minimalen Abweichung ein räumliches **dreidimensionales Bild**. So können wir die Entfernung und die Größe von Gegenständen abschätzen.

Bild des linken Auges

Bild des rechten Auges

Optische Täuschungen

Unser Gehirn verarbeitet Bilder aufgrund von Erfahrungen, die wir im Verlauf unseres Lebens machen.

So wissen wir, dass Gegenstände, die weiter entfernt sind, kleiner erscheinen.

Das kann im Gehirn aber auch zu **optischen Täuschungen** führen.

Was ist Farbenblindheit?
Bei manchen Menschen sind die Zapfen, die für rotes und grünes Licht empfindlich sind, nicht voll funktionsfähig. Deshalb können rote und grüne Farben nicht unterschieden werden. Man spricht daher von einer „Rot-Grün-Farbenblindheit".

Wahrnehmung bei Rot-Grün-Farbenblindheit

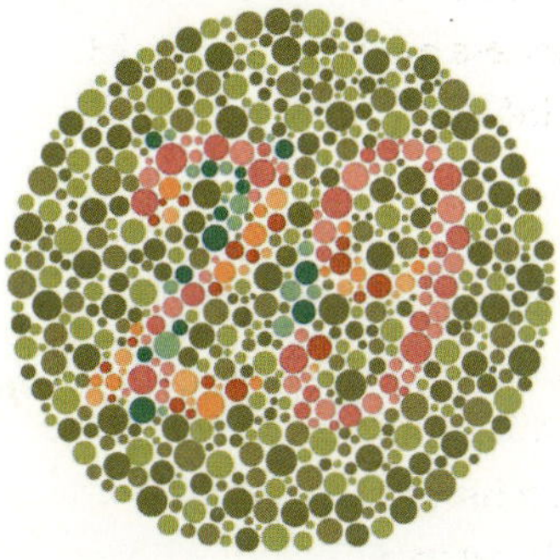

Farbentafel zum Erkennen einer Rot-Grün-Farbenblindheit

Sicherlich kennst du das Sprichwort: „Nachts sind alle Katzen grau". Erkläre, warum dieses Sprichwort richtig ist!

In dieser Fotomontage sind alle Frauen gleich groß. Jedoch erscheinen die beiden Frauen oben im Bild größer als die Frauen im unteren Ausschnitt. Da es so aussieht, als ob sie sich im Bild weiter entfernt befinden würden, nimmt unser Gehirn an, dass sie auf dem Foto größer sein müssen als sie in Wirklichkeit sind.

Augenfehler und Erkrankungen der Augen

Brechkraft: gibt an, wie stark ein Lichtstrahl in einer Linse abgelenkt wird

Viele Menschen leiden an **Weitsichtigkeit** oder **Kurzsichtigkeit**. In beiden Fällen entsteht das Bild eines Gegenstandes nicht direkt auf der Netzhaut. Das kann daran liegen, dass die **Brechkraft** der Linse zu groß oder zu klein ist, oder dass der Augapfel zu kurz oder zu lang ist. Die Brechkraft wird in Dioptrien (dpt) gemessen.

KURZSICHTIGKEIT

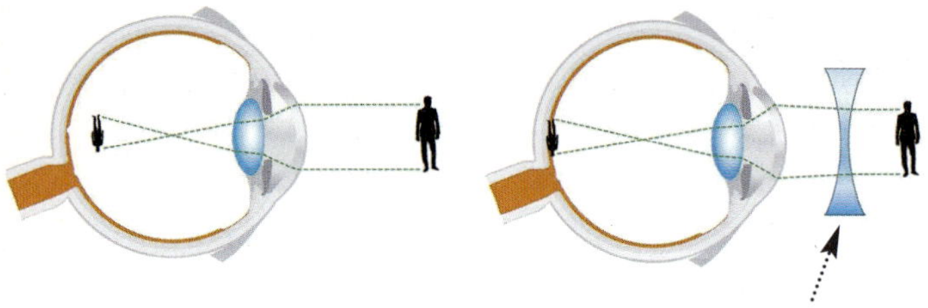

konkave Linse (Zerstreuungslinse)

Wenn Menschen kurzsichtig sind, entsteht das Bild beim Betrachten ferner Gegenstände **vor der Netzhaut**. Eine Brille/Kontaktlinse mit einer **Zerstreuungslinse**, die eine **konkave Form** hat, sammelt die Lichtstrahlen so, dass sie auf der Netzhaut auftreffen.

WEITSICHTIGKEIT

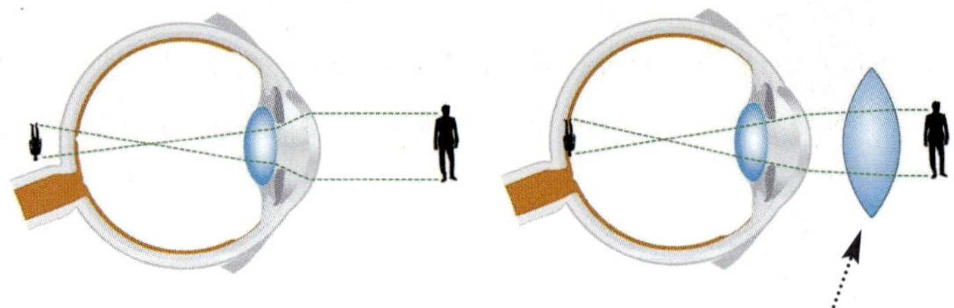

konvexe Linse(Sammellinse)

Bei Menschen mit einer **Weitsichtigkeit** entsteht das scharfe Bild **hinter der Netzhaut.** Eine Brille/Kontaktlinse mit einer **Sammellinse**, die eine **konvexe Form** hat, kann diesen Augenfehler korrigieren. Der Brennpunkt wird nach vorne auf die Netzhautebene verschoben.

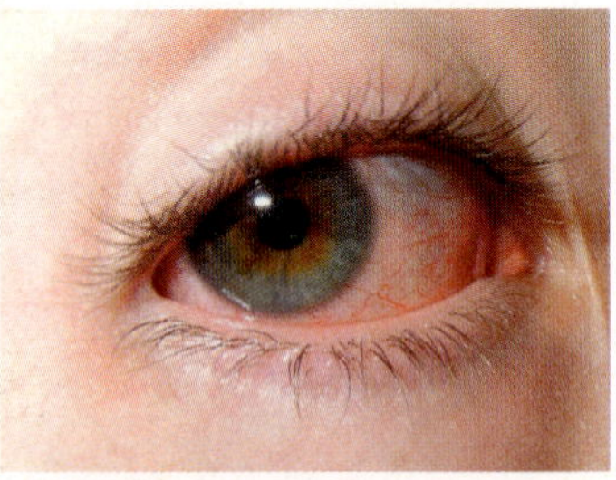

Bindehautentzündung

Achte auf deine Augen! Welche Maßnahmen kannst du treffen, um deine Augen zu schützen?

ALTERSSICHTIGKEIT: Ein Großteil der Menschen ist etwa ab dem 40. Lebensjahr von der **Alterssichtigkeit** betroffen. Man kann in der Nähe nicht mehr scharf sehen, weil die **Elastizität der Linse** mit zunehmendem Alter abnimmt. Dies führt dazu, dass sich die Linse bei der Naheinstellung **nicht mehr ausreichend wölbt**. Auch hier können Brillen mit Sammellinsen Abhilfe schaffen.

BINDEHAUTENTZÜNDUNG: Bei einer Bindehautentzündung wirkt das Auge gerötet und glasig, weil die **Bindehaut anschwillt** und stärker durchblutet ist. Die Ursachen für diese Erkrankung können allergische Reaktionen sein, aber auch Fremdkörper im Auge oder Entzündungen, die durch Bakterien oder Viren verursacht worden sind, lösen eine Bindehautentzündung aus. Die Augen sondern vermehrt Sekret ab. Im Falle einer Bindehautentzündung muss unbedingt ein Arzt/eine Ärztin aufgesucht werden.

GERSTENKORN: Ein Gerstenkorn ist eine **eitrige Entzündung** am Lidrand. Meist ist eine Infektion der Schweiß- oder Talgdrüsen die Ursache. In schwierigeren Fällen muss der Arzt/die Ärztin die Schweißdrüse öffnen und mit einer antibiotischen Salbe behandeln.

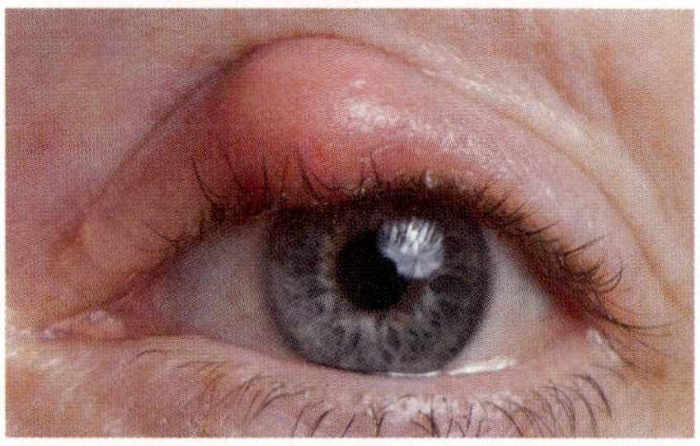

Gerstenkorn

GRAUER STAR: Beim Grauen Star handelt es sich um eine **Trübung der Linse**. Davon sind häufig Menschen über 65 Jahren betroffen, in seltenen Fällen kann sie auch angeboren sein. Diese Trübung führt dazu, dass das wahrgenommene Bild an Schärfe verliert. Der Graue Star kann operativ behandelt werden, indem die getrübte Linse entfernt und durch eine **Kunstlinse** ersetzt wird.

GRÜNER STAR: Ist der **Augeninnendruck** dauerhaft krankhaft **erhöht**, kommt es zu einer Schädigung des Sehnervs und man spricht vom Grünen Star. Wird diese Erkrankung nicht behandelt, kann sie zur **Erblindung** führen. Deshalb ist es insbesondere ab dem 40. Lebensjahr wichtig, regelmäßige Kontrolluntersuchungen beim Augenarzt/bei der Augenärztin machen zu lassen.

Das Auge ist ein kompliziert aufgebautes Organ. **Nah-** und **Fernakkommodation** lassen uns Gegenstände in unterschiedlicher Entfernung scharf sehen. Die **Pupille** reguliert, wie viel Licht ins Auge einfallen kann. **Stäbchen** und **Zapfen** sind die Sehsinneszellen in der Netzhaut. **Kurz-** und **Weitsichtigkeit** sind häufige Fehlsichtigkeiten.

Nun geht's los – Aufgaben für schlaue Köpfe!

1) **Visuelle Illusionen** – Noch mehr optische Täuschungen! Es gibt viele Arten, wie unsere Wahrnehmung getäuscht werden kann. **Lies die Beschreibungen durch und setze dann zu den Abbildungen die Zahl der passenden optischen Täuschung! ★★**

1
Parallele Linien
Obwohl mehrere Linien parallel zueinander sind, sieht es so aus, als ob sie schräg aufeinander zulaufen würden.

2
Müller-Lyer-Illusion
Zwei gleich lange Pfeile wirken unterschiedlich lang, wenn bei einem Pfeil die Spitzen nach außen und beim anderen die Spitzen nach innen gerichtet sind.

3
Gekrümmte Linien
Gerade Linien erscheinen gekrümmt, wenn sie gemeinsam mit anderen Linien betrachtet werden, die (wie die Durchmesser eines Kreises) durch einen gemeinsamen Punkt gehen.

4
Vexierbild
Je nachdem, auf welche Teile des Bildes man sich konzentriert, sieht man im selben Bild zwei oder mehrere unterschiedliche Darstellungen.

5
Scheinbare Helligkeit
Das Auge vergleicht die Helligkeit einer Fläche mit der Helligkeit seiner Umgebung. Daher erscheint dieselbe Fläche manchmal heller und manchmal dunkler.

6
Formkorrektur
Das Gehirn ergänzt fehlende Bildteile zu einem Gesamtbild. Welches Bild man wahrnimmt, hängt davon ab, was am besten zur Umgebung passt.

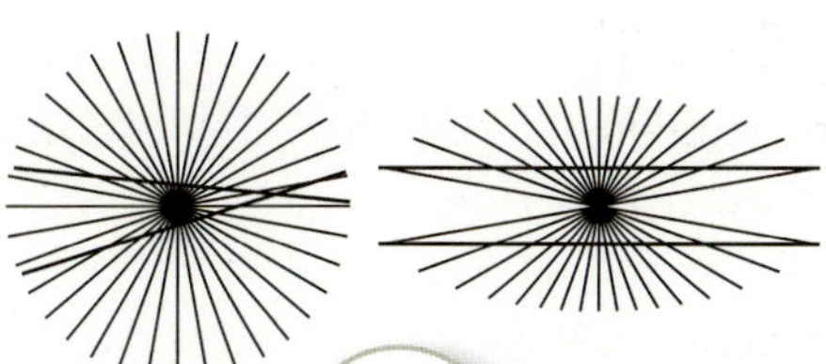

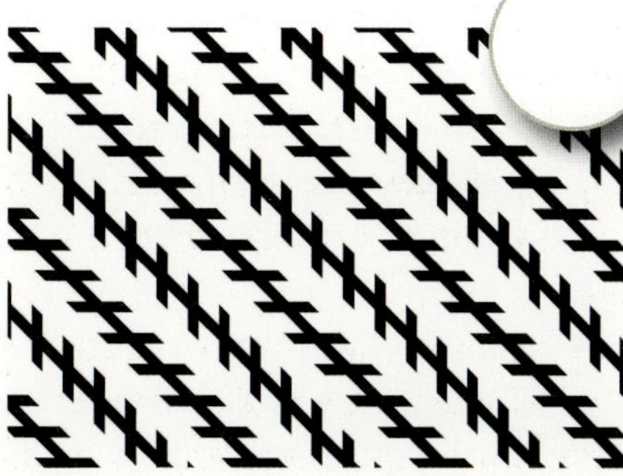

Nun geht's los – Aufgaben für schlaue Köpfe!

2) **Kurz- und Weitsichtigkeit!** – Zeichne zuerst bei den Abbildungen A den Strahlengang ein! Zeichne dann bei den Abbildungen B jene Linsen ein, die Abhilfe schaffen können! Tipp: Sieh auf S. 70 bzw. S. 72 nach! ★★★★★

Kurzsichtigkeit

1A

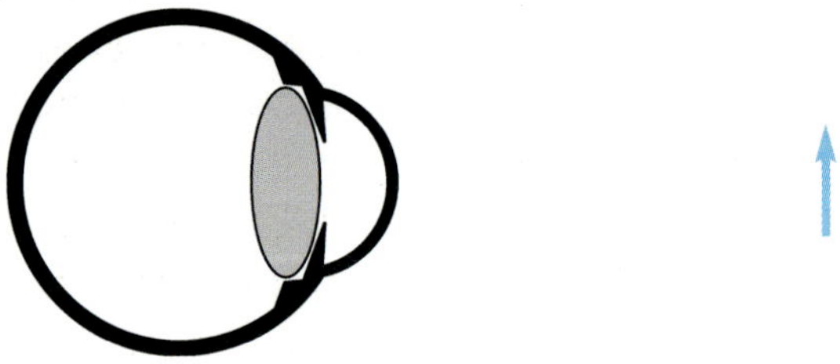

1B

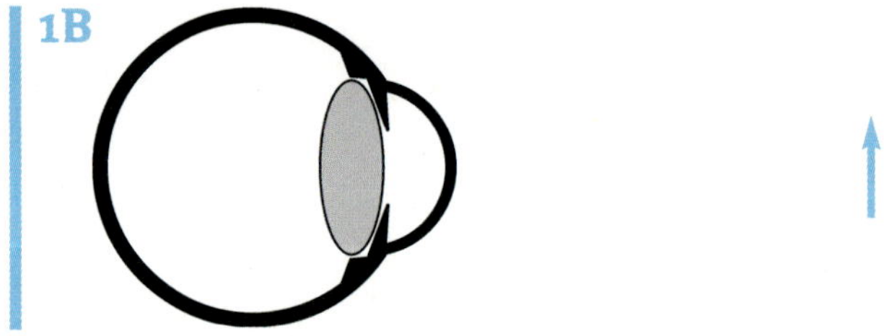

Weitsichtigkeit

2A

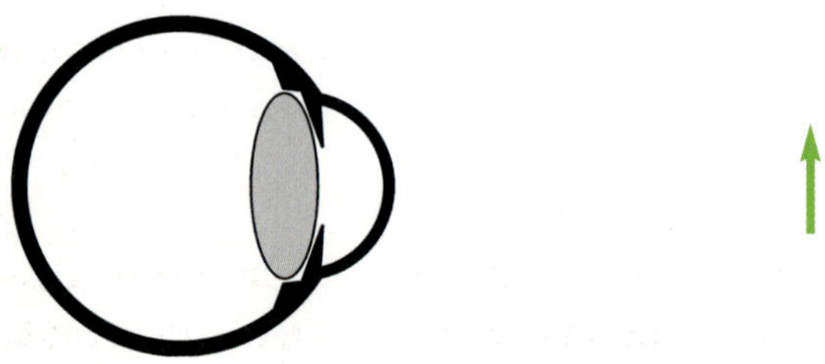

2B

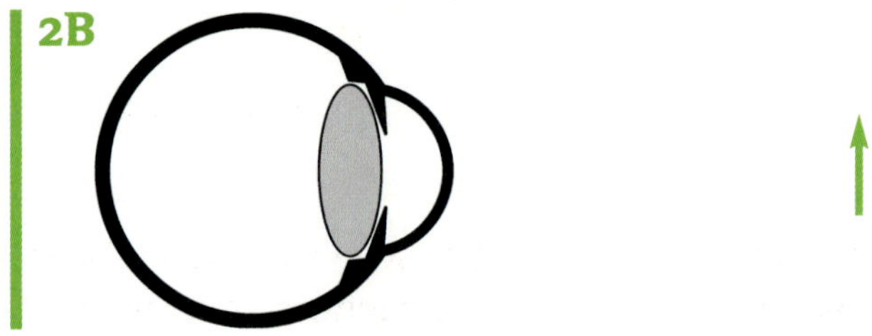

3) **Augenverletzung – wie verhalte ich mich richtig?** Versuche, diesen Wellentext zu lesen, und übertrage ihn dann als Übersicht in dein Heft! ★

Kleine Teilchen wie etwa Wimpern können mit einem Tuch vorsichtig in Richtung Nase gerieben werden. Befinden sich kleine Metallteilchen im Auge, sollte man sofort einen Arzt/eine Ärztin aufsuchen und das betroffene Auge mit einem Tuch abdecken. Spritzer von Chemikalien sofort mit fließendem Wasser auswaschen und einen Arzt/eine Ärztin aufsuchen! Waren die Augen starken Schlägen ausgesetzt, unbedingt einen Arzt/eine Ärztin aufsuchen!

4) **Mehr als nur sehen!** Lies den Text und sprich mit Klassenkolleg/innen darüber! ★★★

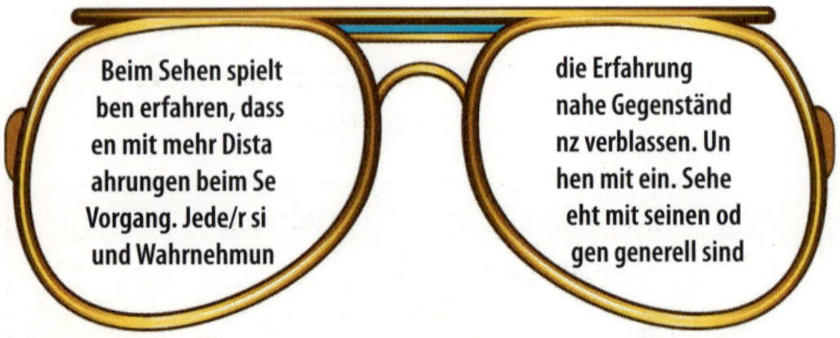

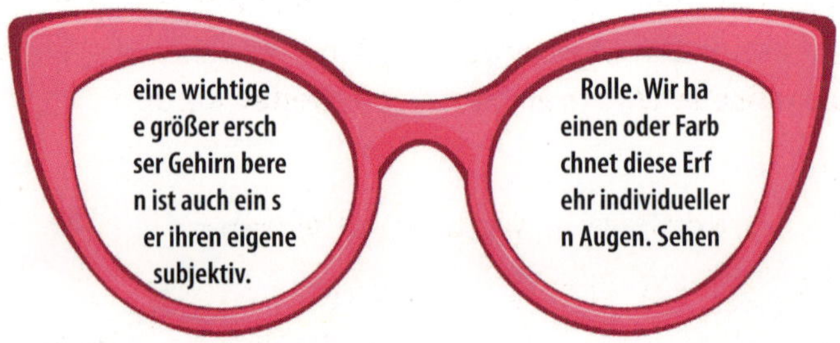

5) Lies diese 2 Zeilen und sage, so schnell es geht, immer die Farbe und nicht das Wort! ★

GELB BLAU ORANGE VIOLETT SCHWARZ ROT GRÜN

GRAU ROSA GELB ORANGE VIOLETT BLAU SCHWARZ

16. DAS OHR: GEHÖR- UND GLEICHGEWICHTSSINN

Mit dem Ohr können wir nicht nur Töne und Geräusche als Reize aus der Umwelt aufnehmen. Mit ihm können wir auch die Lage und die Bewegung unseres Körpers feststellen.

Der Aufbau des Ohres und der Gehörsinn

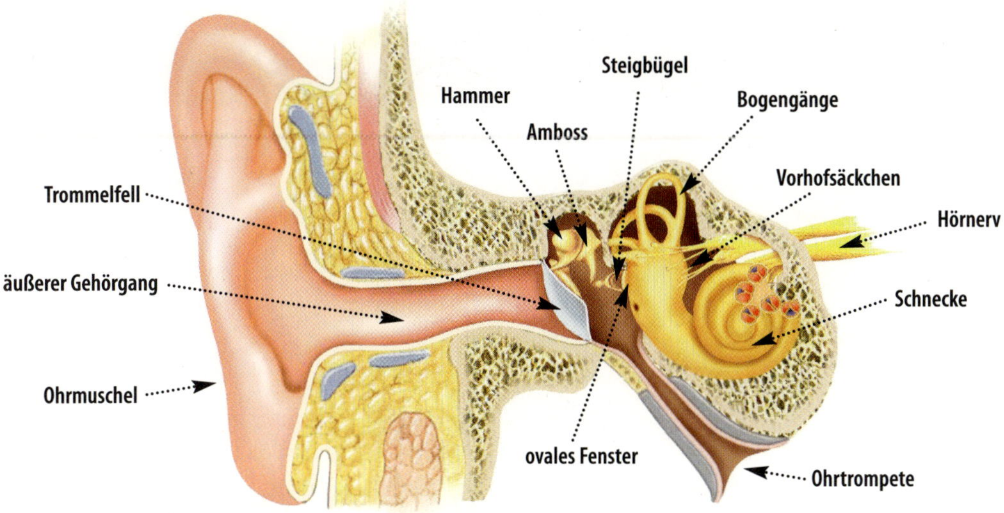

Schallwellen, die von uns als Geräusche wahrgenommen werden, werden mit der **Ohrmuschel** des äußeren Ohres aufgenommen. Sie werden dann in den **äußeren Gehörgang** und weiter zum **Trommelfell** geleitet. Dieses wird in Schwingungen versetzt. Die 3 Gehörknöchelchen **Hammer**, **Amboss** und **Steigbügel** nehmen im **Mittelohr** diese Schwingungen auf, verstärken sie und übertragen sie auf eine dünne Membran, das **ovale Fenster**.

Im **Innenohr** befindet sich die **Schnecke**, die wie alle Hohlräume des Innenohrs mit einer Flüssigkeit, der **Ohrlymphe**, gefüllt ist. Die Schwingungen werden durch das ovale Fenster auf die Ohrlymphe in der Schnecke übertragen, durchlaufen zunächst den Vorhofgang und danach den Paukengang.

Zwischen diesen beiden Gängen liegt der **Schneckengang**. In diesem sitzt das eigentliche Hörorgan, das **Cortische Organ**. Dieses besteht beim Menschen aus ca. 15 000 **Haarsinneszellen**, über denen sich die **Deckmembran** befindet. Die Schwingungen innerhalb der Ohrlymphe im Schneckengang werden auf die Deckmembran übertragen und regen die feinen Härchen der Haarsinneszellen an. Die so entstehenden Erregungen werden durch den **Hörnerv** zum Gehirn geleitet, wo sie als **akustische Wahrnehmung** verarbeitet werden.

Wissenswertes über unser Ohr

Ohrenschmalz ... ist eine fettige gelbliche Flüssigkeit, die im äußeren Gehörgang produziert wird und das Trommelfell geschmeidig hält. Feine Härchen transportieren sie gemeinsam mit Staub und abgestorbenen Hautzellen nach außen. Der Gehörgang wird dabei vor Austrocknung und Schmutz geschützt.

Ohrtrompete oder Eustachische Röhre ... verbindet das Mittelohr mit dem Rachenraum und ermöglicht einen Druckausgleich mit der Umgebung zum Schutz des Trommelfells.

Drücke die Nase zu und versuche zu schlucken! Was passiert?

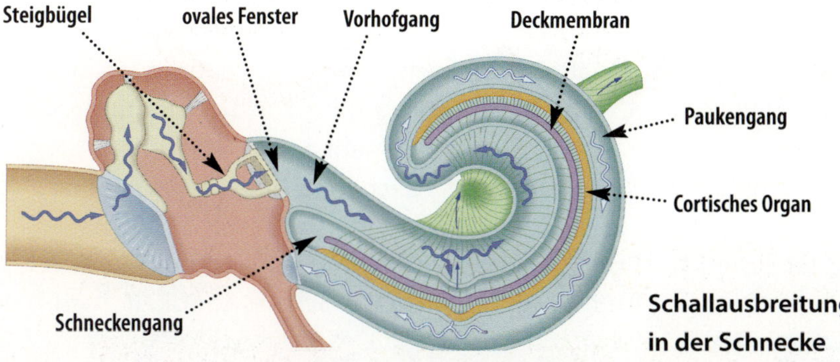

Schallausbreitung in der Schnecke

Querschnitt durch die Schnecke:

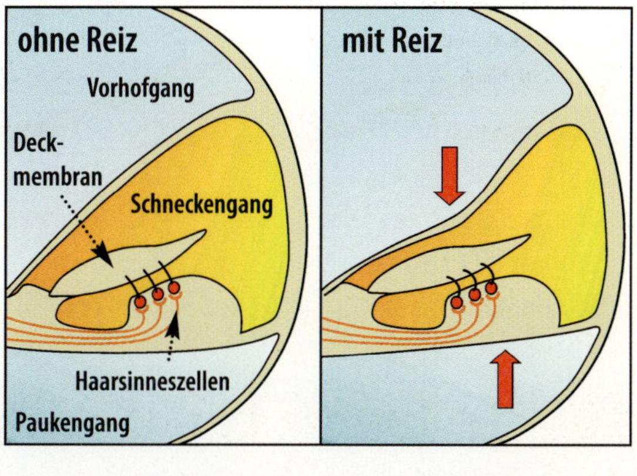

Der Gleichgewichtssinn

Drehe dich mehrmals sehr schnell und bleib dann plötzlich stehen! Was spürst du?
Was ist die Ursache dafür?

Mit dem Gleichgewichtssinn, der sich aus dem **Lagesinn** und dem **Drehsinn** zusammensetzt, können wir Bewegungen wahrnehmen und uns im Raum orientieren.

LAGESINN: Die **Lagesinnesorgane** liegen in den beiden **Vorhofsäckchen** zwischen den Bogengängen und der Schnecke. Wenn der Kopf aufrecht gehalten wird, drücken **Kalkkristalle** gleichmäßig von oben auf die Spitze der **Sinneshärchen**. Diese stecken in einer Gallerthülle. Bewegen wir den Kopf, verlagern sich die Kristalle und die Sinneshärchen bewegen sich. Die **Sinneszellen** leiten die Erregung zum Gehirn weiter, wo die Lageveränderung wahrgenommen wird.

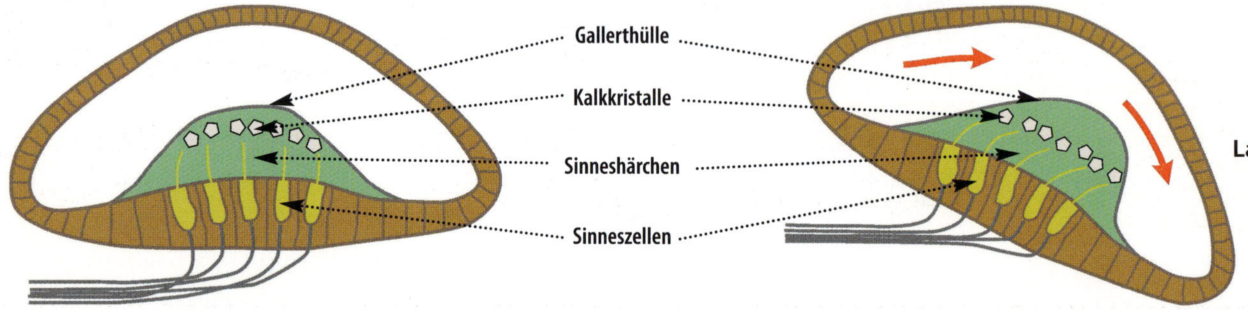

Lagesinnesorgan

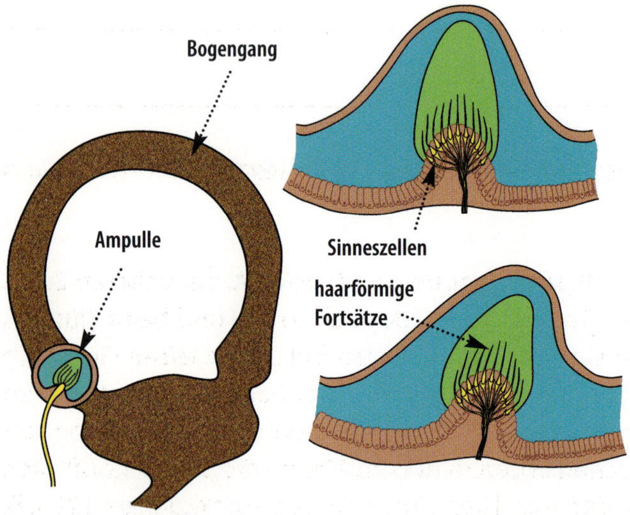

Ampulle mit Sinneszellen und Sinneshärchen

DREHSINN: Die 3 Bogengänge bilden das **Drehsinnesorgan**. An der Basis jedes Bogenganges befindet sich jeweils eine blasenförmige Erweiterung, eine **Ampulle**. Die **Sinneszellen** in den Ampullen besitzen haarförmige **Fortsätze**.

Bewegen wir unseren Körper, beginnt die Flüssigkeit in den Bogengängen zu strömen. Dadurch biegen sich die Fortsätze und erregen die Nervenzellen. Diese leiten die Erregung über **Nervenfasern** an das Gehirn weiter, wo die Bewegung des Körpers wahrgenommen wird. Wird die Bewegung plötzlich gestoppt, strömt die Flüssigkeit aufgrund ihrer Trägheit noch kurz weiter. Die Erregungsinformation an das Gehirn stimmt mit der tatsächlichen Bewegung dann nicht überein. Schwindelgefühl entsteht.

Erkrankungen des Ohres

Schwerhörigkeit macht einsam! Sprecht in der Klasse darüber!

MITTELOHRENTZÜNDUNG: Wenn Bakterien aus dem Nasen-Rachenraum in das Mittelohr eindringen, können sie eine **Mittelohrentzündung** verursachen. Starke Ohrenschmerzen und hohes Fieber können die Folge sein. Auch das Trommelfell kann geschädigt werden, deshalb immer einen Arzt/eine Ärztin aufsuchen, damit es zu keinem dauerhaften Hörverlust kommen kann. Leidet jemand häufig an Mittelohrentzündungen, kann ein **Paukenröhrchen** helfen. Dieses wird als „Belüftungsröhrchen" in das Trommelfell eingesetzt, damit sich im Mittelohr keine Flüssigkeiten ansammeln können.

ALTERSSCHWERHÖRIGKEIT: Da bei älteren Menschen die Elastizität der Membrane des Schneckenganges zurückgeht, nimmt die Übertragung von Schwingungen auf die Sinneszellen ab. Vor allem hohe Töne können nicht mehr deutlich wahrgenommen werden. In diesem Fall helfen spezielle Hörgeräte, welche die Töne verstärken.

SCHWERHÖRIGKEIT: Durch zu starke Schallbelastung wie durch laute Musik oder durch Durchblutungsstörungen im Innenohr kann eine Schwerhörigkeit auch bei jungen Menschen auftreten.

Das Ohr wird in das **äußere Ohr**, das **Mittelohr** und das **Innenohr** unterteilt. Im Innenohr ist der Sitz des **Hörsinnes** und des **Gleichgewichtssinnes**. Zu diesem gehören der **Lagesinn** und der **Drehsinn**. Lärm schadet dem Gehör.

Nun geht's los – Aufgaben für schlaue Köpfe!

1) Wie breitet sich der Schall im Ohr aus? **Bringe die Begriffe in die richtige Reihenfolge, indem du sie nummerierst! Schreibe dann den Weg des Schalls richtig auf die Zeilen darunter! ★★**

____

____

____

2) **Immer dieser Lärm** – Unsere Ohren haben 24 Stunden am Tag geöffnet. Dieser Text enthält Fakten und Angaben über Lärmquellen. **Übertrage diese in die Tabelle! ★★★★**

Lärm ist nicht messbar, nur Schall ist dies. Er wird in Dezibel (dB) gemessen. Im Lärmbereich A, der sicheren Zone, misst man bei einem raschelnden Blatt 10 dB, bei Tritten auf Teppichböden doppelt so viel und beim Flüstern nochmals 10 dB mehr. Im Lärmbereich B (mögliche Lärmbelästigung) misst man bei einem leisen Gespräch 50 dB, in einem Büroraum mit 50 Personen muss man hingegen schon 20 dB mehr aushalten. An der obersten Grenze dieses Lärmbereichs steht die verkehrsreiche Straße. Der Lärmbereich C beginnt mit 85 dB an der Drehbank und endet mit 111 bei Computerspielen. Dazwischen liegen mit bis zu 100 dB die Stereo-Kopfhörer. Im Lärmbereich D geht man schon von Gesundheitsschäden aus. Hier einige Fakten: Rockkonzert 120 dB, Spielzeuggewehre 155 und Knallkörper 166.

dB	SCHALLQUELLE	Zonen der Lärmintesität
		__________
		Gesundheitsschäden bei kurzer Einwirkung
	Stereo-Kopfhörer	__________
		Gesundheitsgefahr bei Dauereinwirkung
80		
		__________
		mögliche Lärmbelästigung
		Lärmbereich A
		__________

Nun geht's los – Aufgaben für schlaue Köpfe!

3) **Worum geht es hier?** Formuliere zu jedem Informationstext eine Frage, die als Überschrift dient! ★★★★

INFORMATION	FRAGESTELLUNG
Je tiefer eine Haarsinneszelle in der Schnecke liegt, desto tiefere Töne nimmt sie wahr. Da die Schwingungen tiefer Töne weiter in die Schnecke eindringen als die hoher Töne, können wir so unterschiedliche Tonhöhen wahrnehmen.	
In der Kriminalistik wird auch der Abdruck der Ohren zur Identifizierung einer Person herangezogen. So kann man aufgrund hinterlassener Ohrabdrücke (Lauschen an Fenstern und Haustüren) Straftäter überführen. Ein Ohrabdruck hat sogar eine ähnlich hohe Beweiskraft wie ein Fingerabdruck, da er am Tatort nicht zufällig entstehen kann.	
Eine wichtige Aufgabe der Ohren ist die Lokalisierung von Schallquellen, um damit Richtung und Entfernung zu bestimmen. Ein seitlich einfallender Schall erreicht ein Ohr eher als das andere. Außerdem wird er in dem Ohr, das nicht durch den Kopf abgeschattet wird, als lauter empfunden. Diese Laufzeitdifferenzen werden vom Gehirn ausgewertet und dienen der Orientierung im Raum.	

4) Hier siehst du das international verwendete **FINGERALPHABET**. Mit diesem kann man ein Wort mit Hilfe der Finger buchstabieren. Gehörlose und Schwerhörige benutzen es, um Namen oder Wörter zu buchstabieren, für die es noch keine Gebärdenzeichen gibt.

Versuche, folgende Wörter mit dem Fingeralphabet zu bilden!
ACHTUNG: ä = ae, ö = oe.

Zum Schluss zeige diese deinem Sitznachbarn/deiner Sitznachbarin und umgekehrt! ★★★

Wie viele kannst du oder er/sie erraten?

Hörnerv
Mittelohr
Schnecke
Hammer
Steigbügel
Paukenröhrchen
Ohrlymphe
Haarsinneszellen
Deckmembran
Amboss

17. GERUCHS- UND GESCHMACKSSINN

Der Geruchs- und der Geschmackssinn ermöglichen es uns, Stoffe aus unserer Umwelt wahrzunehmen.

Die Nase – Sitz des Geruchssinns

Wenn du Luft einatmest, gelangen mit dieser **Duftmoleküle** in den oberen Bereich der **Nasenhöhle** zum **Riechfeld**. Dort befinden sich in der **Riechschleimhaut** Nervenzellen, die **Riechsinneszellen**. Diese sind für den Geruchssinn zuständig. Sie laufen in sogenannte **Riechhärchen** aus. Wenn an diesen Riechhärchen Duftmoleküle haften bleiben, werden die Nervenzellen erregt. **Nervenfasern** leiten diese Erregungen an das Gehirn weiter. Dort werden Gerüche wahrgenommen.

Duftmoleküle: in der Luft gelöste chemische Substanzen

Welche Sprichwörter kennst du, die mit Geruch zu tun haben? Überlege, was steckt dahinter!

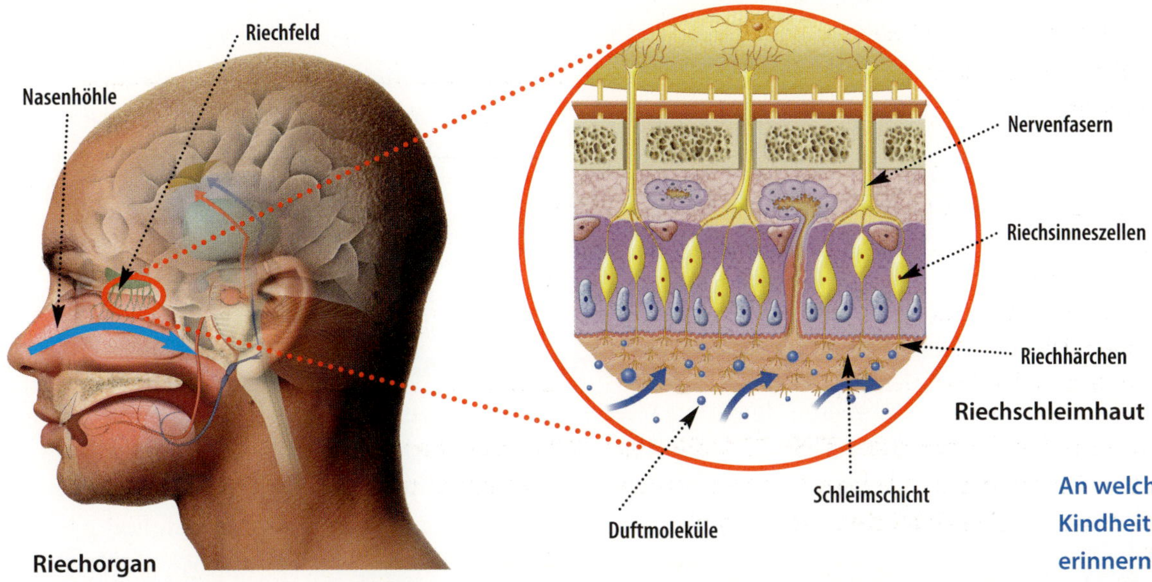

An welche Gerüche aus deiner Kindheit kannst du dich noch erinnern? Beschreibe sie und erzähle, woran du dabei denkst!

Beim Riechen gibt es 2 unterschiedliche Schwellen:

Wahrnehmungsschwelle	Erkennungsschwelle
Sobald 10 bis 100 Mio. Duftmoleküle auf die Riechschleimhaut gelangen, riecht man etwas.	Es sind etwa 50 x mehr Duftmoleküle als bei der Wahrnehmungsschwelle erforderlich, damit wir den Geruch auch erkennen.

Gerüche werden im **Gedächtnis** sehr lange gespeichert. Man erkennt sie oft nach vielen Jahren wieder. Sie können auch eine Auswirkung auf die **Gefühlslage** eines Menschen haben, weil mit ihnen etwas Angenehmes oder Unangenehmes verbunden wird.

Viele Tiere haben einen wesentlich besseren Geruchssinn als der Mensch. So besitzt z. B. ein Hund etwa 250 Mio. Geruchszellen. Durch Training kann auch der Mensch seinen Geruchssinn steigern. Sein Gehirn verarbeitet dann Geruchsinformationen besser. Dies ist beim Verkosten von Weinen oder bei der Herstellung von Parfums besonders wichtig.

Wie gut riecht der Mensch?

Jeder Mensch besitzt ca. 10 bis 30 Mio. Riechsinneszellen. Allerdings gibt es nur etwa **350 unterschiedliche Geruchsrezeptoren**, die jeweils nur auf eine bestimmte Gruppe von Duftmolekülen ansprechen. Die Kombination mehrerer Rezeptoren, die gemeinsam angesprochen werden, macht es möglich, dass wir viele tausend unterschiedliche Gerüche unterscheiden können.

Der Geruchssinn schützt den Menschen bei der **Nahrungsaufnahme**, beim **Trinken** und beim **Atmen** vor schädlichen Stoffen. Er warnt ihn aber auch vor gefährlichen Situationen wie einem Brand.

Rezeptor: Nervenzelle, die Reize aufnimmt

Die Zunge – Sitz des Geschmackssinns

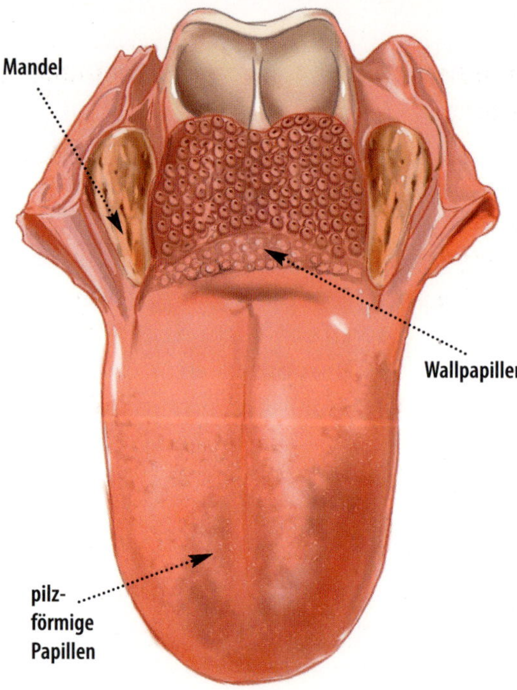

Zunge

Der Geschmackssinn ist eng mit dem Geruchssinn verbunden. Auch die Geschmacksrezeptoren der Zunge reagieren auf jeweils einen bestimmten **chemischen Reiz**. Der Mensch kann 5 verschiedene Geschmacksrichtungen unterscheiden: **süß**, **salzig**, **bitter**, **sauer** und **umami**.

Jede Geschmackssinneszelle besitzt Rezeptoren für alle 5 Geschmacksrichtungen.

Wenn du dir deine Zunge im Spiegel anschaust, siehst du, dass sie eine raue Oberfläche hat. Die Erhebungen nennt man **Geschmackspapillen**. Sie vergrößern die Oberfläche der Zunge um ein Vielfaches und sorgen dafür, dass die einzelnen Geschmacksrichtungen verstärkt wahrgenommen werden.

Was ist „umami"?
Der Begriff „umami" ist japanisch und bedeutet „fleischig und herzhaft". Der Auslöser für diesen Geschmacksreiz ist Glutamat. Dieses kommt in fast allen eiweißhaltigen Lebensmitteln wie Fleisch und Käse vor.

Glutamat wirkt auch als Geschmacksverstärker. Wie viel Glutamat enthält dein Lieblingsfertiggericht? Tipp: Es ist auf der Verpackung angegeben.

Geschmackspapillen und Geschmacksknospen

Am vorderen Teil der Zunge liegen **pilzförmige Papillen**. Diese können nicht nur Geschmack erkennen, sondern enthalten auch Sinneszellen für den Tast- und Temperatursinn. Die **Wallpapillen** sitzen am hinteren Drittel der Zunge. Sie sind von einem Graben mit vielen Drüsen umgeben, die eine wässrige Flüssigkeit abgeben. Diese spült die Geschmacksstoffe zu den Sinneszellen.

In den Seitenwänden der Geschmackspapillen befinden sich die **Geschmacksknospen**. Diese sind mit ihren **Geschmackssinneszellen** die eigentlichen Geschmacksorgane. Die im Speichel gelösten chemischen Stoffe binden sich an die **Rezeptoren** dieser Sinneszellen und erregen dadurch die nachgeschalteten Nervenzellen. Diese leiten die Erregung über die **Nerven** ins Gehirn weiter. Dort wird der Geschmack wahrgenommen.

Mit zunehmendem Alter sinkt die Fähigkeit, unterschiedliche Geschmacksrichtungen wahrzunehmen. Ein Baby hat etwa 10 000 Geschmacksknospen, ein Erwachsener aber nur noch 2 000. Luftverschmutzung, virale oder bakterielle Erkrankungen oder Rauchen beeinträchtigen die Leistungskraft des Geschmackssinns zusätzlich.

In welchen Berufen ist ein besonders guter Geschmackssinn wichtig?

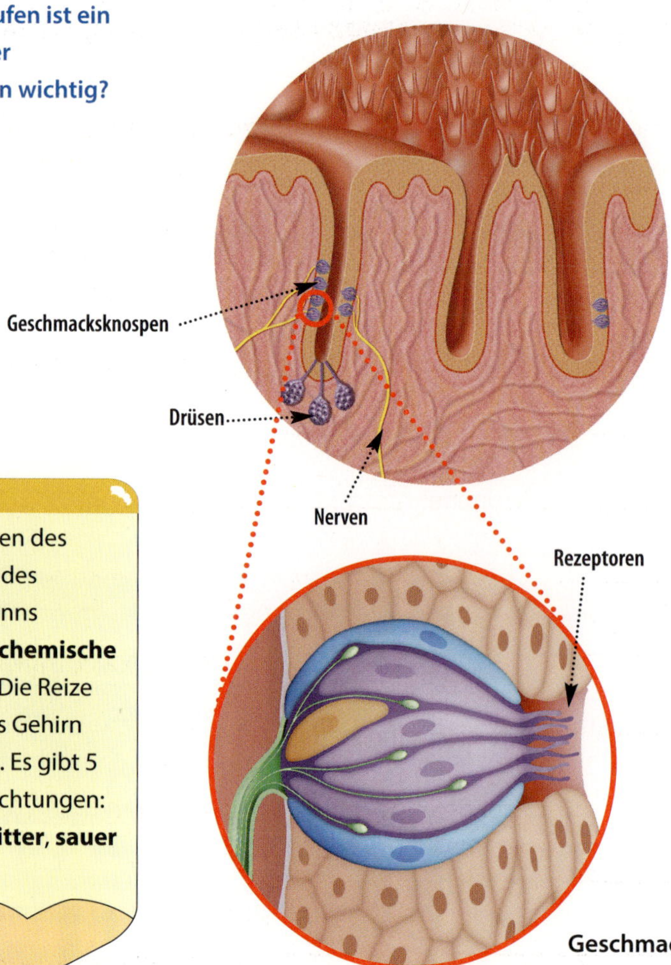

Geschmackspapille mit Geschmacksknospe

Die Sinneszellen des Geruchs- und des Geschmackssinns reagieren auf **chemische Substanzen**. Die Reize werden an das Gehirn weitergeleitet. Es gibt 5 Geschmacksrichtungen: **süß**, **salzig**, **bitter**, **sauer** und **umami**.

Nun geht's los – Aufgaben für schlaue Köpfe!

1) Hier haben sich 10 der wichtigsten Begriffe, die man sich im Zusammenhang mit dem Geruchssinn und Geschmackssinn merken sollte, versteckt. **Finde diese Wörter! ★**

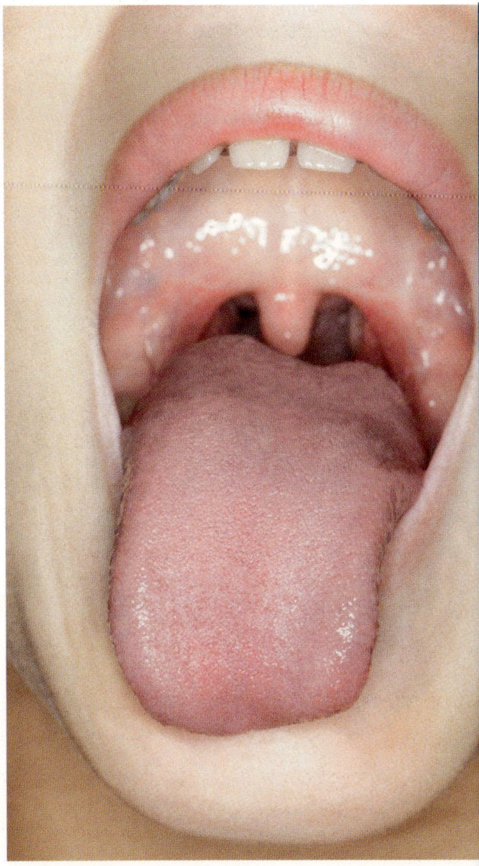

E	R	K	E	N	N	U	N	G	S	S	C	H	W	E	L	L	E	Z	G	U
Q	I	I	F	Ü	Ä	A	N	Ü	D	D	R	E	L	F	P	J	Ü	R	E	F
Ä	E	I	W	N	J	A	Ü	I	V	U	S	U	T	E	T	W	K	V	S	B
S	C	O	N	Ö	L	D	Ä	F	F	F	A	N	N	J	C	T	T	P	C	Ä
P	H	R	N	T	M	Y	N	W	P	T	R	B	S	V	U	Q	T	C	H	E
Ö	S	S	Ö	M	F	E	V	R	R	M	I	O	N	P	R	N	Ü	V	M	V
Ä	I	L	B	B	T	G	M	H	H	O	E	N	U	M	A	M	I	H	A	P
Ö	N	Ü	E	W	W	X	H	V	P	L	C	Ü	C	N	C	S	Ö	O	C	W
Ü	N	J	P	W	G	H	W	R	E	E	H	Q	M	A	T	Q	K	M	K	D
Ü	E	L	L	Ö	S	P	A	D	H	K	F	P	S	H	Ä	L	G	N	S	P
Ö	S	M	G	J	C	L	H	L	C	Ü	E	A	A	H	K	K	Ö	E	K	Y
Ö	Z	F	A	Y	H	U	D	C	D	L	L	G	M	A	O	M	R	R	N	N
B	E	Ä	V	C	L	H	K	V	X	E	D	G	L	Q	G	E	D	V	O	T
V	L	F	I	R	E	M	K	W	S	E	Ü	R	Q	W	Ö	E	C	E	S	W
Q	L	Z	Ä	D	I	E	O	M	I	L	H	U	Y	D	G	V	M	N	P	Ö
G	E	S	C	H	M	A	C	K	S	P	A	P	I	L	L	E	N	F	E	I
S	N	F	J	G	H	J	T	O	M	B	N	R	I	W	C	Y	N	A	N	Y
G	R	A	M	S	A	Ü	Z	U	A	W	X	S	O	C	S	I	D	S	G	N
O	C	M	K	N	U	B	T	Y	Ü	F	H	S	S	Y	L	Ä	Ü	E	J	Ö
X	B	B	N	H	T	P	P	A	A	I	Ä	U	Q	Ö	O	L	O	R	V	Z
A	Ö	E	Ü	N	A	S	E	N	H	Ö	H	L	E	S	I	G	I	N	P	Y

2) **Fragen stellen!** – **Suche dir 5 Begriffe von oben aus und überlege dir jeweils eine geeignete Fragestellung dazu!** Als Antwort soll immer jeweils nur einer der Begriffe möglich sein. **Schreibe die Fragen auf die Zeilen und den Begriff als Antwort ins Kästchen! Nun kannst du sie deinem Nachbarn oder deiner Nachbarin stellen. ★★★★**

Nun geht's los – Aufgaben für schlaue Köpfe!

3) **Was ist wichtig?** **Lies diesen Informationstext zuerst aufmerksam durch! Dann markiere Signalwörter im Text und schreibe diese Schlagwörter als Merkhilfen auf den Zettel daneben! Zum Schluss decke den ursprünglichen Text ab und verfasse mit Hilfe deiner gewonnenen Schlagwörter eine kurze Zusammenfassung in deinem Heft! ★★★★**

Der Geschmackssinn ist nicht nur dazu da, dass wir besonders gut schmeckende Speisen zu uns nehmen. Er hilft uns auch, Nahrung auf ihre Genießbarkeit hin zu überprüfen. Außerdem wird mit dem Schmecken die Produktion der Magensäfte angeregt, da das Gehirn bzw. der Parasympathikus die dafür notwendigen Signale an den Magen sendet. Geschmacks- und Geruchssinn wirken zusammen und ermöglichen erst gemeinsam komplexe Geschmackseindrücke. Dies merkt man dann, wenn man eine verstopfte Nase hat und nur mehr eingeschränkt Geschmackseindrücke wahrnehmen kann. Neben den Geschmacksrichtungen süß, salzig, bitter, sauer und umami wird auch oft scharf als Geschmacksempfindung wahrgenommen. Scharf ist aber genaugenommen ein Schmerzsignal der Nerven bei Speisen, die mit scharfen Gewürzen (z. B. Chili) gewürzt sind.

4) **Hier fehlt ja einiges!** **Beschrifte folgende Abbildung!**

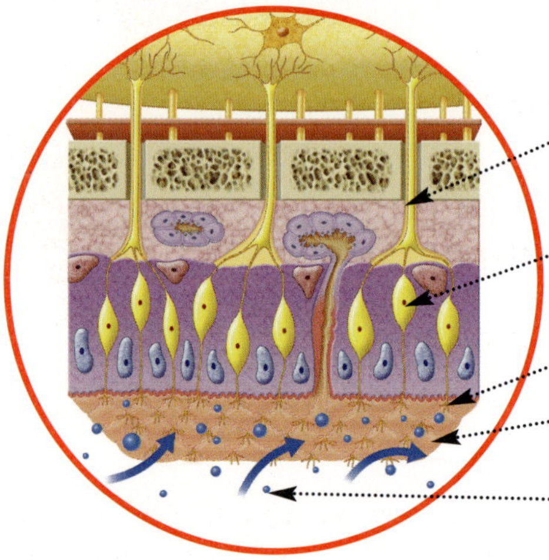

Riechsinneszellen

5) **Lies diesen Informationstext und finde dann eine passende Überschrift!**

Wissenschaftler/innen haben herausgefunden, dass Glutamat selbst einen Geschmack hat. Umami wird das pikante, würzige Aroma in Japan genannt. Man findet es in Fertig- und Tiefkühlgerichten, Packerlsuppen, Gewürzmischungen, Salat- und Würzsoßen. Sogar naturbelassene Lebensmittel enthalten diesen Geschmacksverstärker. Seit knapp 100 Jahren verwendet man Glutamat in der chinesischen Küche. Bei uns kam Glutamat in den 1970er Jahren in Verruf, als das sogenannte „Chinarestaurant-Syndrom" auftrat. Nach dem Verzehr von chinesischem Essen trat bei Europäern und Amerikanern eine Unverträglichkeit auf Glutamat auf. Sie bekamen Kribbeln oder Taubheit in Nacken, Armen und Rücken sowie ein Schwächegefühl und Herzklopfen. Langzeitstudien belegen aber, dass nur eine hohe Menge zwischen 3 und 6 Gramm auf nüchternem Magen vereinzelt Unverträglichkeitsreaktionen auslösen kann.

18. DIE HAUT: TAST- UND TEMPERATURSINN

Die Haut ist mit ca. 2 m^2 das größte Organ des Menschen. Sie bedeckt die gesamte Oberfläche unseres Körpers und erfüllt **mehrere wichtige Funktionen**:

Schutzfunktion	schützt vor Infektionen, Verletzungen, Austrocknung und UV-Strahlung
Sinnesfunktion	vermittelt Eindrücke aus der Umwelt, z. B. Temperaturunterschiede, Beschaffenheit von Oberflächen (rau, feucht, heiß usw.), aber auch Schmerzempfindungen
Ausscheidungsfunktion	scheidet Salze, Talg und Wasser aus
Temperaturregulierung	Regulieren der Körpertemperatur durch Schwitzen sowie durch das Erweitern und Verengen der Gefäße in der Haut

Der Aufbau der Haut

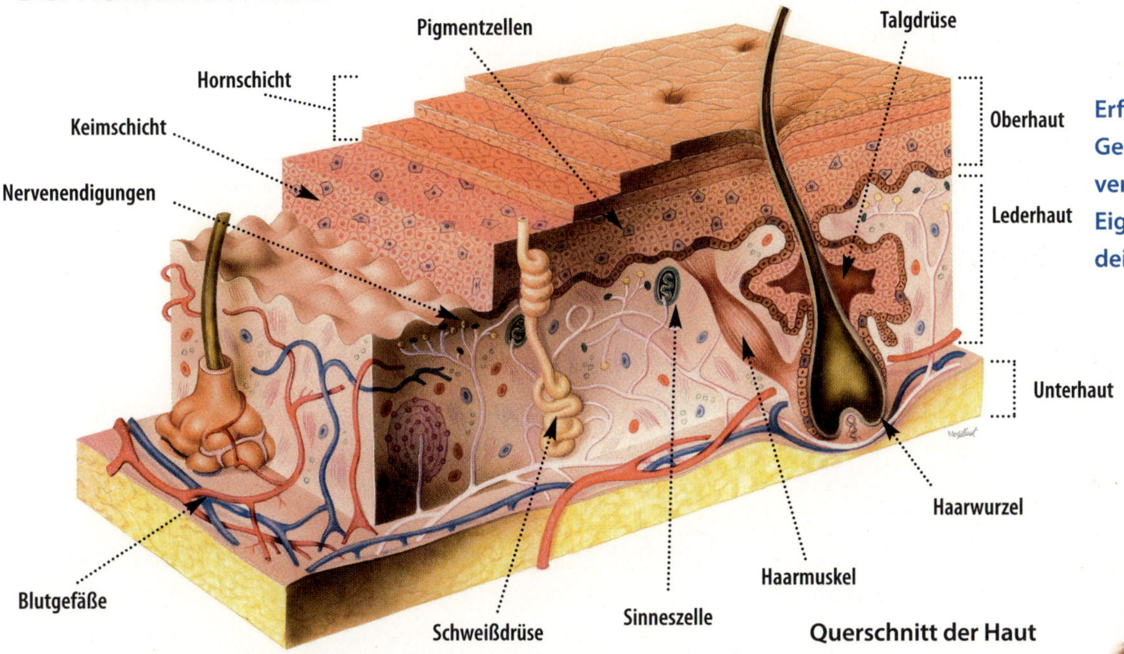

Querschnitt der Haut

Erfühle unterschiedliche Gegenstände mit verbundenen Augen! Welche Eigenschaften kannst du mit deinem Tastsinn wahrnehmen?

Unsere Haut besteht aus 3 Schichten: der Oberhaut, der Lederhaut und der Unterhaut.

OBERHAUT: Diese bildet die äußere Grenzschicht unseres Körpers. Sie besteht aus der **Hornschicht** und der **Keimschicht**.

Die **Hornschicht** setzt sich aus abgestorbenen Zellen zusammen und wirkt als Schutz gegen Bakterien oder Pilze. **Talg** und **Schweiß** aus den Drüsen der Lederhaut halten sie geschmeidig. In der **Keimschicht** sind **Pigmentzellen** eingelagert, die bei Sonnenbestrahlung dunkle Farbstoffe bilden. Diese geben sie an andere Hautzellen ab und schützen so vor UV-Strahlung. Die Keimschicht produziert ständig neue Hautzellen. Abgestorbene Zellen wandern in die Hornschicht.

LEDERHAUT: In der darunter liegenden **Lederhaut** liegen zahlreiche **Talgdrüsen**, die Talg absondern und die Haut geschmeidig halten. Die **Schweißdrüsen** der Lederhaut geben den Schweiß an die Hautoberfläche ab. Schweiß besteht zum Großteil aus Wasser, das beim Verdunsten für die Kühlung des Körpers sorgt. Mit ihm werden aber auch Abfallstoffe wie Harnstoffe ausgeschieden. Schweiß bildet den **Säureschutzmantel** der Haut.

Nimm 3 Gefäße! Fülle eines mit kaltem, eines mit lauwarmem und eines mit heißem Wasser! Dann verbinde einem Freund/einer Freundin die Augen! Lass ihn/sie nun ein paar Minuten eine Hand ins kalte und die andere Hand ins heiße Wasser halten! Anschließend soll er/sie beide Hände ins lauwarme Wasser tauchen. Was passiert? Findet gemeinsam eine Begründung!

Blutgefäße in der Lederhaut versorgen die Haut mit Nährstoffen und Sauerstoff. Haare, Finger- und Zehennägel werden in der Lederhaut gebildet.

An den Lippen und im Mundbereich gibt es auffallend viele Kälte- bzw. Wärmerezeptoren in der Haut. Überlege, warum dies so ist!

Auch die meisten **Sinneseindrücke**, die uns die Haut vermittelt, entstehen in dieser Schicht: So liegen in ihr mehrzellige Rezeptoren für den **Tastsinn**, die sich durch ihre Form, ihre Lage und ihre Empfindlichkeit unterscheiden. **Kälte und Wärme** werden hingegen durch freie Nervenendigungen wahrgenommen. Es gibt ca. 10-mal mehr Rezeptoren für Kälte als für Wärme.

UNTERHAUT: Diese bildet die unterste Schicht und besteht hauptsächlich aus **Fettgeweben**, die als Energiespeicher und als Schutz vor Kälte und Stößen dienen. Die Unterhaut stellt eine lockere Verbindung mit Muskeln und Sehnen her.

Wie empfinden wir Schmerzen?
Schmerzrezeptoren sind freie Nervenendigungen, die in der Haut, aber auch in anderen Geweben vorkommen. Verletzt man sich, werden körpereigene Substanzen wie Histamin oder Serotonin freigesetzt, welche die Nervenendigungen erregen. Diese Schmerzimpulse werden über Schmerzbahnen, die im Rückenmark verlaufen, in Richtung Hirnstamm weitergeleitet.

Erkrankungen der Haut

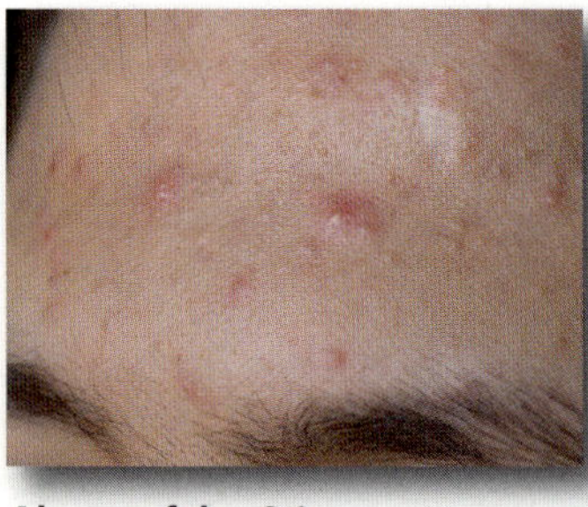
Akne auf der Stirn

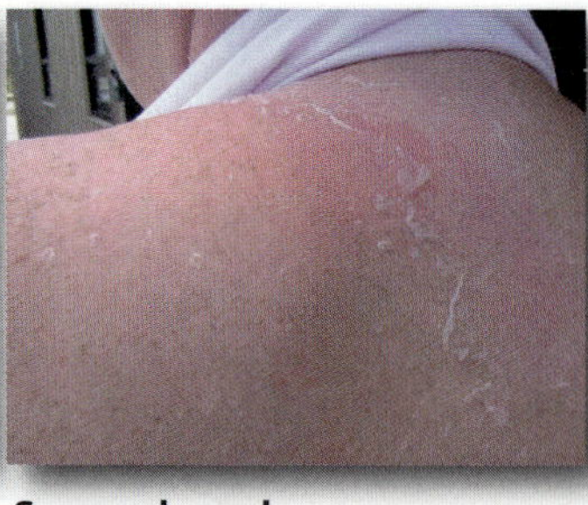
Sonnenbrand

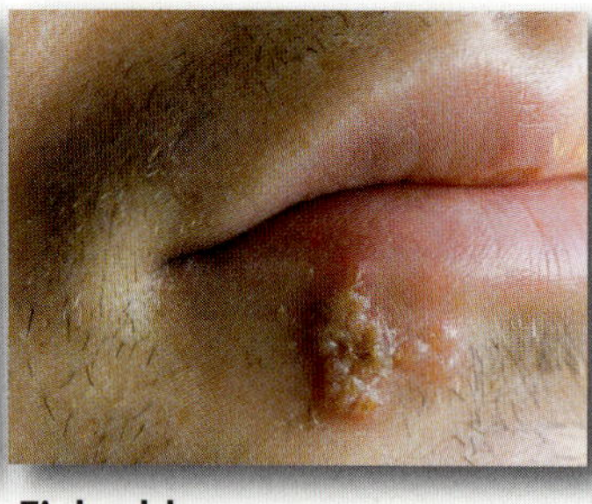
Fieberblase

AKNE: Viele Pubertierende leiden unter dieser Erkrankung. Dabei verengen und verschließen sich die Ausfuhrgänge der Talgdrüsen, sodass der Talg nicht an die Hautoberfläche abgegeben werden kann. Die Ausfuhrgänge entzünden sich und beginnen zu eitern. Akne kann unterschiedliche Ursachen wie Entzündungen durch Bakterien, Hormoneinwirkung, Stress usw. haben. Bei Akne sollte ärztliche Hilfe eingeholt werden.

Scheinbare Vergrößerung durch Aufrichten des Fells

SONNENBRAND: Setzt man die Haut zu lange einer zu intensiven Sonneneinstrahlung aus, kann sie stark geschädigt werden. Sie **rötet** sich und wird extrem **berührungsempfindlich**. Blasen bilden sich und die **Haut löst sich ab**. Spätfolgen wie Hautkrebs sind möglich. Als Schutz sollte man Sonnencremen mit hohem Lichtschutzfaktor verwenden.

FIEBERBLASEN: Diese entstehen durch eine **Virusinfektion**. Es bilden sich kleine Bläschen im Lippenbereich, die nach einigen Tagen aufplatzen oder sich wieder rückbilden. Sie sind zwar harmlos, aber unangenehm. Bis heute gibt es kein Mittel dagegen. Salben oder Tinkturen können lediglich die Symptome lindern.

Gebilde aus Horn

Haare bestehen aus verhornten Zellen und wachsen täglich ca. 0,4 mm. An den Haarwurzeln sitzen **Muskel**, die sich manchmal bei Gefühlen wie Zorn oder Angst zusammenziehen und damit das Haar aufrichten. Bei Tieren mit Fell entwickelte sich dieses Verhalten, um im Falle einer Bedrohung durch Feinde durch „Aufplustern" größer zu wirken (Imponier- und Drohfunktion).

Auch bei Kälte kommt es zu einem Zusammenziehen des Haarmuskels. Dabei wird die Haarwurzel etwas nach oben gedrückt, wir spüren das als „Gänsehaut".

Finger- und Zehennägel bestehen ebenfalls aus Horn und bieten Schutz vor Druck und Stoß. Sie wachsen ca. 1 mm pro Woche.

Die Haut hat mehrere **Funktionen**: Schutz-, Sinnes- und Ausscheidungsfunktion sowie Temperaturregelung. Sie besteht aus 3 Schichten: der **Oberhaut**, der **Lederhaut** und der **Unterhaut**.

Nun geht's los – Aufgaben für schlaue Köpfe!

1) **Wortschneckenrätsel** – In dieser Schnecke sind 9 wichtige Begriffe zum Thema Haut enthalten. **Suche sie heraus und schreibe sie jeweils zur passenden Worterklärung! ★★**

Sie stellen die Haare auf.

____

In ihr ist Fettgewebe eingelagert.

____

Sie reagieren z. B. auf Druck.

____

Sie ist die mittlere der drei Hautschichten.

____

Sie besteht aus Horn- und Keimschicht.

____

Sie sorgen für geschmeidige Haut.

____

Diese Drüsen sorgen für Abkühlung und für das Ausscheiden von Abfallstoffen.

____

Bei vermehrter Sonneneinstrahlung bilden sie dunkle Farbstoffe.

____

Sie versorgen die Haut mit Sauerstoff und Nährstoffen.

____

2) **Weißt du noch?** – Erinnere dich an die 4 Funktionen der Haut! Welcher dieser Begriffe passt zu welcher Funktion? **Male die Rahmen der Kästchen laut Angabe an! ★★★**

Überhitzung	Bakterien	Talg
Kratzer	Kälte	Tasten
Streicheln	Sonnenstrahlen	Harnstoffe
Schläge	Schweiß	Fühlen
Stöße	Infektion	Salz
Händeschütteln	Pilze	Berührung

- Rot: Schutzfunktion
- Gelb: Sinnesfunktion
- Grün: Ausscheidungsfunktion
- Blau: Temperaturregelung

Nun geht's los – Aufgaben für schlaue Köpfe!

3) **TATTOOS – Ornamente auf der Haut:** Lies diesen Text über Tattoos aufmerksam durch! ★

Bei einer Tätowierung (Tattoo) handelt es sich um ein Zeichen, das mit Tinte oder anderen Farbmitteln in die Haut eingeritzt wird. Dabei wird mit einer Nadel in die Lederhaut gestochen und die Farbe eingebracht. Da sich in der Lederhaut Blutgefäße befinden, müssen beim Tätowieren strenge Hygienevorschriften eingehalten werden, um eine HIV-, Hepatitis- oder andere Infektion zu vermeiden.

Gänzlich unbedenklich sind Tattoos nicht, da man herausgefunden hat, dass Teile der verwendeten Farbstoffe in andere Bereiche des Körpers transportiert werden können. Problematisch wird es besonders dann, wenn die Farben Schwermetalle oder auch krebserregende Substanzen enthalten. Inzwischen gibt es sogar in Österreich eine eigene Tätowiermittelverordnung, die die Gefahren der Farbmittel im Körper bannen soll.

Eine Tätowierung ist sehr schwer zu entfernen, weil die Farbpigmente von körpereigenen Zellen eingekapselt werden. Die Farbpigmente können dann nicht mehr abgebaut werden und die Tätowierung bleibt erhalten. Will man eine Tätowierung trotzdem entfernen lassen, gibt es mehrere Möglichkeiten: Laserbehandlung, flüssige Tattoo-Entferner, Cremes oder den Einsatz von Mikrowellen. Der Erfolg ist jedoch mäßig. Braucht es bei Laser- oder Mikrowellenbehandlungen mehrere Sitzungen, bleibt der Erfolg beim Einsatz von Flüssigkeiten oder Cremes beinahe gänzlich aus.

Gründe, warum sich Menschen tätowieren lassen, gibt es viele: Die meisten Tätowierten sehen ihre Tätowierung als Schmuckstück oder sogar als Kunstwerk. Für manche Personen ist es wiederum eine Möglichkeit, in einer Massengesellschaft individuell zu bleiben, während andere damit ihre Zugehörigkeit zu einer bestimmten Gruppe zeigen wollen. Andere wiederum sehen eine Tätowierung auch als Mutprobe, während einige sogar den Schmerz beim Tätowieren genießen.

4) Beantworte anschließend die Fragen in deinem Heft ★★

1. Wie könntest du jemandem erklären, was man unter einem Tattoo versteht?
2. Warum ist es möglich, dass man sich beim Tätowieren Virusinfektionen zuziehen kann?
3. Worin bestehen die Probleme der Tattoo-Farben?
4. Warum ist es sehr schwer, eine Tätowierung zu entfernen?
5. Welche Möglichkeiten gibt es und wie steht es um deren Erfolg?
6. Warum lassen sich Menschen tätowieren?

5) **Würdest du ein Tattoo haben wollen?** – Besprecht in Kleingruppen, wie ihr dazu steht! ★★★★

6) **Achte auf deine Haut!** Versuche zuerst, diese Tipps zu lesen! Kreuze dann an, welche du schon befolgst! ★★

☐ Kalt-warme Wechselduschen sorgen aufgrund der kalten und warmen Reize für eine gute Durchblutung der Haut. ☐ Genügend Schlaf ermöglicht Zellerneuerung und Geweberegeneration. ☐ Bewegung an der frischen Luft tut der Haut gut, weil dadurch der Stoffwechsel gefördert wird. ☐ Täglich die Haut mit Wasser und PH-NEUTRALEN Seifen pflegen, um Verunreinigungen von außen vorzubeugen. ☐ Frisches Obst und Gemüse unterstützen die Haut, weil sie mit wichtigen Stoffen versorgt wird. ☐ Scharfe Gewürze, fette Speisen, Kochsalz, SÜSSIGKEITEN und Alkohol belasten die Haut. ☐ Meide lange Sonnenbäder, vor allem in der Mittagszeit! ☐ Sonnencremen verwenden, weil sie die UV-Strahlen filtern.

19. DAS HORMONSYSTEM

Für die Steuerung und Regulierung vieler lebenswichtiger Vorgänge in unserem Körper sind das Nervensystem und das Hormonsystem zuständig. In **Hormondrüsen** oder in bestimmten Gewebezellen werden verschiedene **Botenstoffe** oder **Hormone** erzeugt. Diese werden vom Blut zu den Organen transportiert, wo sie die entsprechenden Wirkungen hervorrufen.

Hormondrüse: Botenstoffe erzeugende Körperdrüse

Hormondrüsen

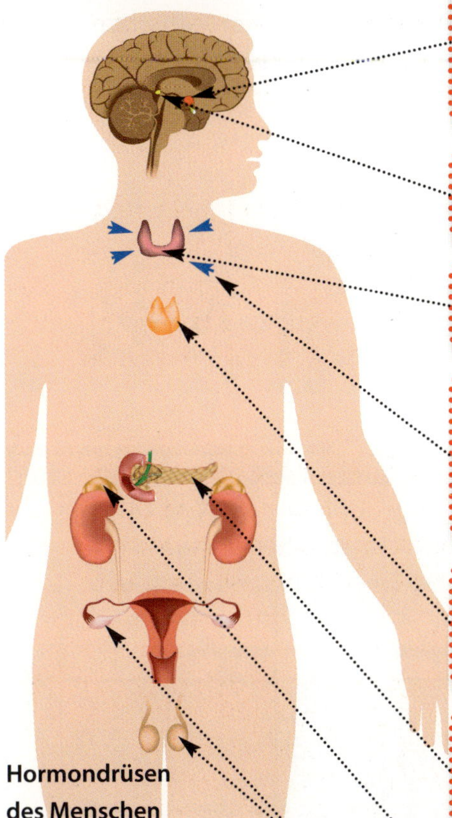

Hormondrüsen des Menschen

Die **Hirnanhangdrüse (Hypophyse)** kontrolliert das Hormonsystem, steuert alle Hormondrüsen und reguliert grundlegende Funktionen des Körpers.

Die **Zirbeldrüse (Epiphyse)** reguliert unseren Tag-Nacht-Rhythmus.

Schilddrüsenhormone beeinflussen nahezu alle Organe des Körpers.

Das Hormon der **Nebenschilddrüsen**-körperchen regelt den Calcium-Haushalt des Körpers. Calcium ist für die Tätigkeit unserer Nerven und Muskel wichtig.

Die Hormone der **Thymusdrüse** sind im Körper von Jugendlichen für Wachstum und Entwicklung zuständig.

Die **Bauchspeicheldrüse (Pankreas)** erzeugt in den **Langerhans-Inseln** Hormone, die den Blutzuckerspiegel regulieren

Die **Keimdrüsen** (weiblicher Körper: Eierstöcke; männlicher Körper: Hoden) steuern die Fortpflanzung.

Die **Nebennieren** steuern Stoffwechselvorgänge verschiedener Organe und haben wichtige Aufgaben bei der Stressbewältigung.

Beim Stillen eines Säuglings und beim Erschrecken sind Hormone maßgeblich beteiligt.

Langerhans-Inseln: Ansammlung von hormonbildenden Zellen (β-Zellen und α-Zellen) in der Bauchspeicheldrüse; ein Erwachsener hat ca. 1 Mio. solcher „Inseln" in seiner Bauchspeicheldrüse.

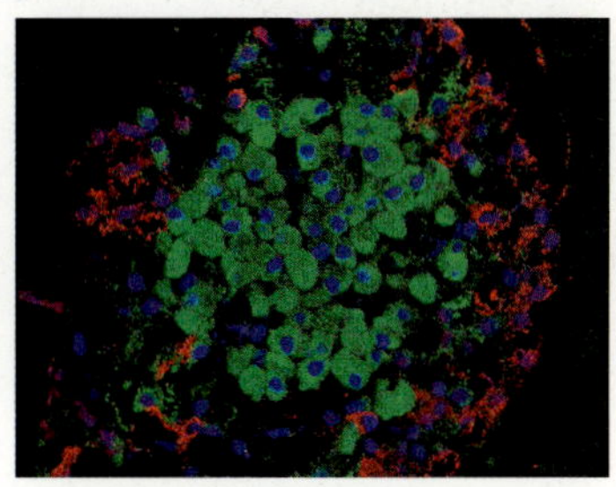

Langerhans-Insel (stark vergrößert und unter speziellen Lichtverhältnissen betrachtet)

Hormonwirkung am Beispiel Zucker

Die Zuckerkrankheit, auch **Diabetes** genannt, ist eine bekannte häufige Hormonstörung. Mit unserer Nahrung nehmen wir Kohlenhydrate zu uns. Unser Körper zerlegt diese zu Traubenzucker (Glucose), der wichtigsten Energiequelle für unsere Zellen.

Nach einer Mahlzeit gelangt Traubenzucker aus dem Dünndarm ins Blut, wodurch der Blutzuckerspiegel ansteigt. Das von den sogenannten β-Zellen der Bauchspeicheldrüse produzierte Hormon **Insulin** bewirkt, dass die Zellen den Zucker aufnehmen bzw. vor allem in Leber und Muskeln als **Glykogen** speichern können. Wenn der Körper z. B. bei Bewegung Energie benötigt, bewirkt das Hormon **Glucagon**, welches in den α-Zellen der Bauchspeicheldrüse gebildet wird, dass Glykogen wieder zu Traubenzucker zerlegt wird und als Energielieferant zur Verfügung steht.

Bei Menschen, die an Diabetes leiden, ist entweder ein Insulinmangel feststellbar oder ihre Zellen können das Insulin nicht richtig ausnützen. Folgen der Krankheit sind unter anderem geschädigte Blutgefäße, Sehstörungen und Herzinfarkte.

Diabetes: eigentlich Diabetes mellitus; eine Stoffwechselerkrankung, bei der der Blutzuckerspiegel dauerhaft erhöht ist

Glykogen: ein im Körper gespeicherter Mehrfachzucker, der bei Energiebedarf zu Glucose aufgespaltet wird

Hormone steuern die Pubertät

Auch die Entwicklung eines Menschen vom Kind zum **geschlechtsreifen** Erwachsenen ist hormonell gesteuert. Diese Veränderungen führen dazu, dass im Körper des betreffenden Menschen, je nach Geschlecht, reife Eizellen bzw. Samenzellen gebildet werden.

geschlechtsreif: fortpflanzungsfähig durch die Produktion reifer Geschlechtszellen

Die Pubertät beginnt im Kopf

Zu Beginn der Pubertät wird von der **Hirnanhangdrüse** ein hormonelles Signal ausgesendet. Dadurch werden im Körper mehr Geschlechtshormone produziert. Bei Mädchen handelt es sich vor allem um **Östrogene**, bei Burschen um **Testosteron**. Diese Hormone bewirken die Entwicklungen im Körper der jungen Menschen, wobei es in Bezug auf den Zeitpunkt, wann die Veränderungen stattfinden, große individuelle Unterschiede gibt.

Was sind Östrogene?
Dies sind weibliche Geschlechtshormone, die für die Reifung der Eizellen zuständig sind. Sie wirken auch auf Knochen, Gehirn, Gehör usw. Sogar im männlichen Körper sind Östrogene wichtig, allerdings in viel geringerem Umfang als im weiblichen.

Was ist Testosteron?
Das ist ein Hormon mit zahlreichen Wirkungen. Es ist unter anderem für die Vermännlichung des Körpers zuständig. Im weiblichen Körper kommt es auch vor, doch in kleineren Mengen als im männlichen.

Durchschnittliche Zeitspannen der Veränderungen während der Pubertät
vom Mädchen zur Frau
vom Knaben zum Mann

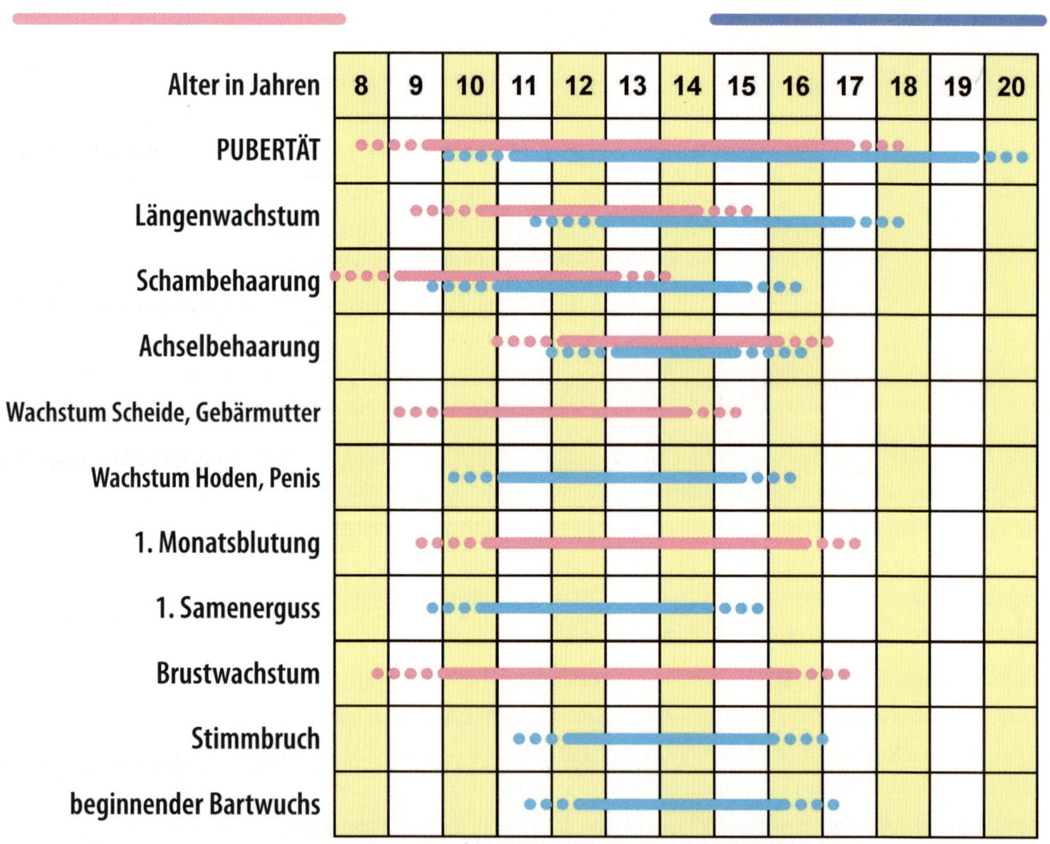

Im Verlauf der pubertären Entwicklung finden also viele Entwicklungsschritte statt. Der wichtigste ist, dass der Mensch fähig wird, Fortpflanzungszellen zu bilden, durch die er sich fortpflanzen kann.

Die Pubertät hängt von vielen unterschiedlichen Faktoren ab. Aber ein Trend ist allgemein zu beobachten: Sie beginnt immer früher und der zeitliche Unterschied zwischen Mädchen und Burschen wird kleiner. Es wird vermutet, dass unsere Ernährung und der allgemein bessere Gesundheitszustand damit zusammenhängen. Alle Ursachen sind aber noch nicht geklärt.

Hormone sind für die Vorgänge im menschlichen Körper lebenswichtig. Sie werden als **Botenstoffe** bezeichnet. Ihr Transport erfolgt durch das **Blut**. Die **Hirnanhangdrüse** (Hypophyse) steuert das Hormonsystem. Kleinste Veränderungen der Menge an Hormonen haben **Auswirkungen auf den Körper**.

Nun geht's los – Aufgaben für schlaue Köpfe!

1) **Wo werden Hormone gebildet?** – Wähle aus den Begriffen unter der Abbildung die korrekten Bezeichnungen aus und schreibe sie auf die Linie an der richtigen Stelle! ★★

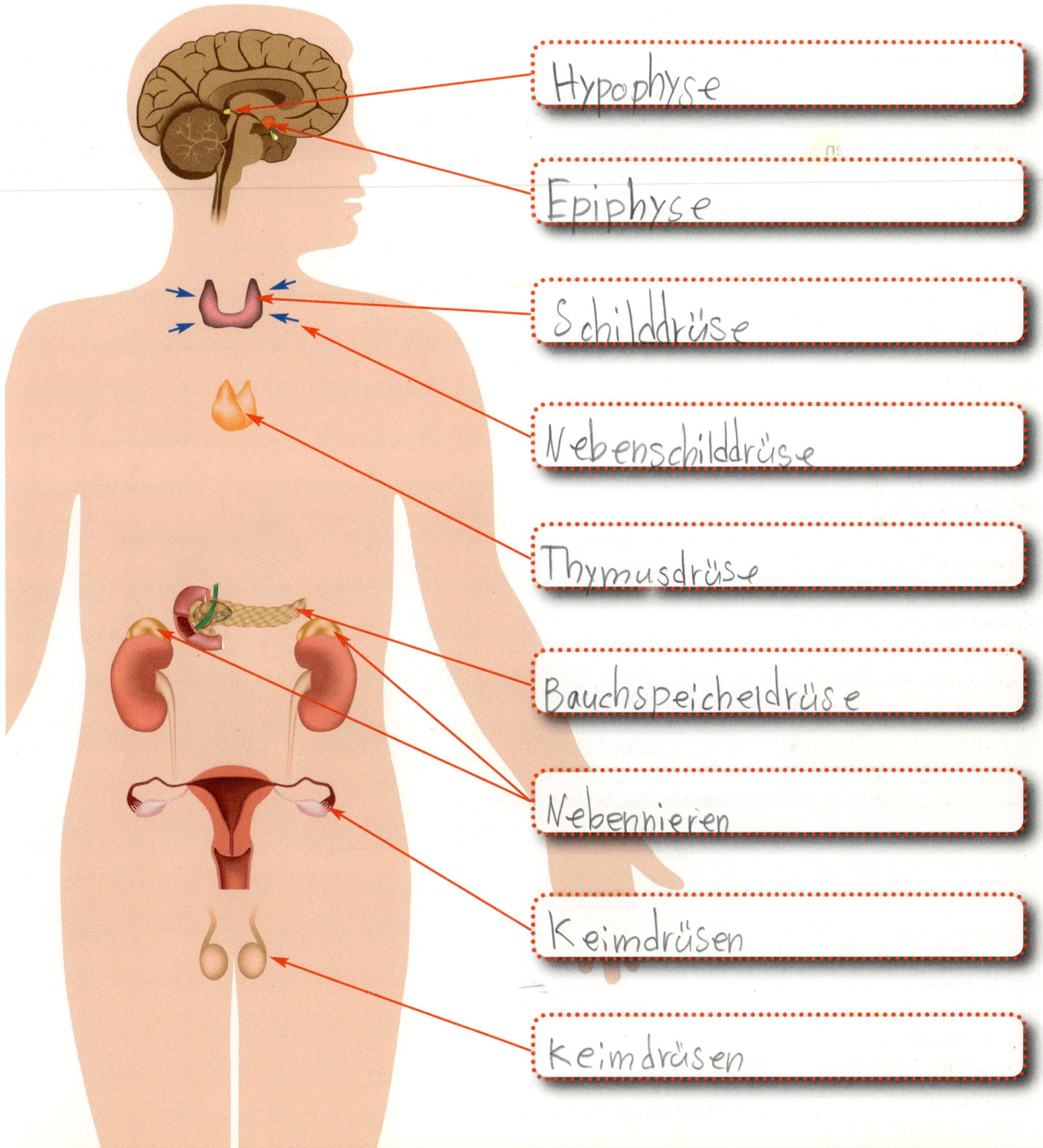

Epiphyse ★ Schilddrüse ★ Entwicklung ★ Bauchspeicheldrüse ★ Eierstöcke ★ Tag-Nacht-Rhythmus ★ Blutzucker ★ Stress ★ Hoden ★ Nebennieren ★ Fortpflanzung ★ Wachstum ★ Thymusdrüse ★ Nebenschilddrüsen ★ Steuerung der Hormondrüsen ★ Hypophyse ★ Beeinflussung vieler Organe des Körpers

2) Jene Wörter im Kästchen, die du zur Beschriftung in Übung 1) nicht gebraucht hast, beschreiben die Wirkung bzw. die Aufgabe von Hormonen. Erkläre deinem Sitznachbarn/deiner Sitznachbarin, wie diese mit den Hormondrüsen zusammenhängen! ★★★

Nun geht's los – Aufgaben für schlaue Köpfe!

3) Um welche Informationen geht es hier? **Schreibe die richtigen Namen der Hormondrüsen auf die freien Zeilen! ★★**

____
Sie reguliert unseren Tag-Nacht-Rhythmus.

____
Im Körper von Jugendlichen sind ihre Hormone für Wachstum und Entwicklung zuständig.

____
Sie steuern die Fortpflanzung.

____
Sie regelt den Calcium-Haushalt des Körpers.

____
Sie erzeugt Hormone, die den Blutzucker regulieren.

____
Sie steuern die Stoffwechselvorgänge verschiedener Organe und haben wichtige Aufgaben bei der Stressbewältigung.

____
Sie kontrolliert das Hormonsystem, steuert alle Hormondrüsen und reguliert grundlegende Funktionen des Körpers.

4) Was geschieht in der Pubertät bei Mädchen (w) und was bei Burschen (m)? **Kreise richtig ein! ★★**

Die erste Monatsblutung setzt ein.	w	m
Die Behaarung rund um die Geschlechtsorgane entwickelt sich.	w	m
Die Scheide wächst und die Gebärmutter erreicht ihre endgültige Größe.	w	m
Die Stimme wird tiefer. Bis sie ihre endgültige Stimmlage erreicht hat, kommt es häufig zu „Ausrutschern".	w	m
Der Körper wächst, die Länge von Armen und Beinen nimmt aber stärker zu als die des Rumpfes.	w	m
Der erste Samenerguss tritt auf.	w	m
Penis und Hoden wachsen.	w	m
In den Achselhöhlen wachsen Haare.	w	m
Im Gesicht sprießen die ersten Haare.	w	m
Die Brust wächst.	w	m

MUSKEL-MERKwürdig

- Muskelarbeit ist wichtig für den Temperaturhaushalt des Körpers. Mehr als die Hälfte der eingesetzten Energie der Muskelarbeit wird als „Abwärme“ frei.
- Ein Gewicht (auch nur ein Buch) mit ausgestreckten Armen zu halten, ist deswegen so anstrengend, weil die Gefäße aufgrund der Muskelanspannung abgedrückt werden. Deshalb funktioniert die Nährstoff- und Sauerstoffzufuhr nicht mehr ausreichend und die benötigten Muskel werden schneller müde.
- Bedenke: Wenn wir lachen, werden dazu 15 verschiedene Muskel benötigt. Um ein finsteres Gesicht zu machen, setzen wir sogar 43 verschieden Muskel ein!

Entdeckung der Blutgruppen

Bis zum Anfang des 20. Jh. waren Blutgruppen noch unbekannt. Wurde Menschen Blut übertragen, überlebte das nur etwa die Hälfte der Patienten. Bei den anderen waren schwere gesundheitliche Schäden oder der Tod die Folge. Man erkannte, dass ihre Blutkörperchen verklumpten und so die feinen Blutgefäße verstopft wurden.

1901 unternahm der österreichische Mediziner Karl Landsteiner ein Experiment an sich selbst und an fünf seiner Mitarbeiter. Landsteiner konnte dieses Rätsel lösen – er entdeckte die 4 Blutgruppen.

Für seine Entdeckung erhielt er 1930 den Nobelpreis für Medizin.

Das Sehen bei Menschen und Menschenaffen

Das Auge eines gesunden Menschen ist im Gegensatz zu dem von Menschenaffen fernsichtig. Daraus lässt sich schließen, dass scharfes Sehen von entfernten Gegenständen, wie Feinde oder Nahrung, im Lauf der Entwicklung des Menschen wichtiger war als das Nahesehen.

Wie viele Knochen haben deine Körperteile?

Schädel	25
Wirbelsäule	34
Brustkorb	25
Schultergürtel	4
Oberarme	2
Unterarme	4
Handwurzelknochen	16
Mittelhandknochen	10
Fingerknochen	28
Becken	6
Oberschenkel	2
Unterschenkel	4
Fußwurzelknochen	14
Mittelfußknochen	10
Zehen	28
GESAMT	**212**

Tatsächlich passiert: Wie Spielen süchtig macht

In Österreich leben etwa 65 000 Personen, die süchtig nach Glückspiel und Sportwetten sind. Im Durchschnitt hat ein Spielsüchtiger in Österreich Schulden von 50 000 €. Man glaubt es kaum, aber der „Rausch“ beim Spielen dürfte die Wahrnehmung ähnlich beeinträchtigen wie die Einnahme von Alkohol oder anderen Drogen. Dies zeigt folgender Vorfall: Bei einem bewaffneten Überfall auf eine Spielhalle bemerkten die anwesenden Spieler und Spielerinnen nicht, dass die Spielhalle überfallen wurde. Nur eine Spielerin blickte kurz auf und spielte seelenruhig weiter. Lediglich ein Angestellter der Spielhalle reagierte und schlug die Täter in die Flucht.

Abhängig oder co-abhängig?

Unterstützt man einen Menschen mit einem Suchtproblem, hilft dies dem Betroffenen häufig wenig. So muss er nämlich die Folgen seiner Sucht nicht selbst tragen und sieht keine Veranlassung, sein Verhalten zu ändern. Das Suchtverhalten wird gerade durch die Fürsorge von Freunden oder Familienangehörigen eher noch verstärkt und gefestigt. Interessant ist dabei, dass man oft nicht mehr aufhören kann zu helfen. So gerät der Helfer selbst in eine Form der Abhängigkeit, der sogenannten Co-Abhängigkeit.

Haustiere stärken das Immunsystem!

In Finnland haben Forscher und Forscherinnen herausgefunden, dass Babys, die mit Haustieren wie Hunden oder Katzen lebten, weniger oft an Atemwegsinfektionen erkrankten. Untersucht wurden etwa 400 finnische Babys im Alter zwischen 2 Monaten und dem ersten Geburtstag. Jene Babys, die mit einem Hund oder einer Katze aufwuchsen, zeigten ein 30 %-ig geringeres Risiko an einer Atemwegsinfektion zu erkranken. Mittelohrentzündungen oder andere Ohreninfektionen traten um 50 % weniger häufig auf. Bis jetzt gibt es noch keine Erklärung dafür. Aber alles deutet darauf hin, dass Haustiere im ersten Lebensjahr das Immunsystem stärken.

Surströmming – Schwedisches Nationalgericht | Gegorener Hering, der monatelang in einer Salzlake vergärt, bevor er als Delikatesse verspeist wird

Geröstete Ameisen – Spezialität aus dem Kongo | Rote Ameisen, die Ihre Immunabwehr stärken

Casu Marzu – Ziegenkäse aus Sardinien | Lang gereifter Käse, der seine schmierige Konsistenz und seinen beißenden Geruch durch die Maden aus den abgelegten Eiern der Käsefliege bekommt

Kaest Skata – Isländisches Nationalgericht | Verwester Rochen, der mit Schafsfett verrührt und am 23. Dezember verspeist wird; stinkt zwar fürchterlich, doch durch die Verwesung ist er nicht giftig

Weitere Spezialitäten:
malaysische Stinkfrucht
chinesische „Hundertjährige Eier"
„Knusprige Heuschrecken" aus Mexiko

Kuriose Speisen aus aller Welt!

Wie setzt sich das Knochengewebe zusammen?

52 % Salze
21 % Wasser
27 % organische Substanzen

Haut-Fakten

Je nach Körpergröße macht die Haut eines Menschen etwa 1,5 bis 2 m^2 aus und wiegt bis zu 10 kg. Auch die Darmzotten hätten ausgebreitet die Größe eines Tennisplatzes.

Buchtipps

Richard Walker: Faszination Mensch. Eine Reise durch den menschlichen Körper. Dorling Kindersley Verlag, München, 2001.

Bleich Kirsten u. Stefan: WAS IST WAS, Band 50. Der menschliche Körper. Tessloff Verlag, 2008.

Contmedia (Hg): International Knowledge – Gesund Leben. Im Einklang mit dem Körper. Contmedia Verlag, 2009.

Unglaublich, aber wahr!

- **Das Knacksen in den Fingergelenken, das man hört, wenn man an den Fingern zieht, stammt von zerplatzenden Gasblasen in der Gelenksschmiere. Dies kann die Gelenke auf lange Sicht schädigen.**
- **Der Mensch hat über 650 Skelettmuskel. Würden alle gleichzeitig in die gleiche Richtung ziehen, könnte ein Mensch 25 Tonnen bewegen.**
- **Mit Gerüchen, aber auch mit Musik, kann man sich Wahrnehmungen aus der frühesten Kindheit ins Gedächtnis rufen.**
- **Etwa 4 % des menschlichen Körpers bestehen aus Mineralstoffen. Ca. 1,7 % des Körpergewichts macht Calcium aus. 99 % davon befinden sich in den Zähnen und Knochen.**
- **Das Atemvolumen pro Minute kann sich bei schwerer körperlicher Aktivität im Vergleich zum Ruhezustand mehr als verzehnfachen.**

20. DIE GESCHLECHTSORGANE

Beim Menschen unterscheiden wir **primäre** und **sekundäre Geschlechtsmerkmale**. Die primären Geschlechtsmerkmale sind bereits bei der Geburt vorhanden. Die sekundären Geschlechtsmerkmale entwickeln sich in der Zeit der Pubertät.

Weibliche Geschlechtsorgane

PRIMÄRE WEIBLICHE GESCHLECHTSMERKMALE: Diese liegen zum Großteil im Inneren des Körpers. Die Eierstöcke und Eileiter sowie die Gebärmutter und die **Vagina** sind dort gut geschützt. Lediglich die Schamlippen, die **Klitoris** und der Venushügel sind äußerlich sichtbar.

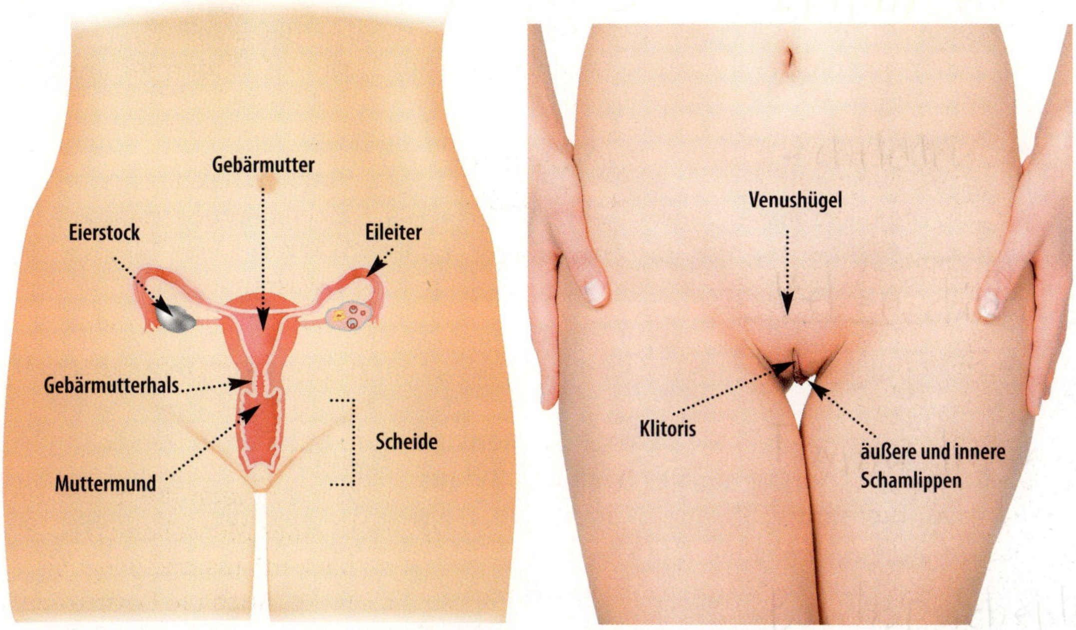

Weibliche innere und äußere Geschlechtsorgane

Die äußeren und inneren **Schamlippen schützen** den Scheideneingang und den Eingang zur Harnröhre. Zwischen ihnen liegt die **Klitoris**. Diese ist ein sehr **berührungsempfindliches** Organ, in dem sehr viele Nervenzellen enden. Wird die Klitoris vorsichtig berührt, kann es zu sexueller Erregung kommen.

Die **Scheide** ist ein Muskelschlauch, der zur Gebärmutter führt. Am Eingang der Scheide befindet sich ein dehnbares **Hymen**. Es hat eine natürliche Öffnung, durch die Scheidenflüssigkeit und Menstruationsblut abfließen können.

Die **Gebärmutter** ist ein etwa faustgroßer mit Schleimhaut bedeckter Hohlmuskel. In ihr kann sich eine befruchtete Eizelle einnisten. Der **Gebärmutterhals** wird durch den **Muttermund** zur Scheide hin abgeschlossen.

In den **Ovarien** reifen die Eizellen. Im Abstand von einem Monat wird abwechselnd von jedem Eierstock eine Eizelle freigegeben. Diese wird vom **Fransentrichter** aufgefangen und durch den Eileiter zur Gebärmutter geführt. In den Ovarien entstehen auch die weiblichen Geschlechtshormone.

SEKUNDÄRE WEIBLICHE GESCHLECHTSMERKMALE: Diese bilden sich während der Pubertät aus: So wird die Brust größer und am **Venushügel** wächst die Schambehaarung. Gleichzeitig verändert sich auch der Körperbau. Die meisten Frauen haben schmale Schultern und breitere Hüften als Männer.

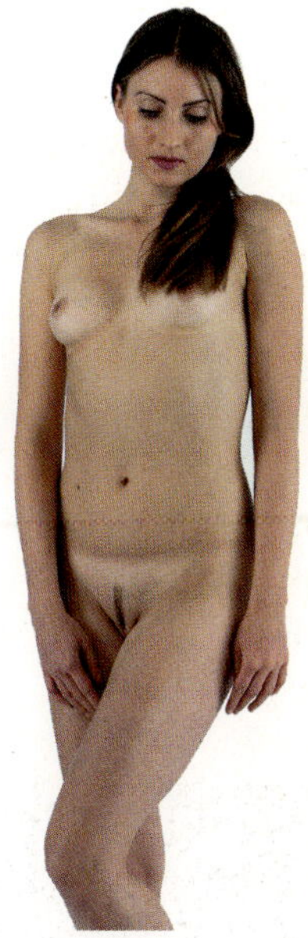

Weiblicher Körper

Vagina: Scheide

Klitoris: Kitzler

Überlege: Warum liegen die weiblichen Geschlechtsorgane zum Großteil im Körper?

Ovarien: Eierstöcke

Hymen: auch Jungfernhäutchen genannt; dünne Hautfalte um die Vagina

Wann entstehen die Eizellen?
Bereits bei der Geburt eines Mädchens sind im Eierstock ca. 200 000 Eizellen angelegt. Eine reife Eizelle hat einen Durchmesser von 0,1 mm.

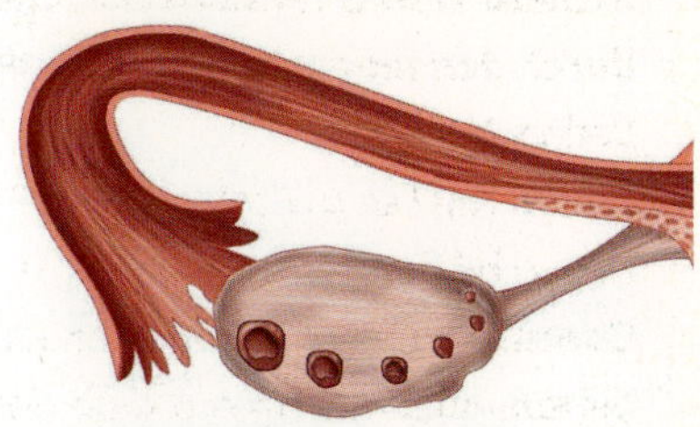

Fransentrichter

Die zwei Phasen des weiblichen Zyklus

Der **Zyklus einer Frau** besteht aus zwei **Phasen**, die **durch Hormone beeinflusst** werden.

1. PHASE (Beginn mit 1. Tag der Regelblutung): Das Hormon **FSH**, das in der **Hirnanhangdrüse** gebildet wird, ruft im Eierstock die Reifung eines **Follikels** hervor. Der Eierstock erzeugt **Östrogene** – ebenfalls Hormone – die auf die Gebärmutter einwirken. Dadurch wird die Gebärmutterschleimhaut dicker und besser durchblutet. In dieser verdickten Schleimhaut kann sich später eine befruchtete Eizelle festsetzen. Am Ende des ersten Abschnittes, nach etwa 14 Tagen, produziert die Hirnanhangdrüse ein anderes Hormon: **LH**. Durch dieses Hormon wird der **Eisprung** ausgelöst. Ab diesem Zeitpunkt bleibt die Eizelle höchstens 24 Stunden befruchtungsfähig.

2. PHASE (um den 14. Tag): Die zweite Phase des Zyklus dauert ebenfalls etwa 14 Tage. Die Eizelle wird durch Flimmerhärchen im Eileiter zur Gebärmutter transportiert.

Zu Beginn dieser Phase (ca. 24 Stunden lang) kann die Eizelle befruchtet werden. Das bedeutet: Wenn eine Frau zu diesem Zeitpunkt ungeschützten Geschlechtsverkehr hat, ist es möglich, dass sie schwanger wird. Der im Eierstock zurückgebliebene Follikel wird zum **Gelbkörper**, der das **Progesteron** bildet. Dieses Hormon bereitet die Gebärmutterschleimhaut auf das Einnisten einer befruchteten Eizelle vor.

Bleibt die Eizelle unbefruchtet, so nimmt die Menge an Progesteron im Blut danach ab.

Am Ende der zweiten Phase beginnt die **Menstruation**. **ACHTUNG: Dieser Tag ist gleichzeitig der erste Tag des nächsten Zyklus.** Während der Regelblutung, die zwischen drei und acht Tage dauern kann, werden Blut und die sich ablösende Gebärmutterschleimhaut ausgeschwemmt.

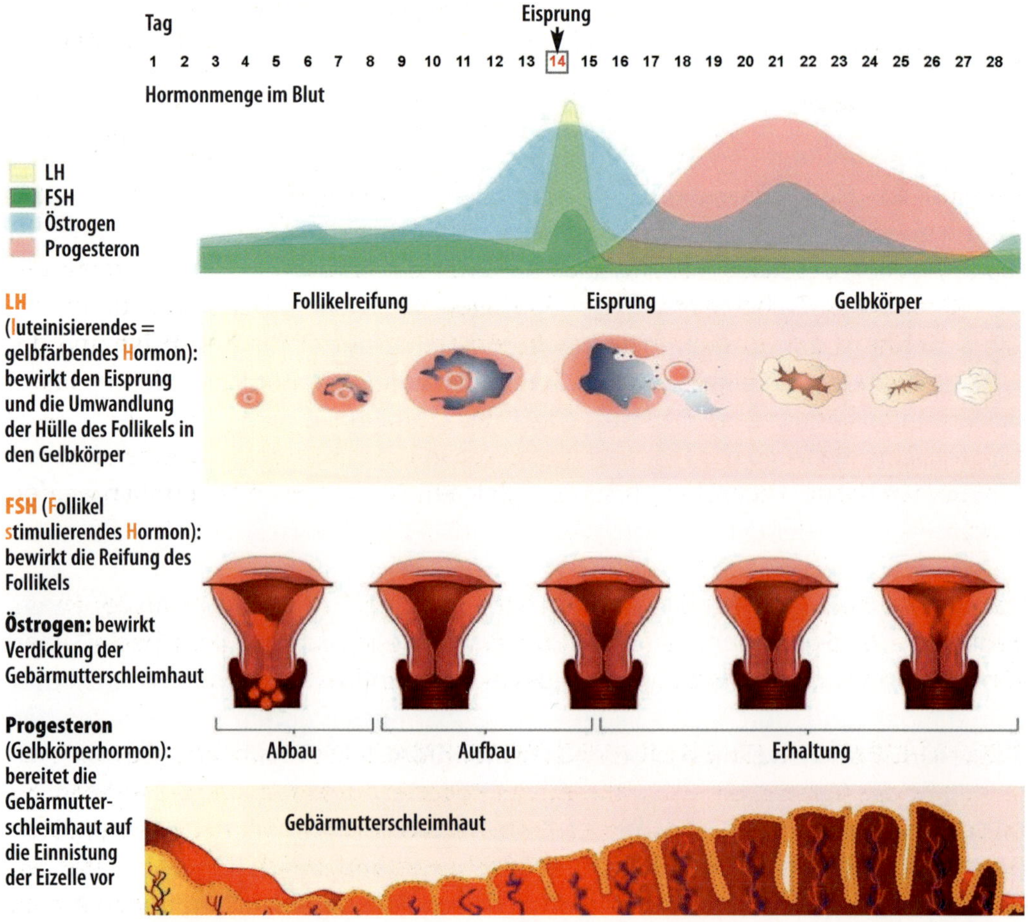

Weiblicher Zyklus

Zyklus: in einem gewissen Zeitraum immer wiederkehrendes Ereignis

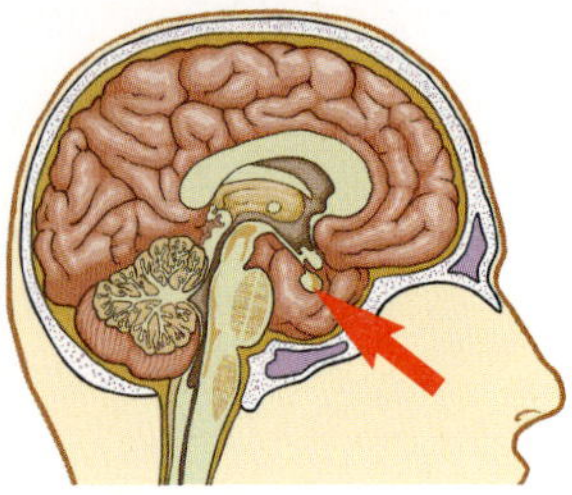

Hirnanhangdrüse

Follikel: Eibläschen

Eisprung: Der Follikel platzt, die Eizelle verlässt den Eierstock und wird vom Fransentrichter aufgenommen.

Was sind die „fruchtbaren Tage"?
Spermien sind maximal 5 Tage, Eizellen maximal 1 Tag befruchtungsfähig. Bei Geschlechtsverkehr 5 Tage vor bis 1 Tag nach dem Eisprung kann es daher zu einer Befruchtung kommen.

Wie lange dauert ein Zyklus?
Die Zykluslänge ist nicht bei allen Frauen gleich lang. Sie liegt zwischen 20 und 35 Tagen. Im Durchschnitt dauert ein Zyklus aber 28 Tage.

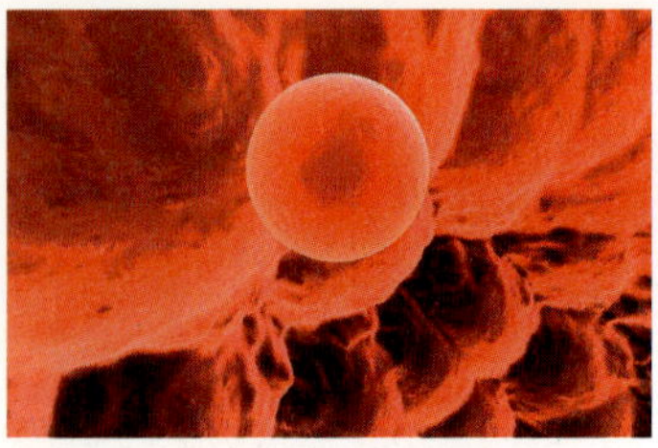

Eizelle in den Falten des Eileiters, auf dem Weg in die Gebärmutter

Männliche Geschlechtsorgane

Spermien sind die männlichen Geschlechtszellen. Sie brauchen zum Reifen eine kühle Umgebung. Daher liegen die primären männlichen Geschlechtsorgane – im Gegensatz zu denen der Frau – außerhalb des Körpers, wo es kühler ist.

PRIMÄRE MÄNNLICHE GESCHLECHTSMERKMALE: Darunter versteht man Hoden, Hodensack, Penis (=Glied), Vorhaut und Eichel.

Die **Hoden** sind die männlichen Geschlechtsdrüsen. In den Drüsenzellen der Hoden entsteht das männliche Geschlechtshormon **Testosteron**. Die Hormone **FSH** und **LH** regen die Produktion und Reifung der **Spermien** an. Diese werden in feinen **Hodenkanälen** gebildet und gelangen dann in die **Nebenhoden**, wo sie gelagert werden. Bei sexueller Erregung wird Blut in die Schwellkörper des Penis gepumpt. Dadurch richtet er sich auf und wird steif. So kann er beim Geschlechtsverkehr in die Scheide der Frau eingeführt werden. Das Steifwerden des Penis nennt man **Erektion**.

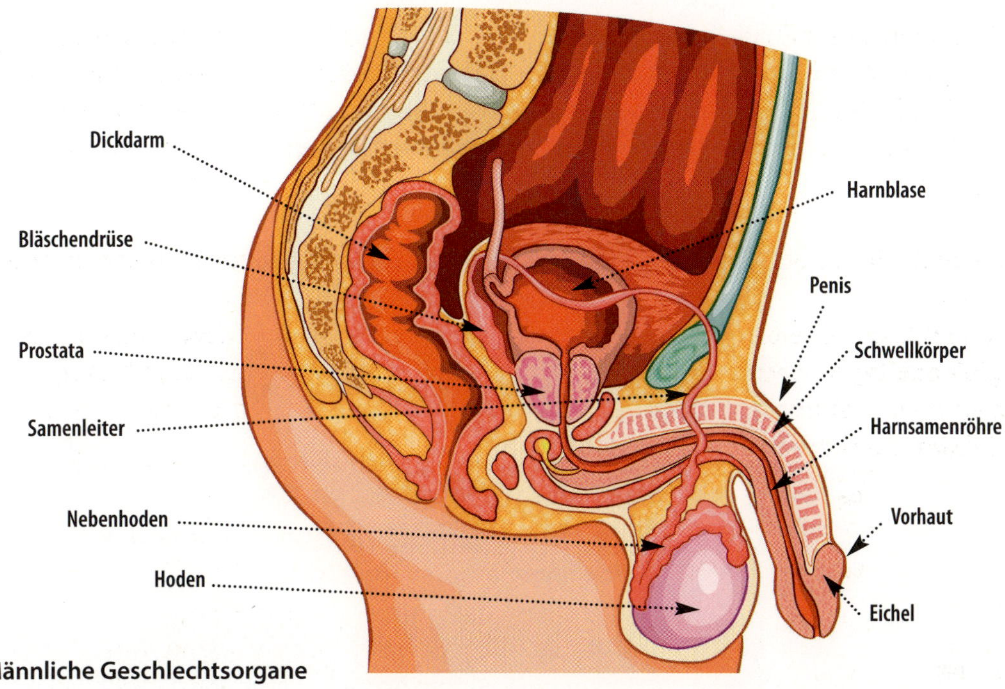

Männliche Geschlechtsorgane

Durch Reizung des Penis, vor allem der besonders empfindlichen Eichel, kommt es zum **Orgasmus**. Dabei werden die Spermien von den Nebenhoden durch die **Samenleiter** in die **Harnsamenröhre** befördert. Aus der **Bläschendrüse** und der **Prostata** wird eine Flüssigkeit ausgeschieden, sodass die Spermien in diesem Sekret schwimmen können. Schließlich wird die Samenflüssigkeit aus dem Penis ausgestoßen. Während der **Ejakulation** verschließt die Vorsteherdrüse den Zugang zum oberen Teil der Harnröhre, sodass zur gleichen Zeit kein Harn abgegeben werden kann.

Der erste Samenerguss erfolgt meist im Schlaf im Alter zwischen 11 und 16 Jahren. Genau wie Mädchen den Zeitpunkt der ersten Regelblutung nicht beeinflussen können, kann auch der erste Samenerguss nicht beeinflusst werden.

SEKUNDÄRE MÄNNLICHE GESCHLECHTSMERKMALE: Die sekundären Geschlechtsmerkmale des Mannes, die sich während der Pubertät ausbilden, sind die **Behaarung im Schambereich** sowie auf der **Brust**. Auch der **Bartwuchs** zählt zu den sekundären Geschlechtsmerkmalen. Der Körper von Burschen verändert sich während dieser Zeit ebenfalls. Die Schultern werden breiter als die Hüften und die Muskulatur an Armen und Beinen nimmt zu.

Spermien: männliche Fortpflanzungszellen

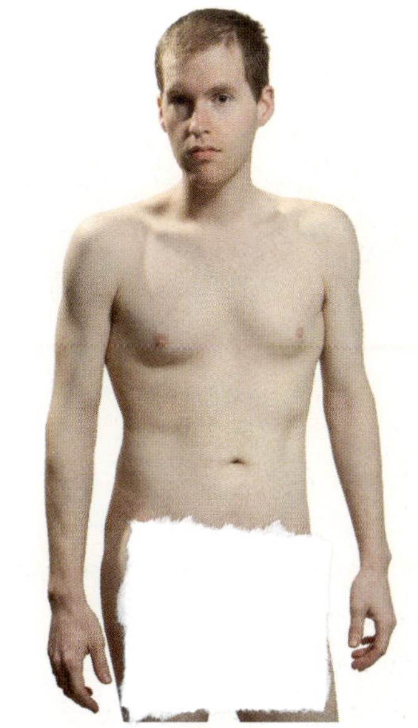

Männlicher Körper

Männliche äußere Geschlechtsorgane

Prostata: Vorsteherdrüse

Ejakulation: Samenerguss

Wie viele Spermien produziert ein Mann?
In den Hoden reifen täglich bis zu 200 Mio. Spermien. Eine Samenzelle ist ca. 0,05 mm lang.

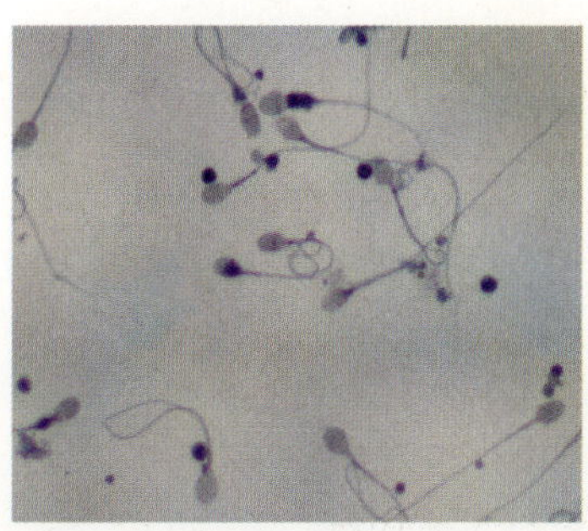

Spermien

Intimhygiene

Für alle gilt:
Tägliches Waschen mit reinem Wasser und milder Seife genügt! „Gepflegte Menschen werden von anderen gerne gerochen"!

Smegma: Ablagerungen, die aus dem Talg der Vorhautdrüse, zerfallenem Zellgewebe, Spermaresten, Urinrückständen und Bakterien bestehen; auch bei Frauen vorhanden

Anus: After

Körperpflege ist für jeden immer wichtig!

Für die meisten von uns ist tägliches Waschen und Wechseln der Unterwäsche selbstverständlich. Intimpflege ist ein wichtiger Beitrag, um Körpergeruch zu vermeiden und Krankheitserreger im Genitalbereich zu verringern.

Intimpflege bei Burschen

- Füße und Achselhöhlen werden zusätzlich mit Seife oder Duschgel gereinigt.
- Der Intimbereich muss speziell gereinigt werden. Die Vorhaut des Penis wird vorsichtig zurückgezogen. Das **Smegma** kann dann mit einer milden Seife und Wasser entfernt werden.
- Auch der Bereich um den **Anus** muss täglich gewaschen werden.

Intimpflege bei Mädchen

- Der Bereich zwischen den Schamlippen und die Hautfalte der Klitoris werden vorsichtig mit klarem Wasser und einer milden Seife gereinigt.
- Die Scheide reinigt sich selbst. Hier ist Waschen unnötig. Die natürliche Scheidenflora würde zerstört werden und Viren und Bakterien könnten sich ungehindert vermehren.
- Wichtig ist, dass immer von der Scheide in Richtung After gewaschen oder abgewischt wird. Bakterien aus dem Darm könnten sonst leicht in die Scheide einwandern. Infektionen sind die Folge.
- Slipeinlagen müssen regelmäßig gewechselt werden.
- Besonders wichtig ist die Intimpflege während der Regelblutung. Es ist egal, ob Tampons oder Binden verwendet werden. Das häufige Wechseln und gründliche Waschen verhindern, dass unangenehmer Geruch, aber auch Infektionen entstehen.

Die **Geschlechtsorgane des Mannes** liegen außerhalb des Körpers, **die der Frau liegen im Becken**. Richtige **Intimpflege ist wichtig**. Man kann dadurch nicht nur Körpergeruch, sondern auch Krankheiten vermeiden.

Hygiene bedeutet, dass durch regelmäßige Reinigung die Vermehrung und Ausbreitung von Krankheitskeimen verhindert wird. Daher spielt die Hygiene eine wichtige Rolle für die Erhaltung der Gesundheit des Menschen.

In den letzten Jahrzehnten haben vermehrte Hygienemaßnahmen gemeinsam mit der Möglichkeit, sich gegen ansteckende Krankheiten impfen zu lassen, dazu beigetragen, dass die durchschnittliche Lebenserwartung der Menschen stark angestiegen ist.

Nun geht's los – Aufgaben für schlaue Köpfe!

1) **Der Weg der Samenzellen** - Dieser Text erklärt, wie Samenzellen entstehen und was danach mit ihnen geschieht. Leider sind die Sätze durcheinandergekommen. **Bringe die Sätze wieder in die richtige Reihenfolge, indem du sie nummerierst!** Die Buchstaben am Ende der Sätze ergeben ein für den Mann wichtiges Hormon. ★★★

	Die Bläschendrüse gibt ein Sekret ab, das sich mit den Spermien vermischt, und drückt dann das Gemisch weiter.	S
	Das Sekret der Prostata dient dazu, den pH-Wert der weiblichen Scheide auszugleichen. Dadurch erhöhen sich die Überlebenschancen der Spermien.	E
	Die Samenzellen werden in den Samenkanälchen der Hoden gebildet.	T
	Das Sperma gelangt in den Penis und wird schließlich ausgestoßen. Diesen Vorgang bezeichnet man als Ejakulation.	N
	Die fertigen Spermien bleiben in den Nebenhoden. Sie können dort bis zu einem Monat verweilen. Danach sterben sie ab.	S
	In der Prostata wird ein weiteres Sekret beigemengt. Dieses macht etwa ein Drittel des Volumens des Spermas aus.	T
	Danach wandern sie in die Nebenhoden, wo sie sich zu reifen Spermien weiterentwickeln. Diese Reifung dauert etwa 10 Wochen.	E
	Der Samenleiter zieht sich zusammen und pumpt die Spermien weiter.	O
	Auch die Harnsamenröhre zieht sich zusammen und transportiert so das Sperma weiter. Unterstützt wird sie dabei durch Kontraktionen der Beckenbodenmuskulatur.	O
	Bei sexueller Erregung versteift sich das Glied. Während des Orgasmus ziehen sich Teile des Nebenhodens zusammen und drücken so einen Teil der Spermien in den Samenleiter.	T
	Die Prostata pumpt anschließend das fertige Sperma in die Harnsamenröhre.	R

LÖSUNGSWORT: T . . . .

Nun geht's los – Aufgaben für schlaue Köpfe!

2) **Kennst du die Fachausdrücke?** Die Zahlen stehen immer für dieselben Buchstaben. **Finde die richtigen Fachausdrücke, dann ergeben die Buchstaben in den Kästchen ein Lösungswort! ★★★**

Scheide	1 2 [3] 4 5 2
weibliches Geschlechtshormon, im Gelbkörper gebildet	6 7 8 3 [9] 10 11 9 7 8 5
Regel	12 9 [5] 10 11 7 13 2 11 4 8 5
Samenzellen	10 6 9 7 12 [4] 9 5
männliches Geschlechtshormon	[11] 9 10 11 8 10 11 9 7 8 5
Vorsteherdrüse	6 7 8 10 11 [2] 11 2
Eibläschen	14 8 15 [15] 4 16 9 15
Versteifung des Penis	9 7 9 16 11 [4] 8 5
Eierstöcke	8 1 2 7 4 [9] 5
Samenerguss	9 17 2 16 13 15 2 11 4 8 [5]

LÖSUNGSWORT: . . . . = anderer Ausdruck für Geschlechtsorgane

3) **Typisch weiblich oder typisch männlich?** Warum kann man diese Adjektive den Personen nicht zuordnen? **Überlege und besprich diese Aufgabe mit deinem Sitznachbarn/deiner Sitznachbarin! ★★**

logisch, gefühlvoll, herzlich, schön, abhängig, liebevoll, sportlich, mutig, häuslich, aggressiv, stark, ängstlich, belastbar

21. SEXUALITÄT

Freundschaft und Liebe sind Gefühle, die uns von Kindertagen an begleiten. Wir lieben unsere Eltern, Geschwister, Oma und Opa. In der Kindheit schließen Kinder mit anderen Mädchen oder Buben Freundschaft. Doch erst **ab der Pubertät** bekommen Freundschaft und Liebe eine zusätzliche Bedeutung, weil nun neben Zärtlichkeit auch die **Sexualität** eine zunehmende Rolle spielt.

Heterosexuelles Paar

hetero: griechisch: verschieden

Formen der Sexualität

MASTURBATION: Erste sexuelle Erfahrungen machen die meisten Menschen an sich selbst und zwar durch Streicheln und Berühren der Geschlechtsorgane. Diese Art der Selbstbefriedigung gibt Auskunft über den eigenen Körper, was man mag, wie man reagiert und was einem unangenehm ist. Selbstbefriedigung – auch **Masturbation** genannt – ist eine wichtige erste Erfahrung in der Entwicklung zum verantwortungsvollen Umgang mit sich und anderen.

HETEROSEXUALITÄT: Die meisten Menschen sind **heterosexuell.** Sie fühlen sich zum anderen Geschlecht hingezogen, Frauen zu Männern, Männer zu Frauen.

HOMOSEXUALITÄT: **Homosexuelle** fühlen sich vom gleichen Geschlecht angezogen. Frauen, die mit anderen Frauen eine Beziehung eingehen, nennt man **lesbisch**. Männer, die mit anderen Männern eine Beziehung haben, nennt man **schwul**. Auch heute noch werden diese Menschen mitunter verspottet, ausgegrenzt und angefeindet.

Homosexuelle Männer

homo: griechisch: gleich

BISEXUALITÄT (auch **AMBISEXUALITÄT**): **Bisexuelle Menschen** fühlen sich zu beiden Geschlechtern hingezogen.

TRANSSEXUALITÄT: Transsexuelle Menschen sind häufig Männer, die sich als Frauen fühlen und körperlich eine Frau sein wollen. Durch eine Geschlechtsumwandlung ist dies möglich. Nicht möglich ist es, dass solche Frauen auch Kinder bekommen können. Auch Frauen können transsexuell veranlagt sein.

Hast du schon einmal gehört, wie jemand von einem anderen als „schwul" bezeichnet wurde? Was wollte er damit zum Ausdruck bringen? Wie würdest du diesen Begriff verwenden?

Sexualität zwischen Frau und Mann

Wenn zwei Menschen ineinander verliebt sind und Zärtlichkeiten austauschen, entsteht früher oder später auch der Wunsch, **Geschlechtsverkehr** miteinander zu haben.

Geschlechtsverkehr bedeutet nicht nur Lust für beide, er vermittelt den Partnern auch das Gefühl, dass sie einander lieben und einander vertrauen können. **Zärtlichkeit** ist ein wichtiger Teil der Sexualität. Dadurch wird die Bindung zueinander gefestigt.

In einer guten Partnerschaft kann man miteinander über Sex und die eigenen Wünsche reden. Man kann sagen, was man möchte und was man nicht möchte. Der Partner/die Partnerin wird die Wünsche respektieren.

Zärtlichkeit, ein Teil der Sexualität

Homosexuelle Frauen

Brauchst du Hilfe? Hier findest du sie!

Wichtige Telefonnummern
Jugendamt (Wien)
01/4000/80 11
Rat auf Draht
Kindernotruf
147
24-Stunden Frauennotruf der Stadt Wien
01/71 71 9
möwe-helpline
0800 808088

Du darfst NEIN sagen!

Es gibt **verschiedene Formen der Sexualität.** Jeder Mensch hat das Recht, dass seine Wünsche und Bedürfnisse respektiert werden, und muss auch die Bedürfnisse anderer anerkennen. **Sexualität und Liebe gehören in einer guten Beziehung zusammen.** Missbrauch ist eine Form von Gewalt und strafbar.

PETTING: Küssen, gegenseitiges Streicheln, das Berühren bestimmter Körperstellen wie der **erogenen Zonen** (z. B. Lippen, Brustwarzen und Geschlechtsorgane) führen zur sexuellen Erregung. Dies nennt man auch Petting. Petting ist noch kein Geschlechtsverkehr.

GENITALVERKEHR: Liebe und Sex gehören in einer guten Beziehung zusammen.

Durch das sogenannte **Vorspiel** (Streicheln, Küssen usw.) kommt es zur **sexuellen Erregung**. Dabei versteift sich das Glied des Mannes und die Scheide der Frau wird feucht.

So kann das Glied in die Scheide der Frau eingeführt werden. Meistens führen rhythmische Bewegungen des Gliedes in der Scheide zum **Orgasmus** bei Frau und Mann. Das bedeutet, dass sich die **Scheide und die Gebärmutter rhythmisch zusammenziehen** und wieder **entspannen**. Beim Mann kommt es zur **Ejakulation**, zum Ausstoßen von Samenflüssigkeit aus dem Glied. Dem Höhepunkt, auch Orgasmus genannt, folgt schließlich eine Form der körperlichen und seelischen Entspannung.

Missbrauch

Häufig wird Missbrauch an Kindern und Jugendlichen nicht von „bösen Fremden" begangen, sondern geschieht im Familien- oder Bekanntenkreis. Die Opfer werden zum **Geschlechtsverkehr** oder **anderen sexuellen Handlungen gezwungen**. Auch Berührungen, Gespräche oder das Anschauen von Bildern, wenn dir das unangenehm ist, gehören dazu.

Du darfst und musst dann sehr bestimmt **NEIN** sagen. Wird dieses **NEIN** nicht akzeptiert, dann wende dich sofort an einen Menschen, dem du vertraust. Er/Sie muss dir helfen! Auch öffentliche Einrichtungen gibt es, die dir helfen können.

WICHTIG: Lass dir niemals Schuldgefühle einreden („Sag nichts davon, du hast es ja nicht anders verdient!" „Sag nichts der Mama, sie wird sonst sehr unglücklich!")!

Nicht du hast Schuld, sondern der Täter oder die Täterin!

Jeder Missbrauch ist eine strafbare Handlung! Noch im Erwachsenenalter haben missbrauchte Menschen häufig ein gestörtes Verhältnis zur Sexualität.

Nun geht's los – Aufgaben für schlaue Köpfe!

1) Welche Eigenschaften sind dir bei einem Freund/einer Freundin besonders wichtig? **Begründe auch, warum dir diese Eigenschaften wichtig sind! ★★★**

Begründung:

2) **Was sagst du dazu? ★★**

Nun geht's los – Aufgaben für schlaue Köpfe!

3) **Schreibe zu jedem Begriff die richtige Erklärung! ★★**

Samenerguss ★ Selbstbefriedigung durch Berühren der Geschlechtsorgane ★ Reizen der erogenen Zonen und Geschlechtsorgane ★ gleichgeschlechtliche Beziehung ★ verschiedengeschlechtliche Beziehung ★ Geschlechtsverkehr; Penis wird in die Scheide eingeführt ★ Höhepunkt der sexuellen Erregung

Kleines Lexikon der Sexualität

Ejakulation: ______________________________

Genitalverkehr: ______________________________

____

Heterosexualität: ______________________________

Homosexualität: ______________________________

Masturbation: ______________________________

Orgasmus: ______________________________

Petting: ______________________________

____

4) **Chatten kann gefährlich sein!** **Lies folgende Tipps zum Schutz gegen sexuellen Missbrauch im Chat! Nimm diese Anregungen ernst!** **Überlege auch, wie man sich noch schützen kann! ★★★★★**

Nicht wenige Lügner und Kindesmissbraucher haben inzwischen Chaträume, MSN- und YAHOO-Messenger und auch das Handy als eine Möglichkeit entdeckt, um sich an Mädchen und Jungen heranzumachen. Sehr oft geben sie sich als Jugendliche aus, um dein Vertrauen zu erlangen. Hier einige Tipps, wie du dich gegen Belästigungen schützen kannst:

1. Gib niemals deinen wirklichen Namen, deine Adresse, Schuladresse, Telefon- oder Handynummer im Chat oder per E-Mail weiter!
2. Verwende für Anmeldeformulare einen Fantasienamen und denk dir eine Adresse aus! Achte dabei darauf, dass dein Nickname keine Hinweise auf deine Person gibt!
3. Du solltest dich niemals ohne Begleitung eines Erwachsenen mit einem „Chatfreund" treffen!
4. Schreib in deinem Profil, dass du jeden sperrst, blockst oder ignorierst, der mit dir über Sex chatten will!
5. Du solltest kein Foto in dein Profil stellen! Vermeide auf jeden Fall Fotos, auf denen du spärlich bekleidet bist!

Meine Tipps:

22. SCHWANGERSCHAFT UND GEBURT

Von der Befruchtung bis zum Keim

Während des **Geschlechtsverkehrs** wird beim **Orgasmus** aus dem Penis des Mannes Samenflüssigkeit ausgestoßen. Dadurch gelangen Millionen von Samenzellen in die Scheide der Frau.

Diese bewegen sich mit Hilfe ihrer Geißeln durch den Muttermund in die Gebärmutter und weiter in den oberen Teil der Eileiter.

Trifft nun eine Samenzelle auf eine befruchtungsfähige Eizelle, so dringt ihr Zellkörper in die Eizelle ein. Danach verändert sich die **Membran** der Eizelle so, dass keine andere Samenzelle mehr eindringen kann.

Die Zellkerne der Samenzelle und der Eizelle verschmelzen, ein neuer Zellkern entsteht. Dieser enthält die Erbanlagen von Mutter und Vater. Man spricht von der **Befruchtung**. Da die **Lebensdauer der Samenzellen 2 bis 5 Tage** beträgt, kann es auch noch bis zu mehreren Tagen **nach dem Geschlechtsverkehr** zu einer Befruchtung kommen.

Die **befruchtete Eizelle teilt sich** auf ihrem Weg in die Gebärmutter immer wieder. Es entsteht ein kugeliger Zellhaufen, der **Keim**.

Bereits zu diesem Zeitpunkt bildet der Keim ein Hormon, das verhindert, dass weitere Follikel reifen. Eine Regelblutung ist nun nicht mehr möglich. Treten bei einer bekannten Schwangerschaft trotzdem Blutungen auf, sollte der Arzt aufgesucht werden.

Am 6. Tag nistet sich der Keim in die Gebärmutterschleimhaut ein.

Was kann es bedeuten, wenn die Regelblutung ausbleibt?

9 Monate??? Wie wird die Dauer einer Schwangerschaft berechnet?
Der Arzt addiert zum 1. Tag der letzten Regelblutung 280 Tage und erhält damit den voraussichtlichen Geburtstermin des Kindes. Diese Rechnung ergibt 10 Schwangerschaftsmonate zu je 28 Tagen oder 40 Schwangerschaftswochen!
Vom Tag der Befruchtung (die man allerdings selten genau angeben kann) dauert eine Schwangerschaft 38 Wochen.

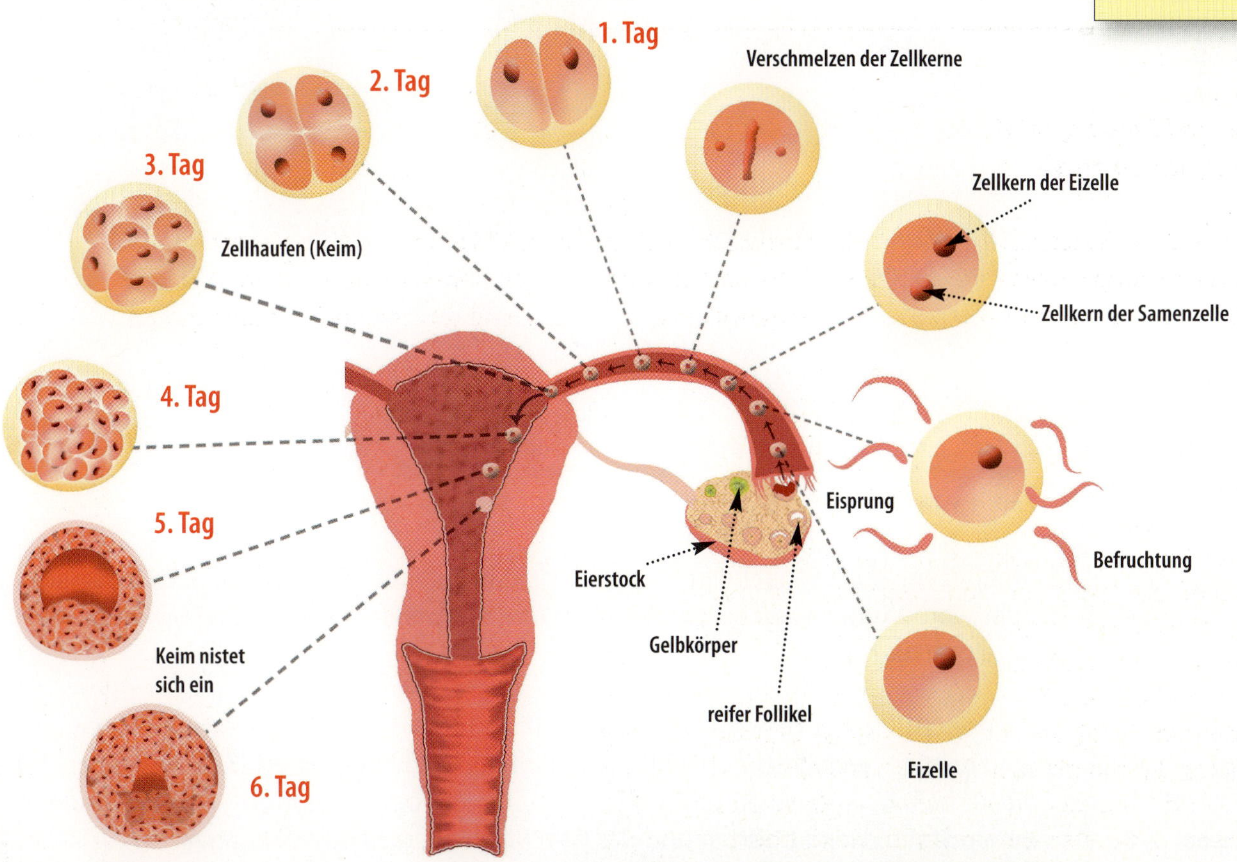

Die ersten sechs Tage der Schwangerschaft

Der Embryo entwickelt sich

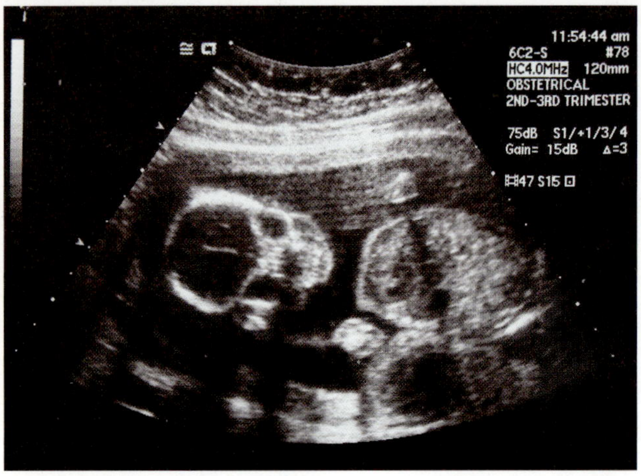

Ultraschallbild eines Embryos

Aus den Zellen der Keimwand bilden sich Zotten, die in die Gebärmutterwand einwachsen. Die **Plazenta** entsteht. Sie ist das **Versorgungsorgan für den Embryo**.

Die **Nabelschnur bildet die Verbindung zwischen Plazenta und Embryo.** Durch sie werden einerseits Nahrung und Sauerstoff aus dem Blut der Mutter an den Embryo weitergegeben und andererseits Abfallstoffe des Embryos in das Blut der Mutter abgegeben.

Es gibt keine direkte Verbindung zwischen dem Blutkreislauf der Mutter und dem des Embryos. Trotzdem können Drogen, Alkohol, Medikamente, Nikotin und Krankheitskeime über die Plazenta in den Embryo gelangen.

Diskutiert in der Klasse: Was sollte eine schwangere Frau alles tun, um ihr Kind nicht zu gefährden?

Plazenta: Mutterkuchen

Um den Embryo entwickelt sich die **Fruchtblase**, die mit **Fruchtwasser** gefüllt ist. Sie schützt den Embryo vor Druck und Stößen. Bereits in den ersten Wochen entstehen alle Organsysteme, daher ist diese Zeit eine besonders wichtige Phase während der Schwangerschaft.

Neues Leben, der Fetus wächst heran

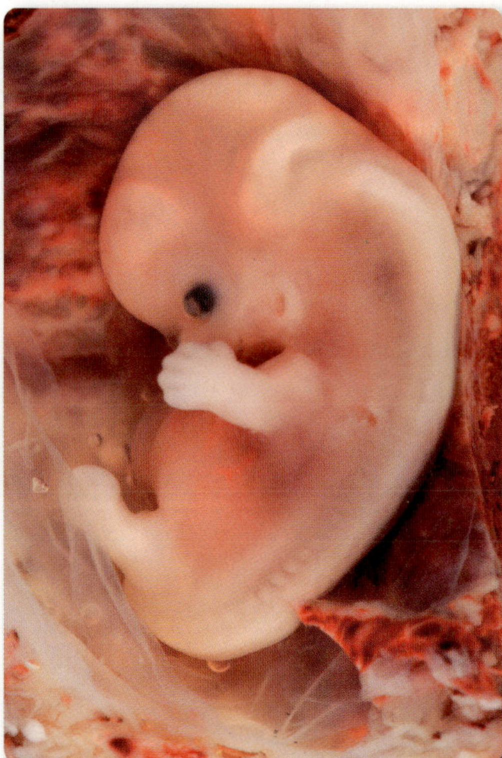

Embryo: ca 49 Tage, ca. 2 – 3 cm groß

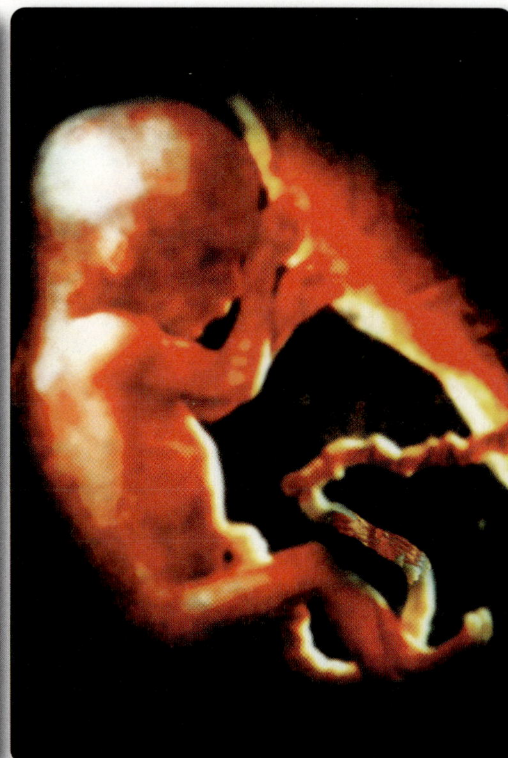

Fetus ca. 7 cm groß

Im Alter von 49 Tagen schwimmt der Embryo in der Fruchtblase. Kopf und Gehirn sind relativ groß und deutlich sichtbar. Auch die menschliche Gestalt ist in diesem Alter bereits erkennbar.

Ab dem **3. Monat** bilden sich **Nervenzellen im Gehirn**. Von diesem Zeitpunkt an spricht man vom **Fetus**. Mit 77 Tagen bilden sich bereits Haare und Nägel. Ab viereinhalb Monaten werden Arme, Beine und der Kopf bewegt, die Herztöne sind mit einem Stethoskop abhörbar und das Geschlecht ist deutlich erkennbar.

Wie funktioniert ein Schwangerschaftstest?
Bei einem Schwangerschaftstest, der in der Apotheke oder Drogerie erhältlich ist, wird ein Schwangerschaftshormon im Harn nachgewiesen. Dieses Hormon lässt sich im Harn erst nach 14 Tagen nachweisen.

Was sind Schwangerschaftshormone?
Das Hormon Progesteron verhindert, dass weitere Follikel reifen, sodass keine weiteren Eizellen befruchtet werden können.
Durch ein anderes Schwangerschaftshormon (Prolaktin) wird das Wachstum der Milchdrüsen in der Brust angeregt.

Die letzten Monate vor der Geburt

Im 7. Monat ist der Fetus ca. 40 cm lang und 1 000 g schwer. Ab diesem Zeitpunkt können die meisten **Frühgeburten** außerhalb der Gebärmutter überleben. Kinder, die in diesem Alter geboren werden, müssen aber in einem **Brutkasten** gewärmt und versorgt werden.

In den letzten beiden Monaten reift der Fetus aus, sodass er schließlich eine durchschnittliche Länge von 50 cm und ein Gewicht von 3 500 g erreicht.

In den meisten Fällen dreht sich der Fetus im letzten Schwangerschaftsmonat mit dem Kopf nach unten.

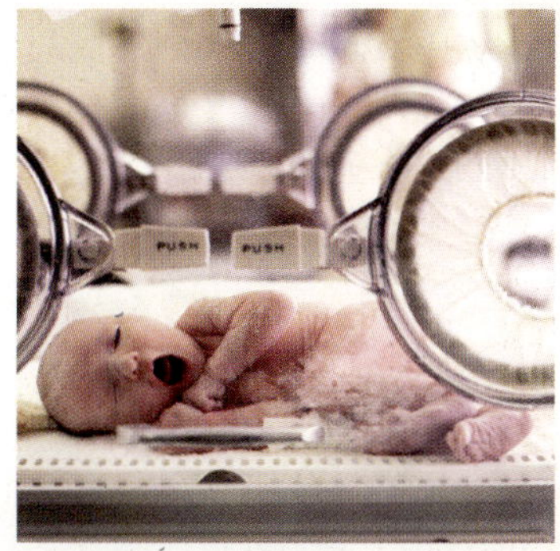

Baby im Brutkasten

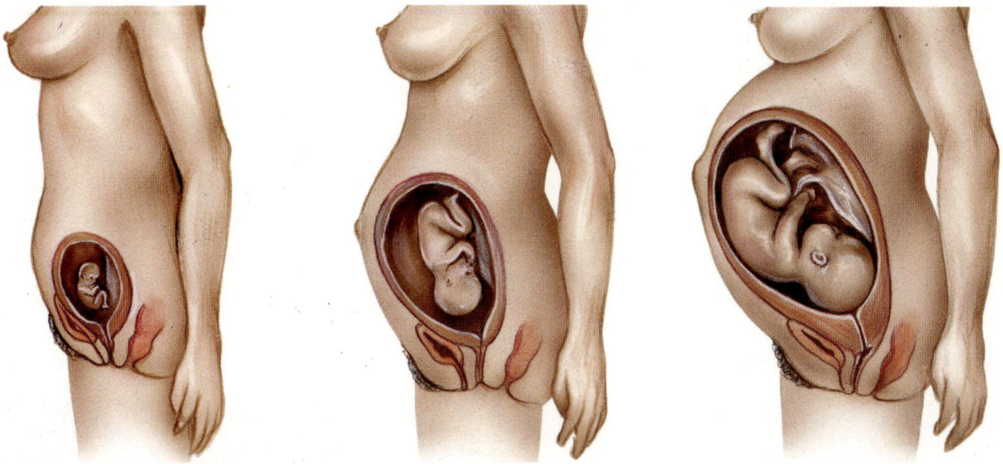

Körperliche Veränderung vom 3. bis zum 10. Schwangerschaftsmonat

Betrachte diese Abbildungen und stelle fest, was sich verändert! Überlege, welche körperlichen Beschwerden bei einer Schwangeren auftreten können und was die Ursachen sein könnten!

Jede **Schwangerschaft stellt eine große Veränderung für den Körper der Frau dar**. Viele werdende Mütter leiden vor allem in den ersten 3 Monaten an Übelkeit und Erbrechen. Später passt sich der Körper den hormonellen Veränderungen an.

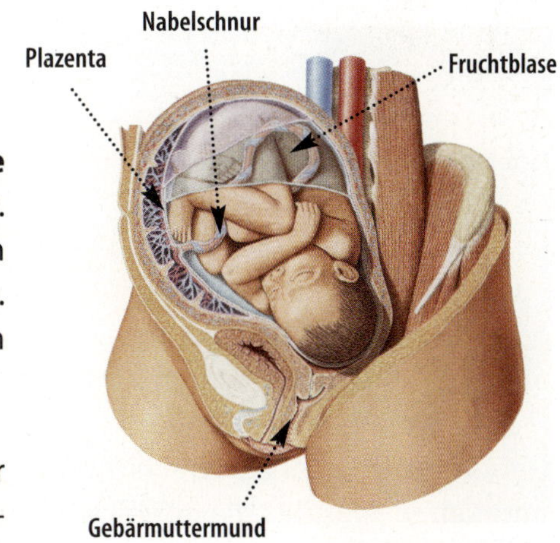

Fetus im 9. Monat

Mit der Größe des Fetus wächst der Bauch der Schwangeren. Ab dem 4. Schwangerschaftsmonat ist die Schwangerschaft auch äußerlich deutlich sichtbar. In den letzten Monaten kann sich die Schwangere nicht mehr so gut bewegen. Oft kommt es zu Rückenschmerzen.

Was ist Bonding?
Als Bonding bezeichnet man die intensive Beziehung zwischen einem Kind und seiner Bezugsperson. Intensiver Hautkontakt und die Körperwärme fördern die Entwicklung der Frühgeborenen. Sie sorgen für ein inniges und entspanntes Verhältnis.

Gefahren für das Kind

Der **Mutter-Kind-Pass** unterstützt die gesundheitliche Vorsorge für Schwangere und Kleinkinder bis zum fünften Lebensjahr. **Bestimmte Untersuchungen sind kostenlos** und sollen auf eventuelle Gefahren für Mutter und Kind rechtzeitig hinweisen.

- **Spezielle Untersuchungen:** Sie zeigen, wie sich das Baby und seine Organe entwickeln.
- **Alkohol-, Nikotin- und Drogenkonsum sowie Essstörungen der Mutter:** Diese können schwere Schäden oder Entwicklungsverzögerungen beim Kind hervorrufen.
- **Krankheitserreger im Blut der Mutter:** Auch diese gefährden das Kind.

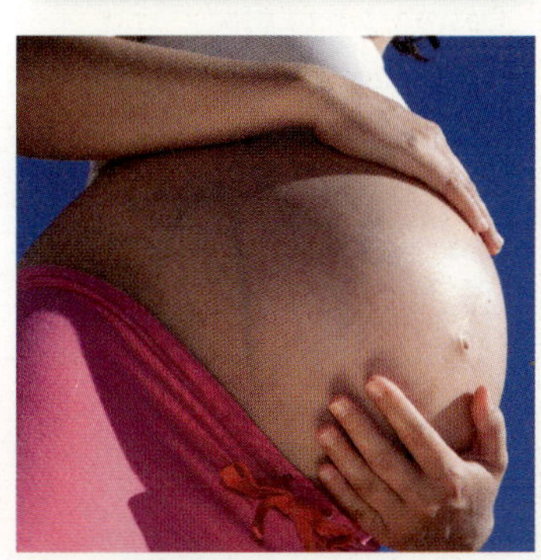

Babybauch 9. Monat

Was ist das österreichische Mutterschutzgesetz?
Es schützt schwangere Arbeitnehmerinnen.
So dürfen Schwangere 8 Wochen vor und nach der Geburt nicht arbeiten. Diese Bestimmung dient der Schonung von Mutter und Kind. Der Arbeitsplatz muss in dieser Zeit der Mutter erhalten bleiben, d.h. sie darf nicht gekündigt werden. Bei einer Mehrlings- oder Frühgeburt bzw. bei einem Kaiserschnitt gilt sogar eine Schutzfrist von 12 Wochen nach der Geburt.

entbinden: ein Kind zur Welt bringen

Kaiserschnitt: der Fetus wird auf operativem Wege aus der Gebärmutter der Mutter geholt; Grund für diese Maßnahme kann eine **Steißlage** sein

Steißlage: das Baby dreht sich vor der Geburt nicht mit dem Kopf nach unten

Hebamme: Entbindungspfleger/in, begleitet eine Schwangere während der Schwangerschaft und unterstützt sie während der Geburt

Die **befruchtete Eizelle nistet sich in die Gebärmutter** ein. Der Embryo entwickelt sich zum **Fetus**. **Nach 9 Monaten** wird das Kind durch die Scheide **geboren**. Die erste und wertvollste Nahrung ist Muttermilch.

Die Phasen der Geburt

1. Phase – ERÖFFNUNG: Die Geburt eines Kindes kündigt sich durch die Wehen an. Dabei **ziehen sich die Gebärmuttermuskel in regelmäßigen Abständen zusammen**. Die Abstände zwischen den Wehen werden immer kürzer. Das Kind wird meist mit dem Kopf voraus immer weiter in das Becken gedrückt. Durch den Druck platzt die Fruchtblase und das Fruchtwasser fließt aus der Scheide. Das nennt man den **Blasensprung**.

2. Phase – AUSTREIBUNG: Das Kind wird durch besonders starke Wehen, die **Presswehen**, in die Scheide gedrückt und üblicherweise mit dem Kopf voran geboren. Es gibt aber auch die **Entbindung** durch einen **Kaiserschnitt**. Unmittelbar nach der Geburt vor dem ersten Schrei entfalten sich die Lungen und das Kind beginnt zu atmen. Der Arzt/die Ärztin oder die **Hebamme** bindet die **Nabelschnur** ab. Oft darf sie der bei der Geburt anwesende Vater **durchtrennen**.

3. Phase – NACHGEBURT: Kurz nach der Geburt löst sich auch die Plazenta in der Gebärmutter. Sie wird zusammen mit den Resten der Fruchtblase ausgestoßen. Man nennt dies die **Nachgeburt**. Damit ist die letzte Phase der Geburt abgeschlossen.

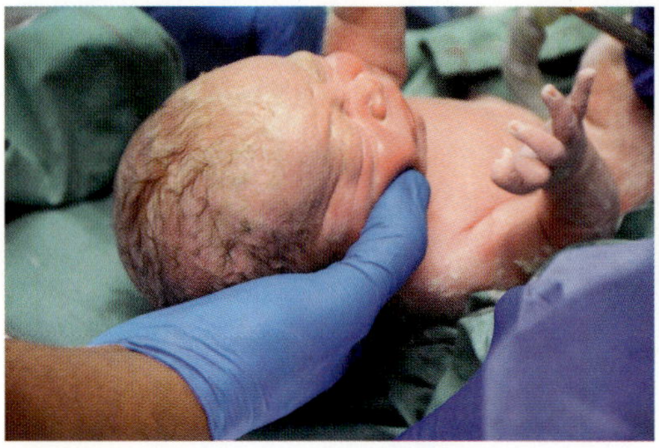

Geburt

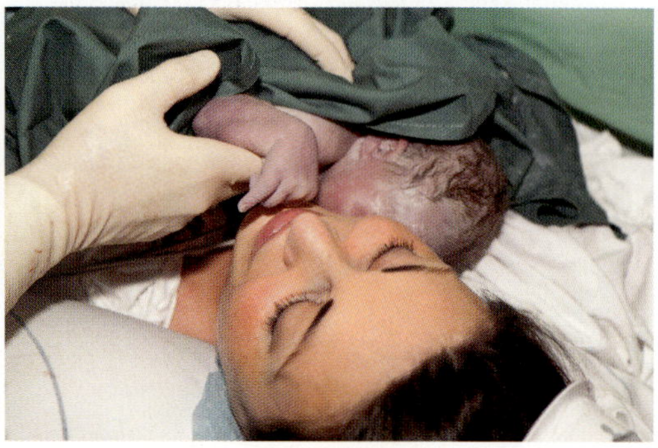

Ein Baby ist geboren.

Eine Geburt kann unterschiedlich lange dauern. Man rechnet mit durchschnittlich 13 Stunden bei Erstgebärenden und 8 Stunden bei Frauen, die bereits einmal geboren haben. Der Geburtsvorgang ist für eine Frau sehr schmerzhaft, äußerst anstrengend, aber dennoch ein wunderbares Erlebnis. Für den Vater des Kindes besteht die Möglichkeit, bei der Geburt anwesend zu sein. Er kann der Gebärenden dadurch Geborgenheit geben. Vor allem aber kann der Vater dieses außergewöhnliche Ereignis miterleben, welches die Bindung zu seinem Kind sicher verstärkt.

Das Baby

Zärtlichkeit, Zuwendung und ein liebevoller Umgang mit dem Baby sind die besten Voraussetzungen, damit ein Kind sich gut entwickeln kann. Vater und Mutter sind dafür zu gleichen Teilen verantwortlich.

Muttermilch ist die natürlichste und gesündeste Nahrung für ein Neugeborenes. Sie enthält Nährstoffe und Stoffe, die das Baby vor Infektionen schützten. Wenn ein Stillen nicht oder nur eingeschränkt möglich ist, wird das Baby mit spezieller und dem Alter angepasster Säuglingsnahrung gefüttert.

Beim Stillen

Babys entwickeln sich körperlich und geistig sehr schnell. Die angeborenen Verhaltensweisen wie das **Saugen** und **Greifen** sowie der **Gebrauch der Sinne** lassen das Baby auf seine Umwelt reagieren.

Nun geht's los – Aufgaben für schlaue Köpfe!

1) Was ist auf diesem Bild zu sehen? Beschreibe mit eigenen Worten, was hier geschieht! ★★★

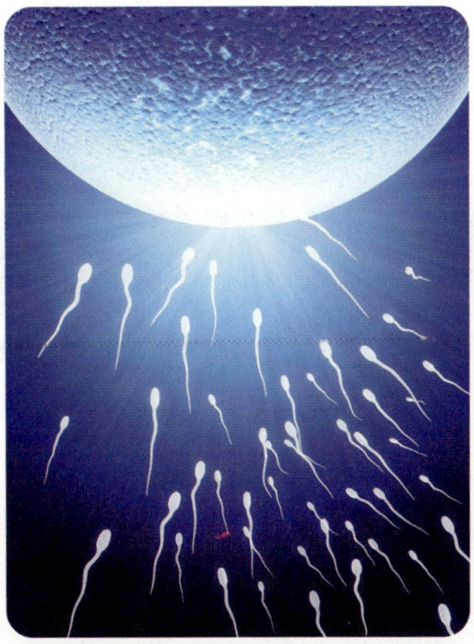

2) Ordne die Abbildungen in der richtigen Reihenfolge, indem du sie nummerierst! Dann schreibe den richtigen Text dazu! ★★

Eine Samenzelle dringt ein, sie verliert dabei die Geißel. ★ Die Zellkerne verschmelzen. ★ Eine Zygote (=befruchtete Eizelle) ist entstanden. ★ Millionen Samenzellen erreichen die reife Eizelle.

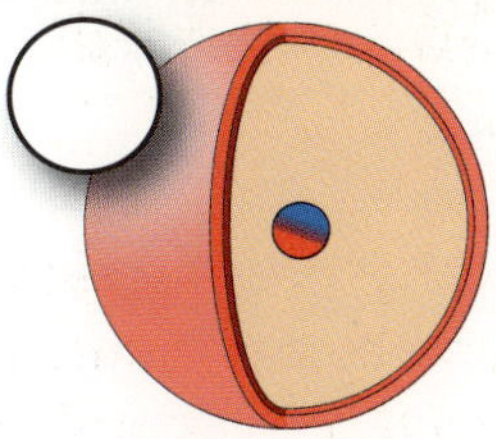

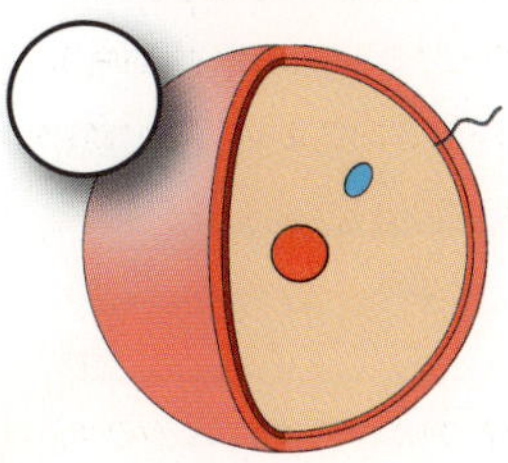

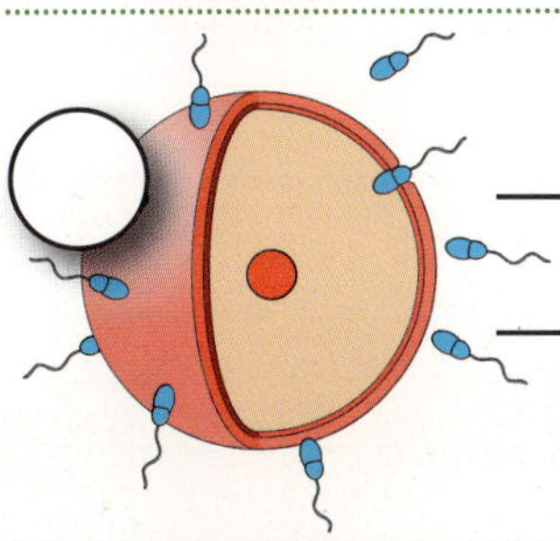

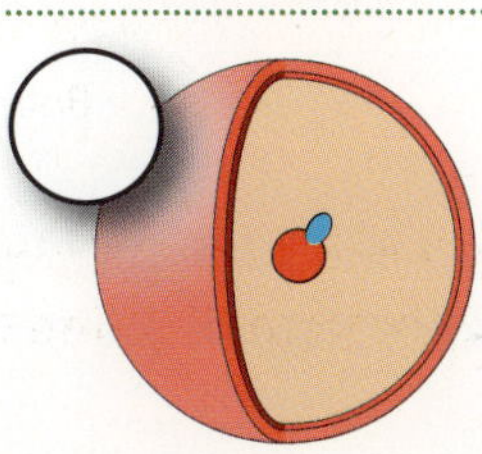

Nun geht's los – Aufgaben für schlaue Köpfe!

3) **Richtig oder falsch?** Welche dieser Aussagen zur Schwangerschaft sind richtig, welche nicht? **Wenn du richtig ankreuzt, erhältst du ein Lösungswort! ★★★**

	richtig	falsch
Die Nabelschnur bildet die Verbindung zwischen Plazenta und Embryo.	F	A
Alkohol und Nikotin können von der Mutter nicht in den Embryo gelangen.	S	E
In den ersten Monaten der Schwangerschaft leiden Frauen oft an Übelkeit.	T	D
In den ersten Schwangerschaftswochen entstehen im Embryo noch keine Organe.	G	U
Ab dem 7. Monat ist ein Fetus überlebensfähig.	S	E

LÖSUNGSWORT: . . . . .

4) **Lies den folgenden Artikel, denn er enthält wichtige Informationen zum Thema Spermien! ★**

1 DIE ENTWICKLUNG zu reifen Spermien dauert rund 72 Tage. Die Spermienbildung erfolgt nur bei ca. 35 °C. Dann werden sie im Nebenhoden gespeichert.

2 DIE EREKTION Erektionen treten bereits beim Säugling auf, die Produktion von Sperma beginnt erst in der Pubertät und kann durch Alkohol oder Zigaretten beeinträchtigt werden.

3 DAS VOLUMEN eines menschlichen Samenergusses beträgt durchschnittlich 2 bis 6 ml. 1 ml enthält durchschnittlich 20 bis 150 Millionen Spermien.

4 DIE LEBENSDAUER Die Spermien sind im weiblichen Genitaltrakt etwa 24 bis 72 Stunden lang befruchtungsfähig.

Quelle: Kurier 28.3.2012

5) **Überlege, welche Schlüsse man aus diesen Informationen ziehen kann! Sprich darüber mit deinem Sitznachbarn/deiner Sitznachbarin! ★★★★**

6) Wenn ein Kinderwunsch sich nicht erfüllt, kann dies eine Beziehung schwer belasten. **Was sagst du zu der Aussage dieses Mannes? ★★★**

Ich finde, ______________________________

____

____

____

____

____

____

7) **Besprecht, welche Möglichkeiten Paare haben, um sich einen Kinderwunsch zu erfüllen! Sucht Informationen zu diesem Thema (Bibliothek, Internet) und diskutiert darüber in der Klasse! ★★★★**

23. METHODEN DER VERHÜTUNG

Warum verhüten? Wer trägt die Verantwortung?

Das „erste Mal" ist für jedes Mädchen und jeden Burschen ein besonderer Moment. Wichtig ist, dass beide den Geschlechtsverkehr auch wirklich möchten. Eine gewisse Reife und Verantwortung sich und dem Partner/der Partnerin gegenüber ist eine notwendige Voraussetzung.

Niemand darf sich, nur weil es der Partner/die Partnerin will, zum Geschlechtsverkehr überreden lassen.

Genauso wichtig ist, dass man vorher gemeinsam über Möglichkeiten der Schwangerschaftsverhütung spricht und sich der **Verantwortung** bewusst wird, die beide **dabei** haben. Denn: **Jeder Geschlechtsverkehr ohne Verhütung kann zu einer Schwangerschaft führen!**

Wer bei Geschlechtsverkehr verhütet, ist vor einer ungewollten Schwangerschaft sicher.
ABER
Nur ein Kondom schützt auch vor Geschlechtskrankheiten!

Überlege, welche Gründe es gibt, dass junge Menschen noch keine Kinder wollen!

Will oder kann man die Verantwortung für ein Kind nicht oder noch nicht tragen, so müssen beide Partner über Verhütungsmethoden und ihre Anwendung Bescheid wissen.

Aber auch der Schutz vor einer sexuell übertragbaren Krankheit beim Geschlechtsverkehr ist wichtig.

Wann geht man zum Frauenarzt/zur Frauenärztin?
Der Facharzt/die Fachärztin für Frauen und Mädchen ist der Gynäkologe/die Gynäkologin. Ein Besuch beim Gynäkologen/bei der Gynäkologin ist notwendig …
- wenn starke Regelschmerzen auftreten,
- wenn mit 16 Jahren noch keine Regelblutung eingesetzt hat,
- wenn die Blutung ausbleibt,
- wenn man mehr über Verhütungsmethoden erfahren möchte, die man einsetzen kann,
- wenn ein Verdacht auf eine sexuell übertragbare Krankheit besteht.

Wann kann ein Mädchen schwanger werden?

Sobald ein Mädchen den ersten Eisprung hat, kann es schwanger werden. Das bedeutet, dass es noch gar keine Regel gehabt haben muss und trotzdem schwanger werden kann. Kein Mädchen weiß genau, wann der erste Eisprung auftritt und wann es die erste Regel bekommt. Daher ist Verhütung immer ein Thema!

Was sind Methoden der Verhütung?

Darunter versteht man alle Methoden, die das Reifen einer Eizelle, das Befruchten oder das Einnisten der befruchteten Eizelle **verhindern**.

Wie sicher sind Verhütungsmittel?

Wie sicher ein Verhütungsmittel ist, gibt der **Pearl-Index** an. Je **niedriger** der Pearl-Index ist, desto **sicherer** ist die Methode. Die Pille z. B. hat einen Pearl-Index von 0,1 – 0,9. Sie gilt als sehr sichere Verhütungsmethode.

Pearl-Index: Er gibt an, wie viele Frauen von 100, die regelmäßig Sex haben, trotz Anwendung einer bestimmten Verhütungsmethode innerhalb eines Jahres schwanger wurden.

Natürliche Verhütung

Bei allen natürlichen Methoden der Empfängnisverhütung müssen die **fruchtbaren und unfruchtbaren Tage** einer Frau **bestimmt werden**.

Empfängnisverhütung – es wird verhindert, dass …

- eine befruchtungsfähige Eizelle entsteht.
- eine Eizelle befruchtet wird.
- sich eine befruchtete Eizelle in der Gebärmutterschleimhaut einnistet.

Dazu musst du wissen:

! Verlässt die Eizelle den Eierstock, so ist sie im Eileiter auf dem Weg in die Gebärmutter bis zu 24 Stunden bereit zur Befruchtung.

Allerdings muss auch die Lebensdauer (bis zu 5 Tagen!) der Spermien berücksichtigt werden! Den Zeitraum von **5 Tagen vor bis einen Tag nach dem Eisprung** bezeichnet man als **fruchtbare Tage** der Frau. Während dieser Zeit darf die Frau keinen ungeschützten Geschlechtsverkehr haben, wenn sie nicht schwanger werden will.

Alle natürlichen Methoden müssen sich nach dem Zyklus der Frau richten, da Männer immer fruchtbar sind. Das bedeutet, dass ihre Samenzellen jederzeit eine Eizelle befruchten können.

Um natürliche Verhütung anwenden zu können, muss der Zyklus sehr regelmäßig sein und möglichst 28 Tage betragen. Außerdem muss die Frau ihren Zyklus sehr genau beobachten. **Für junge Mädchen sind alle diese Methoden daher nicht gut geeignet**, da bei ihnen der Zyklus oft noch nicht so regelmäßig ist.

Was ist die Knaus-Ogino Verhütungsmethode?
Die Temperaturmethode wird auch nach ihren beiden Erfindern so genannt. Ursprünglich hatte sie der Japaner Kyūsaku Ogino entwickelt, um die Chance, ein Kind zu zeugen, zu erhöhen.
Der Österreicher Hermann Knaus entwickelte diese Methode in den 1930-er Jahren zur Empfängnisverhütung weiter.
Ogino wandte sich schon damals wegen der geringen Zuverlässigkeit gegen einen Gebrauch zur Empfängnisverhütung.

Methoden der natürlichen Verhütung

KALENDERMETHODE: Dabei werden nach genauer Beobachtung die **fruchtbaren Tage bestimmt**. An diesen Tagen darf kein Geschlechtsverkehr stattfinden, außer man wendet eine zusätzliche Verhütungsmethode an.

TEMPERATURMETHODE: Bei dieser Methode muss **täglich die Körpertemperatur möglichst zur selben Zeit am Morgen und vor dem Aufstehen gemessen** werden. Da die Körpertemperatur nach dem Eisprung um 0,5 ° höher ist, lässt sich so der Eisprung ermitteln.

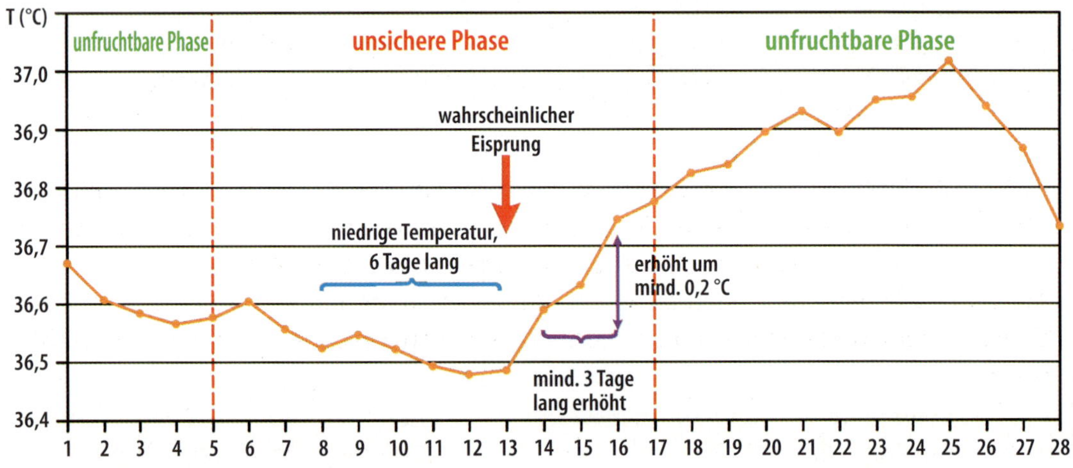

Aufzeichnung der Temperatur

Was kannst du aus diesen Angaben herauslesen?

Coitus interruptus: lat „Coitus" = Geschlechtsverkehr und „interruptus" = unterbrochen

COITUS INTERRUPTUS – Aufpassen: Beim **Coitus interruptus** zieht der Mann, kurz bevor es zum Samenerguss kommt, den Penis aus der Scheide. Da bereits vor dem Samenerguss Spermien aus dem Penis ausfließen können, ist dies aber keine sichere Verhütungsmethode.

Was sagt der Pearl-Index zu …

Kalendermethode:	9
Temperaturmethode:	0,8 – 3
Coitus interruptus:	4 – 18

! **ACHTUNG:** Sie ist die **einzige und absolut nicht empfehlenswerte natürliche Methode**, die dem **Mann** derzeit möglich ist.

Methoden der mechanischen Verhütung

Alle mechanischen Methoden der Verhütung sollen verhindern, dass die reife Eizelle mit einer Samenzelle in Berührung kommt.

KONDOM: Das Kondom (Gummi, Präservativ) ist eine **elastische**, dünne Hülle, die über den bereits steifen Penis gezogen wird. Dies muss so geschehen, dass im vorderen Bereich des Gummiüberzuges Platz für das Sperma bleibt, das bei der **Ejakulation** aus dem Penis ausfließt. Damit diese Methode sicher ist, muss der Penis, noch bevor er schlaff wird, mitsamt dem Kondom aus der Scheide gezogen werden.

ACHTUNG! Nach der Entfernung des Kondoms können Spermien an den Händen kleben!

FEMIDOM: Das Femidom, ein „**Kondom**“ **für die Frau**, ist aus dünnem, reißfestem Kunststoff. Es wird in die Scheide eingeführt, sodass sich der äußere Ring vor den großen Schamlippen befindet und der innere Ring in der Scheide vor dem Muttermund zu liegen kommt. Der Vorteil an dieser Methode liegt darin, dass das Femidom bereits Stunden vor dem Geschlechtsverkehr in die Scheide eingeführt werden kann.

! Kondom und Femidom sind die einzigen Verhütungsmittel, die auch vor **sexuell übertragbaren Krankheiten schützen**! Sie sollten nur in Apotheken oder Drogeriemärkten gekauft werden. Außerdem ist auf das Haltbarkeitsdatum zu achten!

PORTIOKAPPE, SCHEIDENDIAPHRAGMA und **SPIRALE**: Diese werden zur Verhütung ebenfalls in die Scheide eingeführt, sind aber für junge Mädchen nicht empfehlenswert. Die Spirale wird von einer Ärztin/einem Arzt in die Gebärmutter eingesetzt. Spiralen geben Hormone ab, die eine Schwangerschaft verhindern.

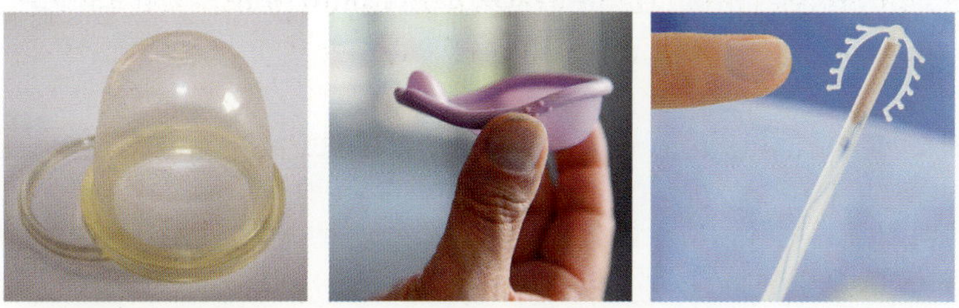

Portiokappe, Diaphragma und Spirale

STERILISATION – ein chirurgischer Eingriff: Die sicherste Methode der Schwangerschaftsverhütung ist die Sterilisation. Dabei werden die Samenleiter des Mannes bzw. die Eileiter der Frau bei einer Operation durchtrennt. Diese Möglichkeiten sollte man nur dann wählen, wenn man sicher ist, dass man keine Kinder mehr möchte. Das Ergebnis der Operation kann oft nur schwer – oder gar nicht – rückgängig gemacht werden!

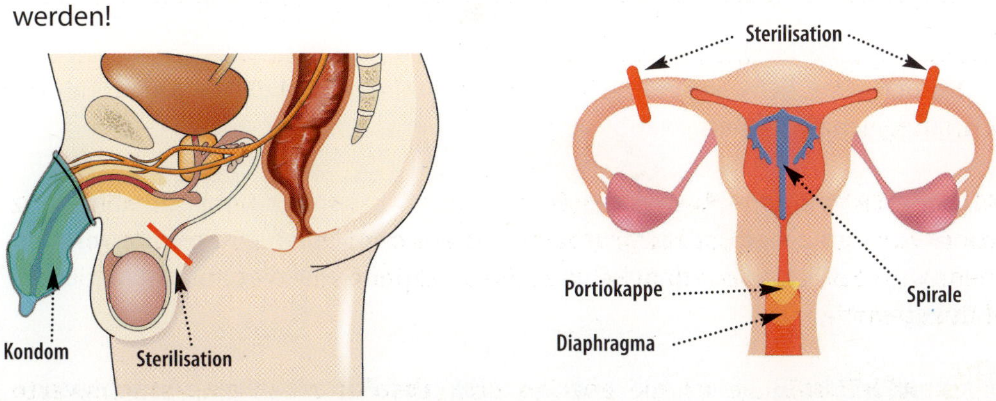

Mechanische Verhütung bei Mann und Frau

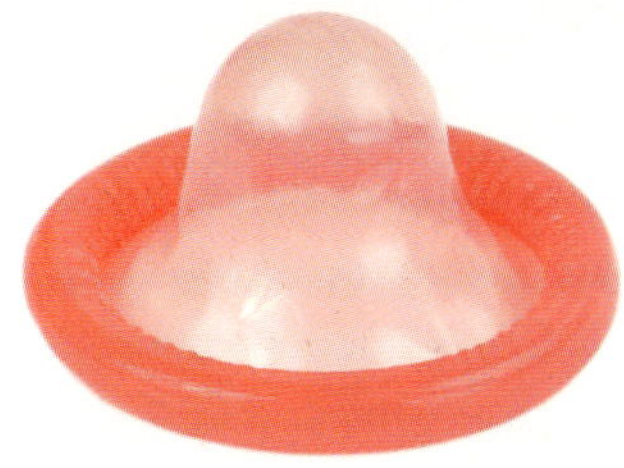

Kondom

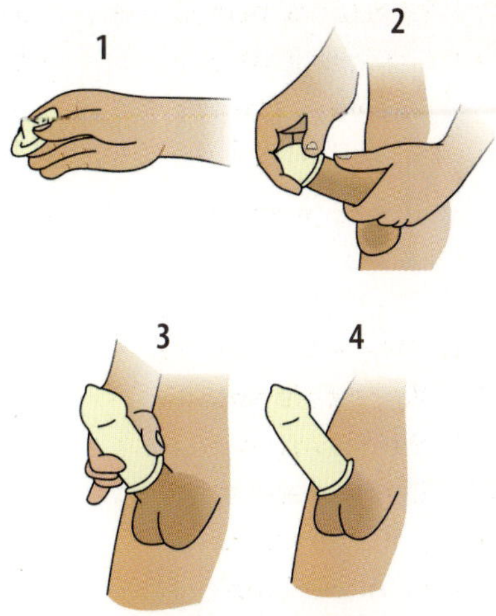

Kondom richtig benützt

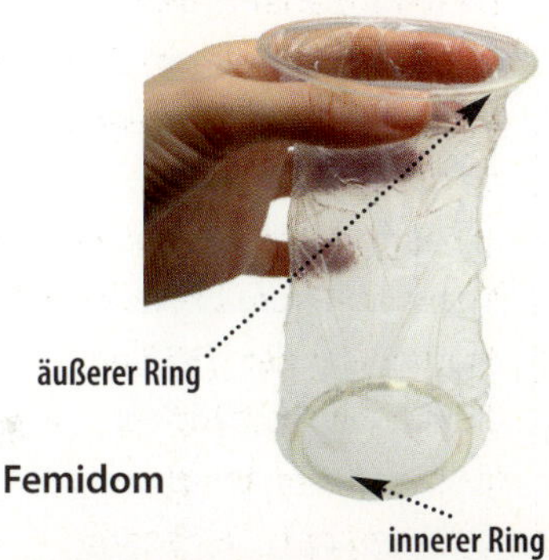

Femidom

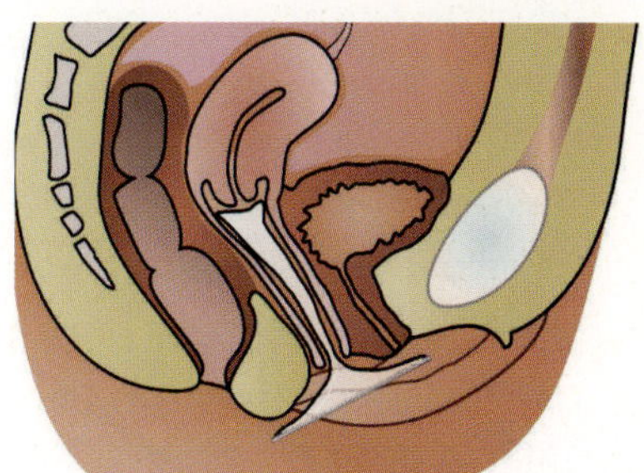

Femidom richtig eingeführt

Was sagt der Pearl-Index zu …

Kondom:	3 – 7
Femidom:	5 – 25
Portiokappe:	6
Spirale:	1,5 – 3
Diaphragma:	2 – 4
Sterilisation:	0

Was sagt der Pearl-Index zu …
Salben, Zäpfchen, Gele, Schaum oder Sprays: 3 – 10
Antibabypille: 0,1 – 0,9
Dreimonatsspritze: 0,3 – 1,4

Methoden der chemischen Verhütung

SALBEN, **GELE**, **ZÄPFCHEN**, **SCHAUM** oder **SPRAYS:** Diese werden vor dem Geschlechtsverkehr in die Scheide eingeführt und sollen die Spermien abtöten oder ihre Beweglichkeit verringern, sodass sie die befruchtungsfähige Eizelle nicht erreichen.

Wendet man **nur diese Präparate** an, ist eine Verhütung **relativ** unsicher. In Kombination mit mechanischen Verhütungsmitteln ist ihre Wirksamkeit jedoch sehr hoch. Allerdings kann es durch diese Mittel manchmal zu Schleimhautreizungen kommen.

Methoden der hormonellen Verhütung

ANTIBABYPILLE: Durch den Einsatz von Hormonen wird der Eisprung unterdrückt und den Spermien der Zugang über den Muttermund in die Gebärmutter erschwert.

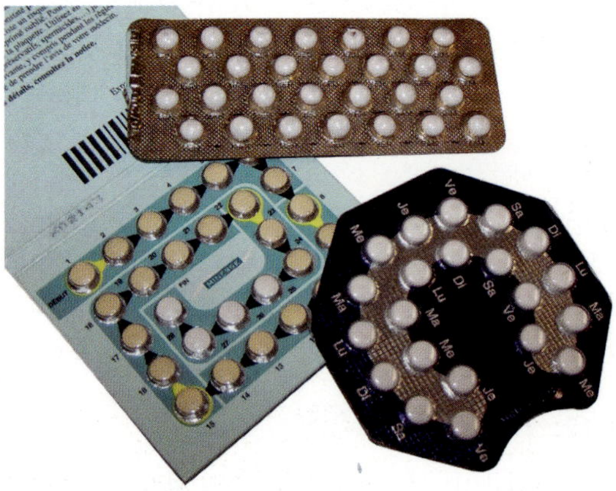

verschiedene Antibabypillen

Zu den bekanntesten Präparaten gehört die **Antibabypille**. Je nach Zusammensetzung spricht man von der **Mikropille**, der **Minipille** oder der **Dreiphasen-Pille**.

Alle bieten bei richtiger, das heißt regelmäßiger Einnahme großen Schutz vor ungewollter Schwangerschaft.

ACHTUNG: Es besteht aber kein Schutz vor sexuell übertragbaren Krankheiten.

Gibt es die „Pille für den Mann"?
Hormonelle Verhütungsmittel gibt es derzeit nur für die Frau. Obwohl Arzneimittelhersteller daran arbeiten, ein Hormonpräparat herzustellen, das die Produktion von Spermien unterdrückt, wurde bisher kein solches Medikament entwickelt.

HORMONPFLASTER, **DREIMONATSSPRITZE**, **HORMONSTÄBCHEN** oder **HORMONSPIRALE:** Man kann auch mit diesen Präparaten verhüten, die ähnlich wie die Pille funktionieren.

!

BEDENKE: Alle hormonellen Verhütungsmittel sind **Medikamente**, die auch **Nebenwirkungen** haben können. Sie müssen von einer **Gynäkologin/** einem **Gynäkologen** verschrieben werden.

PILLE DANACH: Dieses Medikament wird nach einem ungeschützten Geschlechtsverkehr und nur in besonderen Fällen eingenommen. Das Medikament enthält eine **hohe Menge an Hormonen** und verhindert das Einnisten der befruchteten Eizelle. Dazu muss das Medikament bis zu **72 Stunden (3 Tage) nach** dem ungeschützten Geschlechtsverkehr eingenommen werden. Als geeignete Verhütungsmethode kann man die Pille danach nicht bezeichnen.

Es gibt **unterschiedliche Methoden** der Verhütung. Wenn ein Paar kein oder noch kein Kind möchte, so liegt es in der **Verantwortung beider**, für die richtige Verhütungsmethode zu sorgen. **Wie sicher eine Methode** ist, gibt der Pearl-Index an. Nur das **Kondom** und das **Femidom schützen** zusätzlich noch vor **sexuell übertragbaren Krankheiten**.

Schwangerschaftsabbruch

Der Abbruch einer Schwangerschaft ist einer Frau in Österreich bis zum Ende des 3. Schwangerschaftsmonats erlaubt.

Die Gründe für eine so schwerwiegende Entscheidung können unterschiedlich sein und **müssen von einer Frau genau überlegt werden**. Durch einen chirurgischen Eingriff wird der Fetus von einem Gynäkologen/einer Gynäkologin aus der Gebärmutter entfernt.

Eine Abtreibung ist für jede Frau – aber auch für ihren Partner – eine sehr schwierige Entscheidung. Auf **keinen Fall** handelt es sich dabei um eine Verhütungsmethode.

24. SEXUELL ÜBERTRAGBARE KRANKHEITEN

Safer Sex

Durch ungeschützten Geschlechtsverkehr kann man sich mit Krankheitserregern anstecken, die zu unterschiedlichen Erkrankungen oder sogar zum Tod führen. Man spricht von **sexuell übertragbaren Krankheiten**.

AIDS wird oft auch durch ungeschützten Geschlechtsverkehr übertragen. Es ist aber keine **Geschlechtskrankheit**, da nicht die Geschlechtsorgane erkranken. Vielmehr wird durch AIDS das **Immunsystem** so geschwächt, dass die Krankheit schließlich zum Tod führt.

Auch **Hepatitis B** kann durch ungeschützten Geschlechtsverkehr übertragen werden und ist ebenfalls keine Geschlechtskrankheit.

Was ist Safer Sex?
Dies bedeutet „sicherer Sex" und gleichzeitig auch „geschützter Sex". Mit Safer Sex soll das Risiko einer Ansteckung mit sexuell übertragbaren Krankheiten reduziert werden. Bei Safer Sex wird vermieden, dass Körperflüssigkeiten in den Körper des Partners/der Partnerin gelangen und umgekehrt ebenso in den eigenen Körper.

Wenn es durch andere Krankheitserreger zu einer Erkrankung der Geschlechtsorgane selbst kommt, spricht man von Geschlechtskrankheiten. **Syphilis (Lues)**, **Tripper (Gonorrhöe)** und eine **Trichomonadeninfektion** gehören zu den **Geschlechtskrankheiten**.

Stadium: hier → Abschnitt

Geschlechtskrankheiten

LUES/SYPHILIS: Die Erreger der Syphilis sind spiralförmige **Bakterien**, die **Spirochäten** genannt werden. Die Krankheit verläuft in 3 **Stadien**:

1. Stadium: Etwa 3 Wochen nach der Ansteckung (Geschlechtsverkehr ohne Kondom!) entstehen kleine Geschwüre am Penis oder in der Scheide. Diese schmerzen, verschwinden aber auch ohne Behandlung wieder.

2. Stadium: Nach ca. 6 Wochen tritt ein roter, ansteckender Hautausschlag auf. Die Schleimhäute im Mund und der Scheide verändern sich. Jetzt haben sich die Erreger bereits über die Blutbahn verbreitet. Auch diese Anzeichen klingen ohne Behandlung wieder ab.

ACHTUNG: Sowohl im 1. als auch im 2. Stadium ist die Krankheit mit Antibiotika heilbar.

3. Stadium: Nach 2 bis 5 Jahren, manchmal sogar nach Jahrzehnten, sind die inneren Organe, die Gehirnzellen und die Nervenbahnen so schwer geschädigt, dass eine Heilung kaum mehr möglich ist. Die Krankheit führt zum Tod.

3 Pflichten bei Verdacht auf eine Geschlechtskrankheit

1. Sofort einen Arzt/eine Ärztin aufsuchen!
Geschlechtskrankheiten können im Anfangsstadium vollständig geheilt werden.

2. Der Partner/die Partnerin muss informiert werden!
Auch er/sie muss sich untersuchen und wenn nötig behandeln lassen.

3. Kein Geschlechtsverkehr, bevor der Arzt/die Ärztin die vollständige Heilung festgestellt hat!

GONORRHÖE/TRIPPER: Die Erreger der Gogorrhöe sind **kugelförmige Bakterien**, die **Gonokokken**.

Schon 2 bis 3 Tagen nach der Ansteckung äußert sich beim Mann die Erkrankung durch eine Entzündung der Harnröhre. Er hat brennende Schmerzen beim Urinieren. Bei der Frau entsteht ein eitriger Ausfluss aus der Scheide. Später kommt es zu einer Entzündung der Eileiter und Eierstöcke.

Im **frühen Stadium** ist die Krankheit mit Antibiotika **gut zu heilen**. Erfolgt die Behandlung **zu spät** oder wenn sie gar nicht behandelt wird, führt sie sowohl beim Mann als auch bei der Frau zu **Unfruchtbarkeit**.

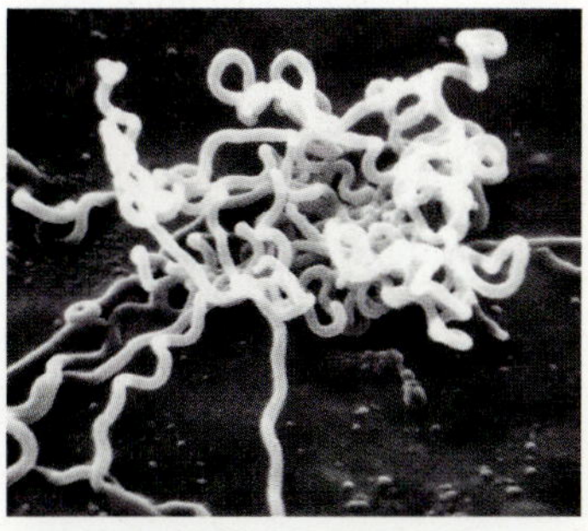
Syphiliserreger unter dem Elektronenmikroskop

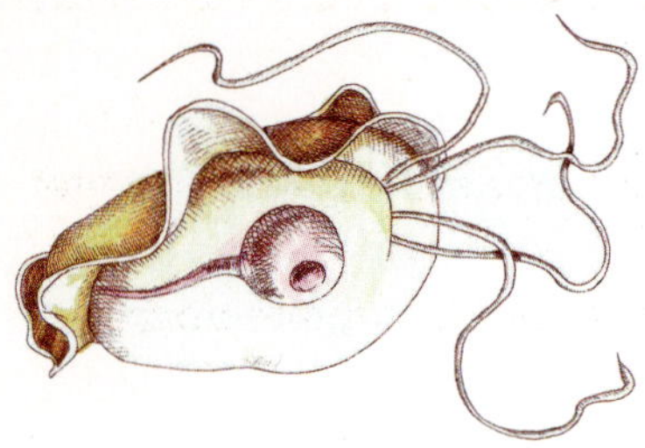

Trichomonade

HIV: Humanes Immundefizienz-Virus, Immunschwäche-Virus

HIV-positiv: Menschen, die HIV-Viren in ihren Körperflüssigkeiten und ihrem Blut haben

Bedenke: Oft leben Menschen lange Zeit, ohne zu wissen, dass sie HIV-positiv sind.

Überlege, welche Konsequenzen dieser Satz für das Sexualverhalten verantwortungsbewusster Menschen haben muss!

Dieses Plakat wurde 2009 von einer Schulklasse des Parhamergymnasiums in Wien gestaltet.

Sexuell übertragbare Krankheiten werden durch ungeschützten Geschlechtsverkehr übertragen. Dazu zählen **AIDS** und **Hepatitis B. Syphilis (Lues), Tripper (Gonorrhöe)** und die **Trichomonaden-infektion** sind Geschlechtskrankheiten. Die Verwendung eines Kondoms verringert das Risiko einer Ansteckung.

TRICHOMONADENINFEKTION: Die Erreger dieser Erkrankung sind Einzeller (Geißeltierchen). Sie verursachen eine **Entzündung in der Scheide**, die in der Folge zu einem übel riechenden Ausfluss, zu Juckreiz oder zu Schmerzen beim Urinieren führt. Beim Mann kommt es zu einer Entzündung der Harnröhre.

Eine Infektion erfolgt zumeist durch ungeschützten Geschlechtsverkehr. In seltenen Fällen kann sie auch in öffentlichen Bädern oder durch verschmutztes Badewasser erfolgen. Eine Behandlung mit **Antibiotika** ist immer erfolgreich.

AIDS – eine schwere, noch immer unheilbare Krankheit

AIDS ist eine durch das HI-Virus hervorgerufene Immunschwächekrankheit. Sowohl im Blut als auch im Scheidensekret oder in der Samenflüssigkeit eines **HIV-positiven** Menschen befinden sich so viele Viren, dass sich ein gesunder Mensch anstecken kann.

Die **Ansteckung erfolgt** durch …

- ungeschützten Geschlechtsverkehr,
- durch Verwenden von gebrauchten Injektionsnadeln (Drogenszene!),
- durch Kontakt mit dem Blut Infizierter (z. B. bei Verletzungen)
- und durch Bluttransfusionen, wenn Blutkonserven verseucht sind.

In Österreich ist die Gefahr, durch eine Bluttransfusion angesteckt zu werden, äußerst gering.

Beim normalen Umgang im Alltag mit HIV-kranken Menschen besteht **keine Ansteckungsgefahr.**

Erste Symptome einer Ansteckung sind nicht leicht zu erkennen. Es kann zu Fieber, Müdigkeit, einer Lymphknotenschwellung, Durchfall oder zu Anzeichen wie bei einer **harmlosen Erkältung** kommen. Nur der Arzt/die Ärztin kann durch eine Blutuntersuchung den HI-Virus im Blut feststellen. Erst ab diesem Zeitpunkt weiß ein Mensch, dass er HIV-positiv ist.

Später **schädigen die Viren das Immunsystem** dermaßen, dass es immer öfter zu Erkrankungen wie z. B. Lungenentzündungen, Pilzerkrankungen, Hautkrebs, Lungenkrebs oder Darmgeschwüren kommt. Wenn die Erkrankung AIDS ausbricht, führt sie früher oder später zum Tod. Es gibt zwar Medikamente, die lebensverlängernd wirken, **heilbar ist die Krankheit aber bis heute nicht**.

HEPATITIS B: Auch bei Hepatitis B sind die Krankheitserreger **Viren**. Sie können durch ungeschützten Geschlechtsverkehr, Bluttransfusionen, unsterile Spritzen, Nadeln und Instrumente, wie sie bei medizinischen Eingriffen, Drogenmissbrauch, Tätowierungen oder Piercing zum Einsatz kommen, übertragen werden.

Krankheitssymptome können Gliederschmerzen, Fieber, Appetitlosigkeit, Übelkeit und Erbrechen sein. Es kann zu chronischen Erkrankungen der Leber kommen, die schließlich zum Tod führen.

! **Durch eine Impfung kann man sich vor dieser Krankheit schützen.**

Nun geht's los – Aufgaben für schlaue Köpfe!

1) **Legenden um Sex und Fortpflanzung** – Wenn es um Sexualität geht, gibt es viele Annahmen unter Jugendlichen, die als „moderne Legenden" zu bezeichnen sind. **Teste dich selbst, indem du JA oder NEIN ankreuzt! Begründe auch deine Entscheidung!** ★★★ Tipp: Wenn du nicht weiterweißt, studiere doch den Artikel von Frau Doktor Mayer im Sexualitätsreport auf S. 117!

A: weil ______________________

B: weil ______________________

C: weil ______________________

D: weil ______________________

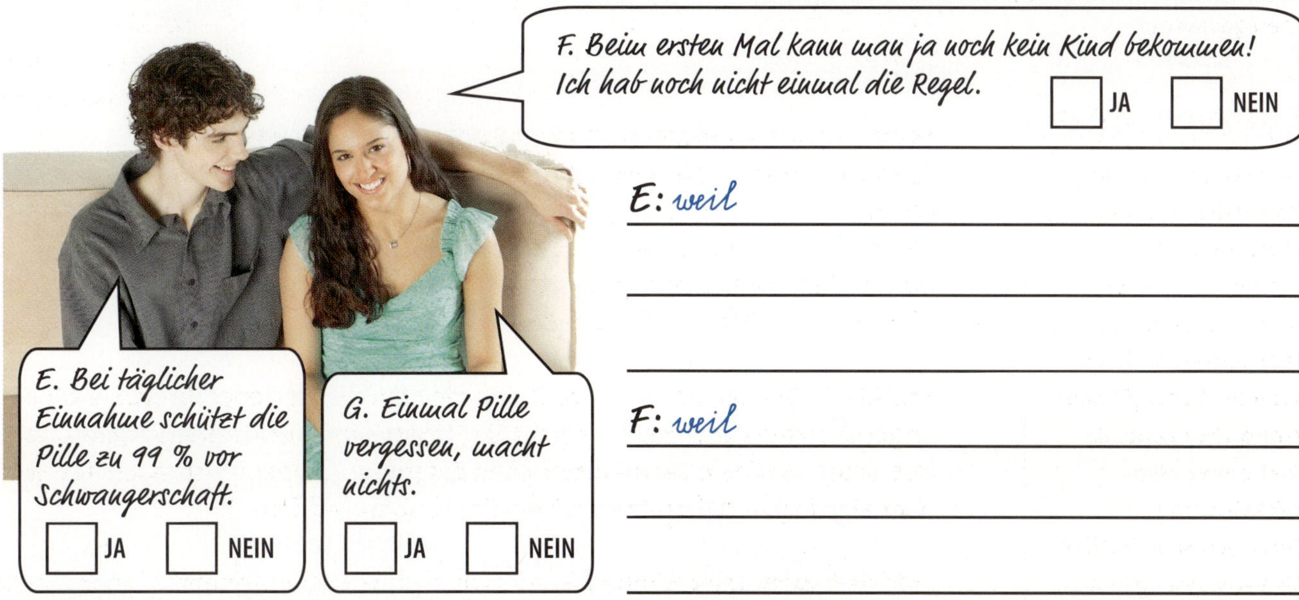

E: weil ______________________

F: weil ______________________

G: weil ______________________

Nun geht's los – Aufgaben für schlaue Köpfe!

2) Was rätst du den beiden jungen Menschen? **Nenne die 3 Pflichten, die man bei Verdacht auf eine Geschlechtskrankheit hat! Begründe sie auch! ★★★★**

Ich habe einen Ausfluss! Ungeschützten Geschlechtsverkehr hatte ich auch! Was tu ich bloß? Na, wird schon nichts Böses sein! Zum Arzt/zur Ärztin gehen ist peinlich. Einfach nicht daran denken! Und kein Wort zu meiner Freundin sagen.

1. Pflicht: ______________________________

Begründung: ______________________________

____

____

2. Pflicht: ______________________________

Begründung: ______________________________

____

____

3. Pflicht: ______________________________

Begründung: ______________________________

____

____

3) **Immer zwei Begriffe gehören zusammen!** Setze die Buchstaben in die Kästchen rechts ein! Ob du alles richtig gemacht hast, zeigt dir das Lösungswort! ★★

(M)	**Tripper**	☐	Immunschwächekrankheit
(K)	**AIDS**	☐	Krankheitserreger Spirochäten
(O)	**Trichomonadeninfektion**	☐	Erkrankung der Leber
(O)	**Syphilis**	☐	Geschützter Sex
(D)	**Safer Sex**	☐	Krankheitserreger Geißeltierchen
(N)	**Hepatitis B**	☐	Krankheitserreger Gonokokken

LÖSUNGSWORT: . . . . . .

Die 10 größten Verhütungsirrtümer:

Unsere Gynäkologin, Frau Dr. Mayer, klärt Sie über die spektakulärsten Mythen und Märchen zum Thema Verhütung auf.

1. Einmal Pille vergessen macht doch nichts.
2. Man kann mit einem Tampon verhüten.
3. Stillende Mütter können nicht schwanger werden.
4. Während der Periode ist keine Verhütung notwendig.
5. Man kann ein Kondom zweimal verwenden.
6. Zwei Kondome halten besser als eines.
7. Coitus Interruptus schützt vor Schwangerschaft.
8. Von Sex in der Badewanne wird man nicht schwanger.
9. Die Pille schützt auch vor Geschlechtskrankheiten.
10. Die Pille wirkt immer.

Lesen Sie auf der nächsten Seite nach, warum diese Aussagen einfach nicht stimmen!

Arztbesuch ohne Angst

Gynäkologe/Gynäkologin: Diese bieten eigene Sprechstunden für junge Mädchen an. Dabei geht es noch nicht um eine ärztliche Untersuchung, sondern darum, einander kennen zu lernen.
Urologe/Urologin: Diese Fachärzte können Männer und Frauen aufsuchen, wenn sie Probleme mit Niere, Harnblase, Harnleiter oder Harnröhre haben. Urologen/Urologinnen sind aber auch auf männliche Geschlechtsorgane spezialisiert. So tasten sie die äußeren Geschlechtsorgane ab oder kontrollieren, ob sich die Vorhaut schmerzfrei zurückziehen lässt. Sehr wichtig sind Vorsorgeuntersuchungen, bei denen auch die Prostata untersucht wird.
Androloge/Andrologin: Das ist der eigentliche Männerarzt. Zu ihm kommen Männer, die Probleme mit ihrer Erektion haben. Man kann aber auch feststellen lassen, ob man Kinder zeugen kann oder ob man unfruchtbar ist.

Jugendliche und Sexualität

In der „Dr. Sommer Studie 2009 – Liebe! Körper! Sexualität!" wurde unter anderem untersucht, welche sexuellen Erfahrungen Jugendliche von 11 bis 17 Jahren bereits gemacht hatten. Der Studie ergab, dass Jugendliche im Durchschnitt zwischen 16 und 17 Jahren das erste Mal Geschlechtsverkehr haben.
Alarmierend ist, dass 28 % der Jugendlichen angaben, schon einmal ohne Verhütung Geschlechtsverkehr gehabt zu haben.
Ein weiterer Schwerpunkt der Studie war der Umgang der Jugendlichen mit Pornografie. So haben bereits 63 % schon Pornos betrachtet. Mädchen finden diese jedoch eher abstoßend, während sie für Burschen erregend sind. Allerdings gaben nur 1 % der Mädchen und 8 % der Burschen an, regelmäßig Pornos zu betrachten.
Fast jeder Fünfte hat schon pornografische Bilder auf dem Handy betrachtet.

Wichtig zu wissen:

Ärzte/Ärztinnen sind an die Schweigepflicht gebunden. Sie dürfen deshalb den Eltern also nichts von ihrem Gespräch mit ihren jungen Patienten/Patientinnen verraten. Ist ein/eine Patient/in allerdings jünger als 14 Jahre, können die Eltern Auskunft verlangen. Beim Verschreiben der Pille ist bis zum 16. Geburtstag das Einverständnis der Eltern erforderlich.

Der Contergan-Skandal

In den späten 1950er-Jahren traten bei zahlreichen Neugeborenen schwere Missbildungen an Armen und Beinen auf. Hielt man zunächst Atomwaffentests für die Ursache, so stellte sich bald heraus, dass das Medikament Contergan für die Schädigungen an Feten verantwortlich war. Contergan wurde als Beruhigungsmittel millionenfach verkauft. Unter anderem wurde es auch als Mittel gegen die morgendliche Übelkeit von Schwangeren empfohlen, da man nicht wusste, dass dieses Medikament bei schwangeren Frauen schwere Nebenwirkungen hervorrufen kann. So dringt der Wirkstoff in Contergan über die Nabelschnur in den Fetus ein und verhindert das Wachstum mancher Organe, unter anderem auch von Armen und Beinen. Weltweit wurden etwa 5 000 bis 10 000 Kinder durch Contergan geschädigt. Viele von ihnen leben heute noch mit schweren Behinderungen.

die Vererbung das Erbe

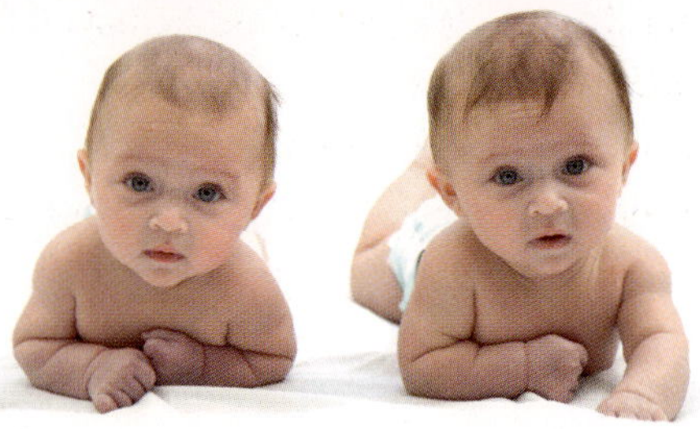

Hurra Zwillinge!

Eineiige Zwillinge gleichen einander wie ein Ei dem anderen. Sie sind aus einer einzigen befruchteten Eizelle entstanden. Eineiige Zwillinge haben das gleiche Erbgut und die gleichen Erbanlagen. Sie haben daher auch immer das gleiche Geschlecht.
Werden zur gleichen Zeit zwei reife Eizellen befruchtet, so entstehen zweieiige Zwillinge. Sie sind einander nicht ähnlicher als andere Geschwister auch und können auch unterschiedlichen Geschlechts sein.

Siamesische Zwillinge

Manchmal kommt es vor, dass sich bei eineiigen Zwillingen die beiden Feten nicht vollständig voneinander trennen. Sie bleiben dann teilweise miteinander verbunden und wachsen so zur vollen Größe heran. In manchen Fällen ist es möglich, solche siamesische Zwillinge durch eine Operation zu trennen. Oft besitzen siamesische Zwillinge aber wichtige Organe nur einmal. In diesem Fall können sie zwar gemeinsam leben, nach einer trennenden Operation stirbt jedoch eines der Kinder. Der Name „siamesische Zwillinge" stammt von einem aus Siam (heute Thailand) stammenden Brüderpaar, welches im 19. Jh. durch Europa zog und unter diesem Titel auf zahlreichen Jahrmärkten auftrat.

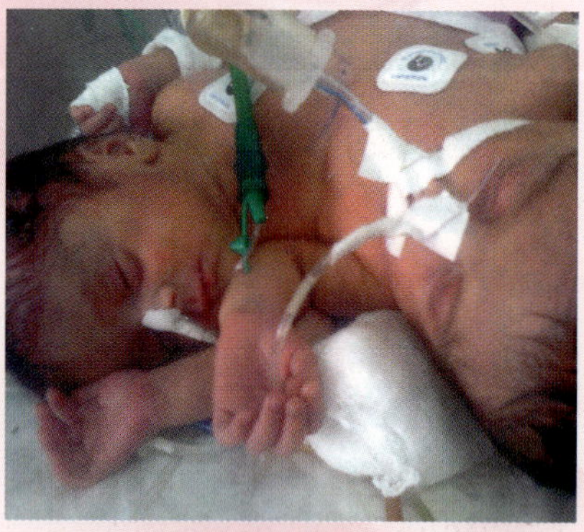

AUFLÖSUNG S. 117

1. Wenn die Einnahme nicht innerhalb der nächsten 12 Stunden nachgeholt wird, muss ein Kondom verwendet werden.
2. Spermien finden auch durch Baumwollfasern ihren Weg.
3. Schon bei Stillpausen ab 4 Stunden kann es zum Eisprung kommen.
4. weil Spermien bis zu 7 Tage im Eileiter oder in der Gebärmutter überleben können
5. Wer ein benutztes Kondom umdreht, erreicht nur, dass die Samenzellen nun außen wirken.
6. Dies kann zum Abrutschen oder Reißen des Kondoms führen.
7. Schon vor dem Orgasmus können Samenzellen in die Scheide gelangen.
8. Nur wenn man sich nicht berührt und einen Sicherheitsabstand hält.
9. Nur Kondom und Femidom schützen.
10. Bei Erbrechen und Durchfall kann die Pille den Körper verlassen.

Kaiserschnitt oder Sectio Caesarea

Der Kaiserschnitt wird auch lateinisch „Sectio Caesare" genannt. „Sectio" bedeutet „Schnitt" und „Cesario" bedeutet „kaiserlich". Im englischen Sprachraum heißt der Eingriff noch heute „Caesarean section". Beim Kaiserschnitt werden die Bauchdecke und die Gebärmutter geöffnet und das Baby so herausgeholt. Bis in die Neuzeit verlief der Kaiserschnitt für Frauen immer tödlich. Deshalb wurde dieser chirurgische Eingriff nur dann gemacht, wenn eine normale Geburt nicht möglich war. Gründe dafür können ein zu enges Becken oder die Lage des Fetus sein. Heute ist dieser Eingriff ungefährlich.

Bin ich homosexuell?

... fragen sich viele Jugendliche. Die Pubertät ist auch eine Phase der sexuellen Orientierung. Das macht oft sehr unsicher. In dieser Zeit haben manche Jugendliche homosexuelle Kontakte. Nicht jeder Mensch, der als Jugendlicher gleichgeschlechtliche Kontakte hat, ist deswegen homosexuell. Die Ausrichtung der Gefühle klärt sich erst langsam.

Buchtipps

Elisabeth Raith-Paula: Was ist los in meinem Körper. Alles über Zyklus, Tage, Fruchtbarkeit. Verlag Pattloch, München, 2008.

Dr. med. Esther Schoonbrood, Barbara Dobrick: Erklär mir die Liebe! Gefühle, Körper, Sex. Worüber Frauen mit Mädchen sprechen sollten. Goldmann Verlag, München, 2011.

Sylvia Schneider: Das Aufklärungsbuch. Erste Liebe, Mädchensachen, Jungensachen, Pubertät. Ravensburger Buchverlag, Ravensburg 2009.

Unglaublich, aber wahr!

- **Jede Minute stecken sich weltweit 10 Menschen mit dem HI-Virus an.**
- **In Afrika sind 26,5 Millionen Menschen HIV-positiv.**
- **In Österreich infizieren sich täglich 1 bis 2 Menschen mit dem HI-Virus!**
- **Ein Tropfen Blut – verseucht mit Hepatitis B Viren – in einer Badewanne mit Wasser gefüllt, kann zu einer Infektion mit dem Virus führen. Hepatitisviren sind hoch infektiös und kommen sehr häufig vor!**

25. GRUNDLAGEN DER VERERBUNG

Dir sind sicher schon Ähnlichkeiten zwischen Geschwistern oder anderen miteinander verwandten Personen aufgefallen. Besonders deutlich sind solche Gemeinsamkeiten wie gleiche Augenfarbe, Haarfarbe, Form des Mundes usw. bei **eineiigen Zwillingen** zu sehen. Es gibt aber auch sehr viele Merkmale, wie die Blutgruppe, die nicht äußerlich sichtbar sind. Diese müssen auf andere Art und Weise festgestellt werden. Alle Merkmale gemeinsam werden als **Erscheinungsbild** bezeichnet.

Zwillinge

Bei Tieren, Pflanzen und anderen Lebewesen werden Merkmale von den Eltern an ihre Nachkommen weitergegeben, also **vererbt**.

Diese Tatsache ist den Menschen schon sehr früh aufgefallen. Einer der Ersten, der die Vererbung wissenschaftlich erforschte und seine Ergebnisse festhielt, war **Gregor Mendel**. Dieser pflanzte und untersuchte in rund 8 Jahren ca. 28 000 Erbsenpflanzen. Mendel **kreuzte** jene Pflanzen, die sich in bestimmten Merkmalen unterschieden. Dabei konnte er bei der Weitergabe der beobachteten Eigenschaft bestimmte **Gesetzmäßigkeiten** feststellen.

So kreuzte Mendel Erbsenpflanzen, die gelbe Erbsen produzieren, mit solchen, die grüne Erbsen hervorbringen. Dabei stellte er fest, dass die daraus entstehenden Erbsenpflanzen der 1. Tochtergeneration nur gelbe Erbsen erzeugen. Alle Erbsen sehen gleich aus.

Vererbung des Merkmals Erbsenfarbe von den Elternpflanzen/P auf die erste Tochtergeneration/F1

P – für Eltern („parents")
F – für Nachkommen (lat. filia = Tochter)

Nun stellt sich die Frage: Wohin ist die grüne Farbe „verschwunden"?

Erbanlagen befinden sich auf Chromosomen

Um das Vererben von Merkmalen verstehen zu können, musst du wissen, wie Lebewesen aufgebaut sind. Du weißt, dass alle Lebewesen aus Zellen bestehen. Die Information über Merkmale, die an die Nachkommen weitergegeben werden, nennt man **Erbinformation**. Diese ist im **Zellkern** gespeichert. Zellen vervielfachen sich durch Teilung. Dabei teilt sich auch der Zellkern.

Welche Ähnlichkeiten gibt es in deiner Familie? Welche gemeinsamen Merkmale nah verwandter Personen fallen dir sonst noch ein?

Erscheinungsbild: hier → feststellbare Merkmale eines Lebewesens

vererben/Vererbung: im biologischen Sinn Weitergabe von körperlichen Merkmalen von einer Generation auf die nächste

kreuzen: miteinander zur Fortpflanzung bringen (Symbol X); hier Ausdruck der Pflanzen- und Tierzucht

Gesetzmäßigkeiten: Regeln, die für bestimmte Verhältnisse immer wieder beobachtbar sind

Wer war Gregor Mendel?
Er war Ordenspriester und lebte von 1822 bis 1884 in der tschechischen Stadt Brno. Diese hieß damals Brünn und gehörte zu Österreich. Heute findet man in Brno noch ein Museum, das an das Werk Mendels erinnert.

Erbsenpflanze

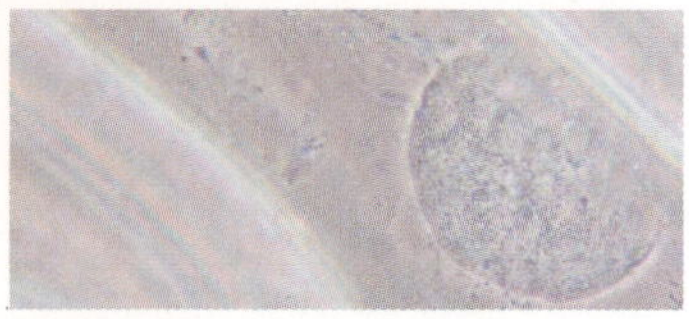

Zellkern einer Küchenzwiebel 1000-fach vergrößert

Chromosom: Farbkörper, der sich mit gewissen Farbstoffen färben lässt; Träger der Erbinformation im Zellkern

> **Warum wird etwas „zusammengepackt"?**
> Wenn du Informationen aus einem Plan ablesen willst, entfaltest du ihn, um ihn lesen zu können. Willst du ihn auf den Weg mitnehmen, faltest du ihn zusammen, weil er dann klein ist und gut transportiert werden kann.

Welchen Vorteil bringt das „Zusammenpacken" bei der Teilung für die Chromosomen?

dominant: vorherrschend, überwiegend

rezessiv: zurückziehend

Bei diesen symbolischen Lebewesen ist die braune Farbe (D) dominant, die helle ist rezessiv (r). Beide Eltern sind reinerbig. Ihre Kinder sind braun, tragen aber beide Anlagen in ihrer Erbinformation (Dr).

Unter dem Mikroskop sieht man bei starker Vergrößerung im Inneren von Zellkernen feine Muster. Bei diesen Mustern handelt es sich um Fäden, die **Chromosomen** genannt werden. Auf ihnen sind die **Erbinformationen gespeichert**.

Vor der Zellteilung werden die Erbinformationen zunächst **verdoppelt**. Bevor sich der Zellkern teilen kann, müssen aber die Chromosomen verdichtet und „zusammengepackt" werden. Im „zusammengepackten" Zustand sind dann die Chromosomen eines Zellkerns im Lichtmikroskop sichtbar.

Bei der nun folgenden Kernteilung werden die Chromosomen der Länge nach geteilt. Jede Hälfte der Chromosomen enthält alle Erbinformationen. Die beiden Hälften werden auf die beiden neu entstehenden Zellkerne aufgeteilt. Jeder der beiden Zellkerne enthält jetzt die gleichen Erbinformationen wie der ursprüngliche Kern.

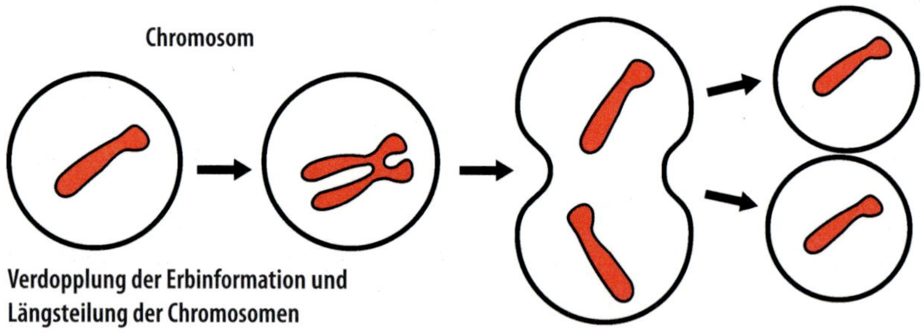

Chromosomen kommen in unseren Körperzellen paarweise vor. Eine menschliche Körperzelle hat **23 Chromosomenpaare**. 22 Chromosomen liegen bei Mann und Frau doppelt vor. Das 23. Chromosomenpaar besteht bei der Frau aus 2 gleichen **X-Chromosomen**, beim Mann aus einem **X-** und einem kleineren **Y-Chromosom.** Dieses Chromosomenpaar sind die **Geschlechtschromosomen**. Sie sind für das Geschlecht des Menschen verantwortlich.

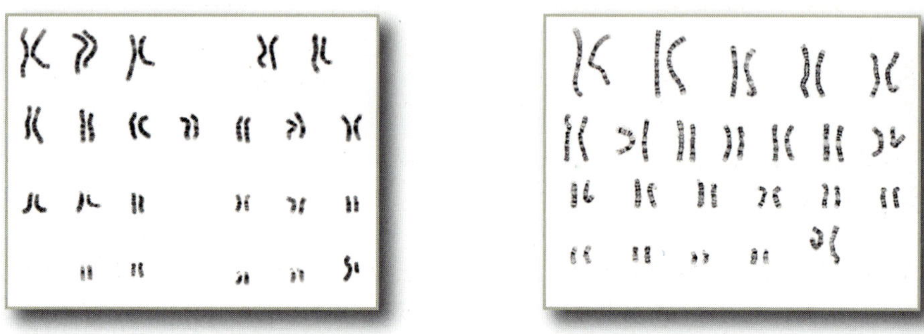

23 Chromosomenpaare beim Menschen

Die **Erbanlagen** für die Merkmale eines Lebewesens, auch **Erbmerkmale** genannt, liegen also – mit einer Ausnahme – immer in doppelter Ausführung vor. Bei den **Geschlechtszellen** eines Lebewesens, also den Ei- und Samenzellen, liegen die Chromosomen jedoch nicht als Paare, sondern einzeln vor.

Kommen wir nun auf das Beispiel mit der Farbe der Erbsen zurück. Beide Geschlechtszellen einer gelben Erbse haben die Anlage für die Farbe Gelb, die der grünen Erbse für die Farbe Grün. In der Elterngeneration liegt die Anlage also **reinerbig** vor. Kreuzt man nun diese beiden Pflanzen, haben die Zellen der Tochtergeneration auf einem Chromosom die Anlage für Gelb, auf dem anderen die für Grün. Da Gelb **dominant** ist, ist es sichtbar. Das Grün ist in den Erbinformationen zwar vorhanden, ist aber nicht im Erscheinungsbild feststellbar, es ist **rezessiv**.

Aus den Beobachtungen Gregor Mendels lassen sich 3 Regeln ableiten.

1. Mendel-Regel: Die Uniformitätsregel

Diese Regel gilt bei der Kreuzung zweier **reinerbiger** Lebewesen, die sich in **einem Merkmal** unterscheiden. Dies wäre in unserem Beispiel die Farbe der Erbsen. Da die gelbe Farbe dominant ist, setzt sich diese Eigenschaft durch. Somit sehen die Nachkommen bezogen auf dieses Merkmal **uniform** aus. Sie sind aber in Bezug auf dieses Merkmal **mischerbig**. In diesem Fall erfolgt nicht nur die Darstellung des Erscheinungsbildes, sondern auch die der Erbanlagen für die Farbe der Erbsen (**Erbbild**) in symbolischer Form als Buchstaben. Dabei ist zu sehen, dass in der Elterngeneration die Anlage **reinerbig** vorliegt.

uniform: gleich

Erbbild: alle im Zellkern gespeicherten Erbanlagen eines Lebewesens

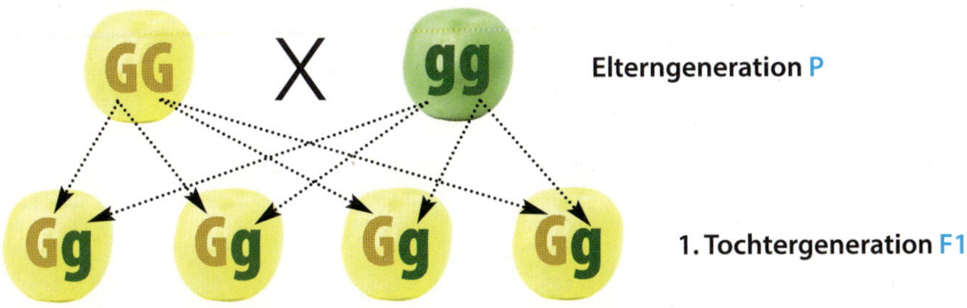

Vererbung des Merkmals Erbsenfarbe: Gelb = dominant (Großbuchstabe); Grün = rezessiv (Kleinbuchstabe)

Was sagt die Uniformitätsregel?
Die 1. Mendel-Regel heißt Uniformitätsregel, weil alle Nachkommen von reinerbigen Lebewesen in der 1. Generation **uniform**, also gleich aussehen.

Was sagt die Spaltungsregel?
Die 2. Mendel-Regel heißt Spaltungsregel, weil sich die Merkmale von Nachkommen von reinerbigen Lebewesen in der 2. Generation **nach einem bestimmten Zahlenverhältnis aufspalten.**

2. Mendel-Regel: Die Spaltungsregel

Gregor Mendel kreuzte die Pflanzen, die aus den gelben Erbsen der 1. Tochtergeneration hervorgingen untereinander.

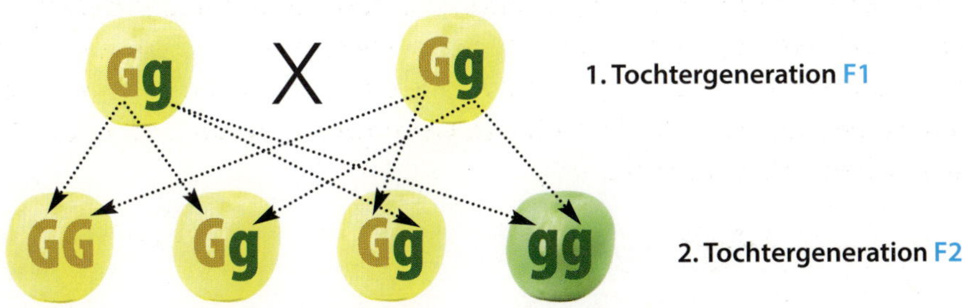

Vererbung der Farbe der Erbsensamen von der 1. zur 2. Tochtergeneration

intermediär: in der Mitte, dazwischen

Er kam zu folgendem Ergebnis: Die „verschwundene" grüne Farbe tauchte in der 2. Tochtergeneration wieder auf. *Warum?*

Bei der Kreuzung von mischerbigen Vertretern der 1. Tochtergeneration entstehen reinerbige und mischerbige Nachkommen. Diese sind durchschnittlich in einem bestimmten Zahlenverhältnis vertreten. Von 4 Nachkommen ist jeweils einer reinerbig in beiden Eigenschaften, 2 sind mischerbig. Bei 3 Nachkommen ist die dominante Eigenschaft zu beobachten, nur bei einem die rezessive. Ihre Zahl **spaltet** sich also durchschnittlich im Verhältnis **3:1 auf**.

Andalusier: seltene spanische Hühnerrasse; aus der Mischung von schwarzen und weißen Hühnern entstehen blaugraue Tiere

Diese Regel gilt auch, wenn keine Eigenschaft dominant ist, sondern beide gleich stark wirken. Dabei spricht man von einem **intermediären** Vererbungsvorgang. Es findet eine Mischung des beobachteten Merkmals statt. Für das Erscheinungsbild gilt in der 2. Generation das Verhältnis 1:2:1. Ein Beispiel dafür ist die Farbe der Hühnerrasse **Andalusier**.

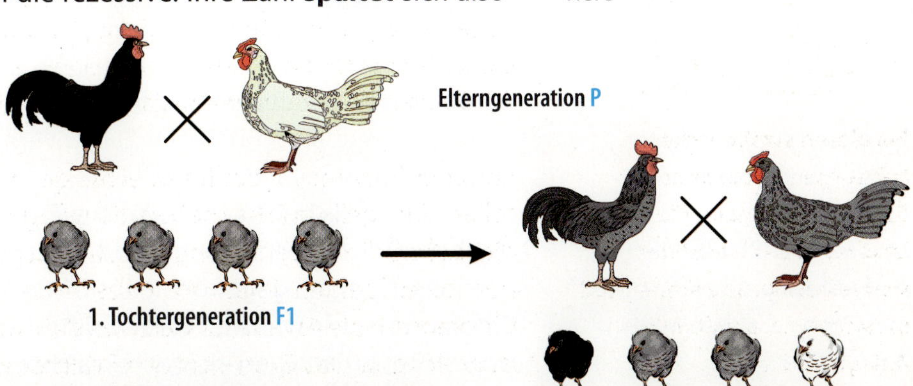

Vererbung der Farbe beim Andalusier

3. Mendel-Regel: Die Unabhängigkeitsregel

Die Unabhängigkeitsregel beschreibt den Vererbungsvorgang von zwei Merkmalen bei der Kreuzung reinerbiger Lebewesen und deren Nachkommen. Bei einem Meerschweinchen können das z. B. die Fellfarbe und die Fellart sein. Beide Merkmale werden in bestimmten Fällen, z. B. wenn sie auf unterschiedlichen Chromosomen liegen, **unabhängig** voneinander vererbt. In unserem Beispiel ist …

- die Fellfarbe Schwarz dominant (S) und Weiß rezessiv (w)
- die Fellart Kraushaar dominant (K) und Glatthaar rezessiv (g)

Was sagt die Unabhängigkeitsregel?
Die 3. Mendel-Regel heißt Unabhängigkeitsregel, weil Erbanlagen **unabhängig voneinander vererbt werden.**

Wenn die Eltern in Bezug auf die beiden Merkmale **reinerbig** sind, sehen alle Nachkommen **gleich aus**.

Vererbung von zwei Merkmalen beim Meerschweinchen

In der Generation der Enkel sind 4 Typen von Meerschweinchen zu beobachten, wie du in dieser Abbildung sehen kannst.

Kombinationsmöglichkeiten in Eizellen und Samenzellen	SK	Sg	wK	wg
SK				
Sg				
wK				
wg				

Vererbung von zwei Merkmalen beim Meerschweinchen in der 2. Tochtergeneration

Finde aus der Tabelle heraus, welcher Typ von Meerschweinchen in der 2. Tochtergeneration neu auftritt! Wie ist dieser neue Typ entstanden?

Beobachte in deiner Familie, wie bei dir, deinen Geschwistern, Eltern und Großeltern Merkmale wie Augenfarbe, Haarfarbe oder Nasenform auftreten! Finde auch weitere Merkmale!

Die Merkmale wurden bei diesen Meerschweinchen **unabhängig voneinander** vererbt, das durchschnittliche Zahlenverhältnis ist im Idealfall 9 : 3 : 3 : 1.

Auch menschliche Eltern geben ihre Erbanlagen an ihre Kinder weiter. Bei Menschen gibt es ebenfalls dominante und rezessive Merkmale. So sind die **Blutgruppen A** und **B** dominant gegenüber der **Blutgruppe 0**. Beim Menschen ist es schwierig, vorherzusagen, welche Eigenschaften Kinder haben werden. Einerseits sind die rezessiven Erbanlagen nicht direkt sichtbar. Andererseits sind viele Eigenschaften des Menschen eine Kombination aus ererbten Anlagen und Erlerntem.

Die Erbinformation ist in den **Chromosomen** im Zellkern gespeichert. Bei der Fortpflanzung kommt es zu einer Vermischung der Chromosomen beider Elternteile. Erbmerkmale können **dominant** oder rezessiv sein. Es gibt **3 Mendel-Regeln**, die beschreiben, wie Merkmale vererbt werden.

Nun geht's los – Aufgaben für schlaue Köpfe!

1) **Wie funktioniert noch einmal die Vererbung?** Vervollständige zuerst die Sätze! Dann schreibe die richtigen Buchstaben in die Kreise bzw. unter die Grafiken! Zum Schluss bemale diese in der richtigen Farbe! ★★★

Der Vererbungsvorgang von den Erbsen-Eltern zur 1. Generation wird von der ____ Mendel-Regel

beschrieben, sie heißt ______________________________, weil

____

____.

Der Vererbungsvorgang von den Erbsen der 1. zur 2. Generation wird von der _____ Mendel-

Regel beschrieben, sie heißt ________________________,

weil____

____

____.

Du hast folgende Informationen: *Die Pflanzen sind reinerbig, die Farbe Lila ist dominant.*

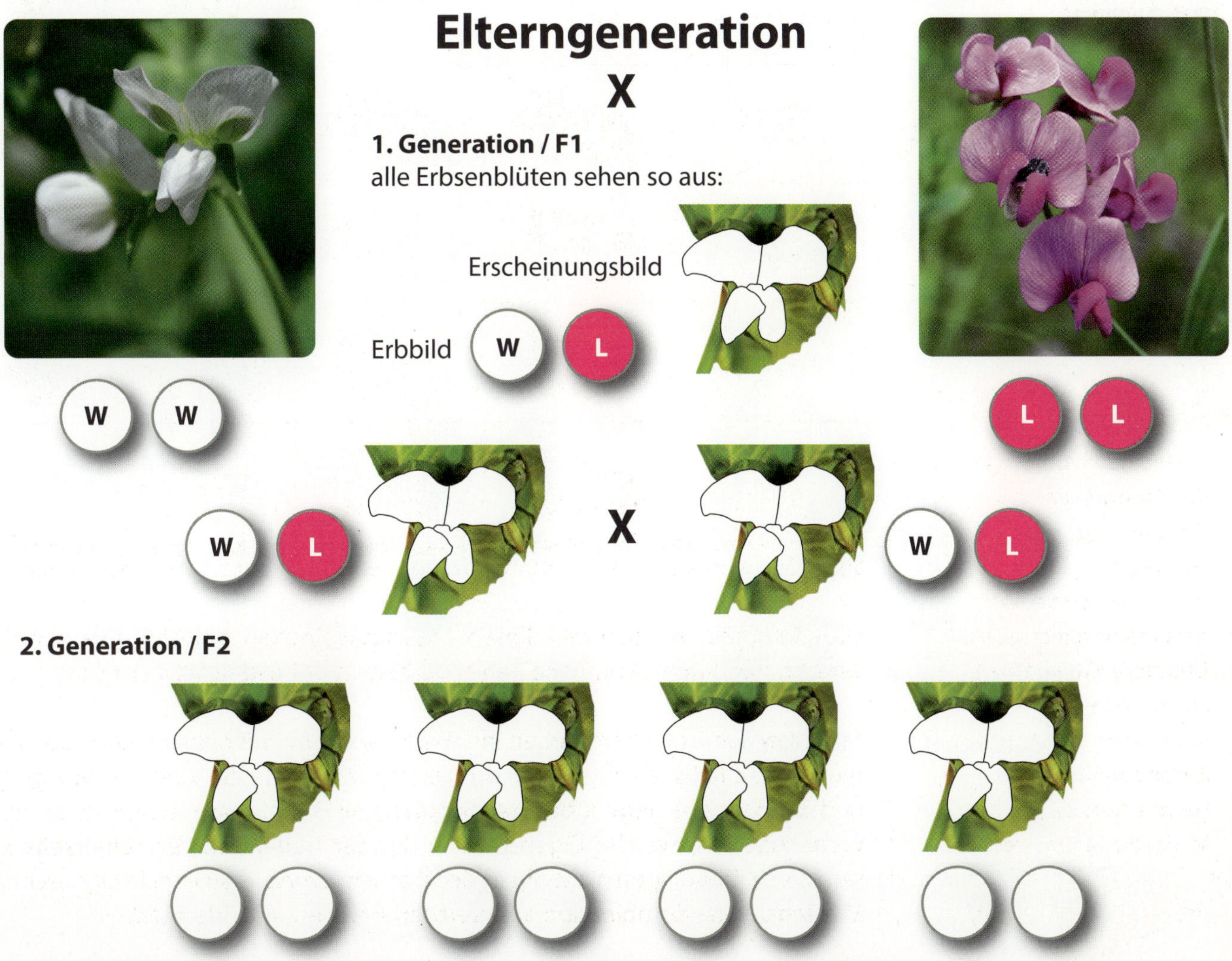

Nun geht's los – Aufgaben für schlaue Köpfe!

2) **Lies zunächst den Informationstext und erfülle danach die Aufgaben! ★★★**

Für einige Hunderassen wie den Deutschen Schäferhund hat man herausgefunden, dass die Länge der Haare durch ein Merkmalpaar verursacht wird, wobei Kurzhaar (K) gegenüber Langhaar (L) dominant ist.

a) Können die Welpen zweier mischerbiger Hundeeltern langhaarig sein?

☐ **Ja** ☐ **Nein**

b) In einer Hundezucht siehst du die beiden Eltern eines Wurfs von Welpen. Vom Züchter erfährst du, dass beide mischerbig bezüglich der Länge ihrer Haare sind. Wie werden die Welpen aussehen? **Schreibe die richtige Buchstabenkombination in die Kästchen und ziehe Pfeile vom jeweils richtigen Buchstaben-Kästchen zum zutreffenden äußeren Erscheinungsbild!**

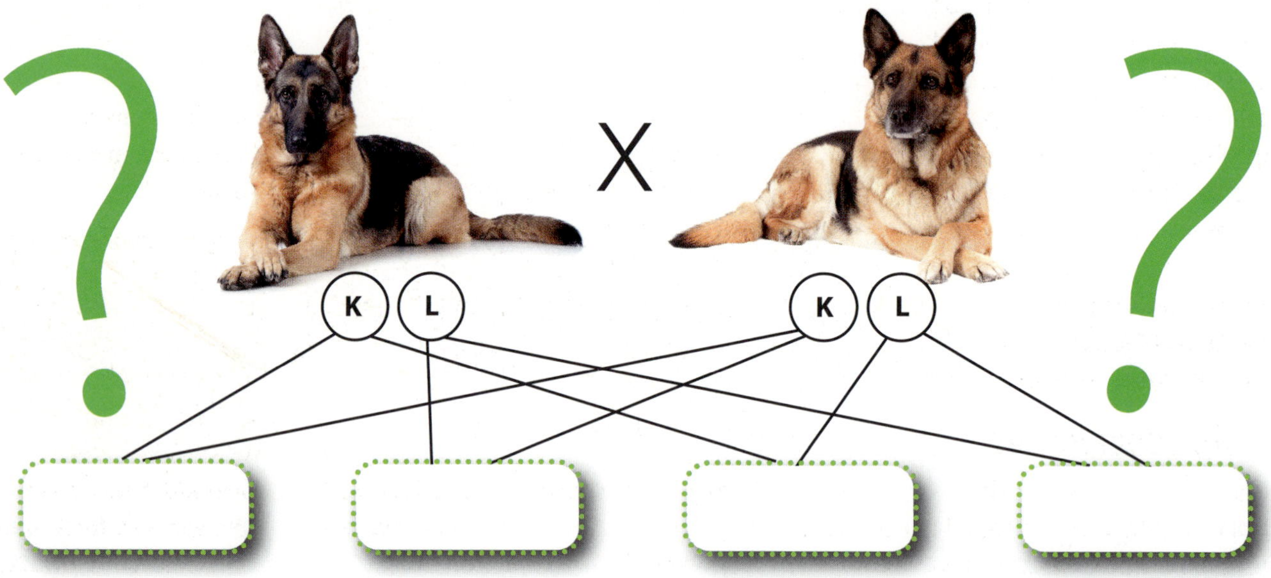

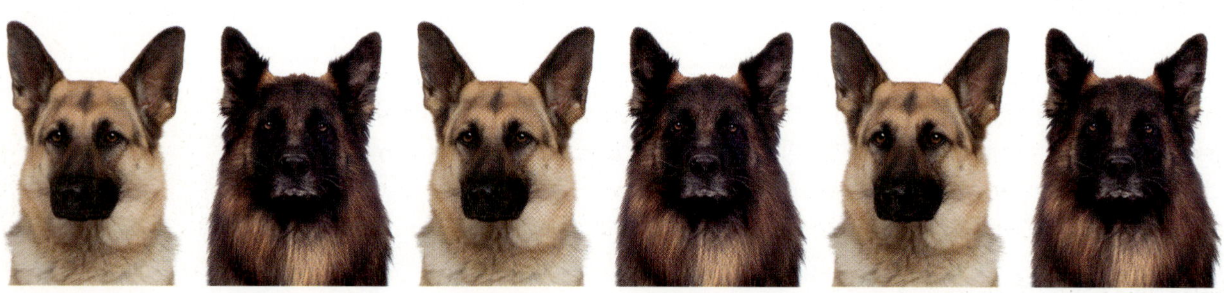

3) **Für Experten/Expertinnen** – **Finde eine Erklärung zu folgenden Begriffen! ★★**

Fachbegriff	Erklärung
dominant	
rezessiv	

26. ZÜCHTUNG UND KREUZUNG

Die ausreichende Versorgung mit Lebensmitteln, die von guter Qualität sind, ist für uns kein Problem. Wir ernähren uns von pflanzlichen und tierischen Produkten. Diese stammen meist von **Nutztieren** und **Kulturpflanzen**, die wildlebende Vorfahren hatten. Dabei handelte es sich um Organismen, die ohne menschliches Zutun an geeigneten Orten in der freien Natur lebten oder immer noch leben.

Betrachte beim Besuch eines Supermarkts die Produkte und stelle fest, wie viele verschiedene Pflanzen- und Tierarten an den von dir bevorzugten Waren beteiligt sind!

So ist etwa der Wildkohl die **Stammform** vieler heutiger Gemüsekohlarten. Die vielen Apfelsorten, die du im Supermarkt kaufen kannst, stammen vermutlich alle vom Holzapfel ab.

Stammform: in freier Natur lebende Wildform; natürlicher Vorfahr der vom Menschen genutzten Lebewesen

Aber wie ist es möglich, dass aus einer so unscheinbaren Pflanze wie dem Wildkohl so unterschiedliche Gemüsesorten wie Karfiol oder Kohlrabi hervorgegangen sind? Wie können aus dem nicht besonders wohlschmeckenden Holzapfel so viele Apfelsorten entstehen, die sich alle in Form, Farbe, Geschmack und Geruch unterscheiden?

Wildkohl und die Kohlgemüsesorten Karfiol, Weißkraut, Romanesco, Rotkraut, Kohlrabi

Holzapfel: eine der Stammformen des kultivierten Apfels

Jonagold-Äpfel: Diese Apfelsorte ist durch Kreuzung der Sorten Golden Delicious und Jonathan entstanden.

↓

X

Züchtung ist Selektion

Wie du schon weißt, verändern sich Tier- und Pflanzenarten durch **Mutation** und **Selektion**. Zufällig entstandene kleine Veränderungen bringen einzelnen Lebewesen Vorteile. Diese geben die Veränderungen an ihre Nachkommen weiter. Wenn sie dadurch Überlebensvorteile haben, können sie sich stärker vermehren als ihre Artgenossen, die diese Veränderung nicht haben. Wir sprechen in einem solchen Fall von **Selektionsvorteil**.

Beim Züchten nützt der Mensch die natürlichen Veränderungen. So wählt er z. B. aus einer großen Zahl von Apfelbäumen den aus, dessen Früchte am vorteilhaftesten erscheinen. Von den Bäumen, die aus den Samen dieses Baumes wachsen, wählt er wieder die aus seiner Sicht besten aus. Mit einer gewissen Wahrscheinlichkeit verbessert sich so die Qualität der Früchte mit jeder Generation.

Züchtung durch Kreuzung

Beim **Kreuzen** sorgt der Mensch dafür, dass sich **zwei bestimmte Lebewesen fortpflanzen**. Manche der Nachkommen haben die für den Menschen günstigen Eigenschaften beider Eltern. Diese werden dann für die weitere Zucht ausgewählt. Der Mensch greift so in die natürliche **Selektion** ein. Er **fördert** damit gezielt **Eigenschaften** von Lebewesen, die ihm selbst Vorteile verschaffen. Diese Veränderung von Eigenschaften geht nur sehr langsam vor sich. Seit vielen tausend Jahren wurden so Lebewesen durch Züchtung und Kreuzung gezielt verändert. So sind unsere heutigen Nutztiere und Nutzpflanzen entstanden.

Sortenerhaltung in Österreich
Die Arche Noah bei Langenlois in Schiltern (NÖ), setzt sich seit über 20 Jahren für die Erhaltung alter Pflanzensorten ein.

Wirtschaftliche Bedeutung der Zucht

Das wichtigste Ziel der Zucht ist es, **möglichst viele Nahrungsmittel für den Menschen zu produzieren**. Feldfrüchte wie Weizen sollen einen möglichst großen Ertrag pro **ha** erbringen, Kühe sollen möglichst viel Milch geben und Schweine möglichst viel Fleisch liefern. Gleichzeitig sollen sie möglichst unempfindlich gegen Schädlinge und Krankheiten und möglichst einfach zu halten sein.

Schon vor vielen tausend Jahren haben die Menschen begonnen, Tiere und Pflanzen zu züchten. Dadurch stiegen die Erträge der Landwirtschaft und konnten so eine immer größere Zahl an Menschen ernähren. Dies ermöglichte die Entstehung der ersten Städte und Hochkulturen.

Kärntner Brillenschaf: eine alte Schafrasse

Züchtung heute

Heute wächst die Bevölkerung der Welt rascher als jemals zuvor. Um in relativ kurzer Zeit möglichst große Gewinne zu erzielen, muss der **Ertrag** von Nutzpflanzen und Nutztieren **immer höher** werden. So wurde die Milchleistung von Kühen gegenüber dem natürlichen Milchbedarf eines Kalbes enorm gesteigert.

Für die Ernährung eines Kalbes reichen ca. 8 l Milch pro Tag.

Hochleistungskühe geben 50 l Milch pro Tag.

Grauvieh in Gebirgsregion

Für die Tiere und Pflanzen bringt die Zucht **keineswegs Vorteile**. Ohne die ständige Hilfe des Menschen könnten sie heute nicht überleben. Sie verlieren ihre **natürliche Widerstandskraft** gegen Krankheiten oder Schädlinge, sodass sie mit **Impfstoffen** und **Pestiziden** behandelt werden müssen. Diese Stoffe kommen über die Produkte aus Tieren und Pflanzen in die menschliche Nahrung. Auch immer größere Mengen an vom Menschen hergestellten Futter- und Düngemitteln sollen zur Ertragssteigerung beitragen, obwohl ihre Produktion große Probleme (enormer Landverbrauch, Klimaerwärmung) nach sich zieht.

Überlegt gemeinsam! Warum ist es wichtig, dass Tierrassen und Pflanzensorten erhalten bleiben?

Gefahren und Chancen der Tier- und Pflanzenzucht

Durch die Zucht haben sich Tiere und Pflanzen stark verändert. Die durch die Domestikation bedingten Änderungen sind **Anpassungen** an die Lebensbedingungen in Menschenhand. Es ist sehr wichtig, dass die Tiere dabei nicht überfordert werden und sich wohl fühlen können. Leider ist das aber häufig nicht der Fall!

Beim **Züchten** werden einzelne Lebewesen mit **gewünschten Merkmalen** zur Fortpflanzung ausgewählt. Beim **Kreuzen** kommt es zur **Durchmischung der Erbanlagen** zweier Lebewesen mit unterschiedlichen Merkmalen. Alle heutigen Nutztiere und Nutzpflanzen stammen von wild lebenden Arten ab.

Jahrtausendlange Zucht in verschiedenen Weltregionen und für unterschiedliche Nutzung hat eine große **Sorten- und Rassenvielfalt** und damit einen großen Vorrat unterschiedlichster Erbinformationen hervorgebracht. So entstanden im Gebirge leichtere Rinderrassen, die sich im steilen Gelände besser fortbewegen können. Heute werden jedoch nur noch wenige Pflanzensorten und Nutztierrassen weitergezüchtet, die dann weltweit zum Einsatz kommen.

Es besteht daher die Gefahr, dass wertvolles Erbmaterial verloren geht. Mittlerweile gibt es mehrere Einrichtungen, die sich um den Erhalt der biologischen Vielfalt bei Nutztieren und Nutzpflanzen bemühen.

27. BIOTECHNOLOGIE UND GENTECHNIK

Schon seit vielen tausend Jahren macht sich der Mensch den **Stoffwechsel von Mikroorganismen** zunutze und lässt sie für sich arbeiten. Beim Vergären von Traubensaft zu Wein bauen Pilze den Zucker zu Alkohol um und in einem weiteren Schritt verwandeln Bakterien den Wein zu Essig.

Früher wusste man allerdings nicht, dass Mikroorganismen für die Gärung verantwortlich sind. Erst seit Ende des 19. Jh. wurden vor allem **Bakterien** und **Pilze** genauer untersucht und erforscht. Die Wissenschaftler/innen fanden zahlreiche Lebewesen, die zur Produktion von chemischen Verbindungen eingesetzt werden können, die anders nicht herstellbar sind. So wird das **Antibiotikum Penicillin** mit Hilfe von Pilzen erzeugt.

Biotechnologie und Umweltschutz
Biotechnologische Verfahren kommen vielfach zum Einsatz, z.B. bei der Herstellung von Lebensmitteln und Medikamenten und im Umweltschutz. Auch bei der Abwasserreinigung in Kläranlagen, beim Abbau von Erdöl, der Erzeugung von Biogas usw. leisten Mikroorganismen wertvolle Dienste.

Im Stoffwechsel von Lebewesen spielen **Enzyme** eine wichtige Rolle. So sorgt beispielsweise das Enzym **Lab**, welches in den Zellen im Magen von Kälbern gebildet wird, für die **Gerinnung** der Milch. Dieses Enzym wird aber auch dazu verwendet, um zahlreiche Milchprodukte wie Topfen oder einige Käsesorten herzustellen.

Käseherstellung

Heute werden mit Hilfe von Enzymen und Mikroorganismen Lebensmittel und Medikamente in großen Fabriken erzeugt. Alle Verfahren, die Lebewesen, deren Zellen oder Enzyme nutzen, werden unter dem Begriff **Biotechnologie** zusammengefasst.

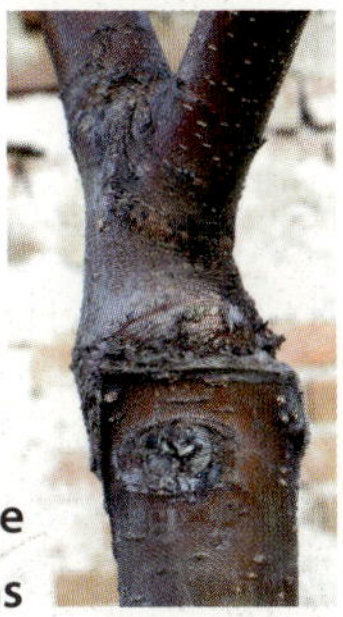
Veredelungsstelle eines Apfelbaums

Klonen

Beim Klonen handelt es sich um ein Verfahren, bei dem ein Lebewesen „**vervielfältigt**" wird. Dabei werden mehrere identische „Kopien" hergestellt, die in allen Erbmerkmalen gleich sind.

Bei **Pflanzen** wird Klonen schon seit langem angewendet. Beim **Pflanzenveredeln** gibt es eine Methode, bei der ein sogenanntes **Edelreis** auf eine widerstandsfähige **Unterlage** gepflanzt wird. Aus dem Stamm wächst dann eine komplett neue Pflanze, deren Krone ein **Klon** der vom Menschen erwünschten Sorte ist. Der untere Teil des Stammes und die Wurzeln stammen von einer anderen Pflanze. Auf diese Weise können beispielsweise beliebig viele Bäume hergestellt werden, die alle genau die gleiche Apfelsorte tragen.

Edelreis: abgeschnittener junger Trieb einer edlen Sorte

Unterlage: hier bewurzeltes Stück einer widerstandsfähigen nicht wertvollen Pflanze

Klon: erbgleiche Kopie

Bei **Tieren** ist das Klonen komplizierter. Um eine identische Kopie eines anderen Tieres zu bekommen, muss man mit einer befruchteten Eizelle beginnen. Aus dieser wird der Zellkern entfernt und durch den Zellkern eines anderen Tieres ersetzt. Unter bestimmten Umständen teilt sich die Eizelle und entwickelt sich zu einem Embryo. Dieser wird in die Gebärmutter einer **Ammenmutter** eingesetzt und wächst zu einem lebenden Tier heran, das in sämtlichen Merkmalen **identisch** ist mit dem Tier, von dem der Zellkern stammt.

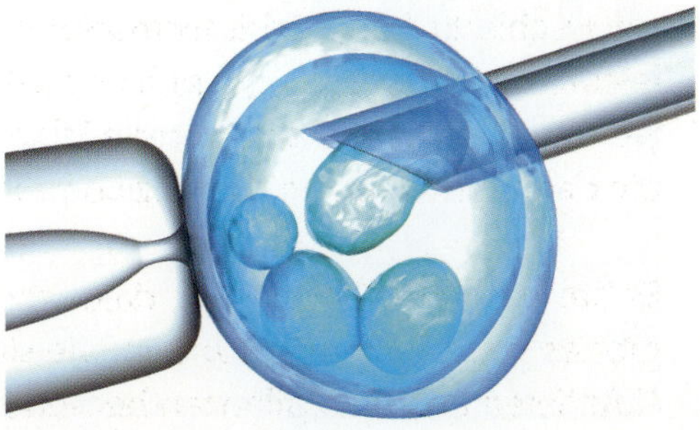
Mit einer extrem spitzen hohlen Nadel wird der Zellkern entfernt.

Welches geklonte Tier wurde weltberühmt?
Das erste geklonte Säugetier war 1996 das Schaf Dolly. Seitdem wurden viele andere Tiere geklont. Klonen von Menschen ist aber gesetzlich verboten.

Ammenmutter: Tierweibchen, in dem sich Nachkommen entwickeln, die nicht aus ihren eigenen Eizellen entstanden sind

identisch: völlig gleich

Gentechnik

Gen: Teil eines Chromosoms, der die Information über ein bestimmtes Erbmerkmal enthält

Bei den Methoden, die du bisher kennengelernt hast, nimmt der Mensch keine direkten Eingriffe in das Erbmaterial innerhalb der Zellkerne vor. Die Chromosomen werden also nicht verändert.

Ein Teilgebiet der Biotechnologie ist die **Gen**technik. Diese beschäftigt sich mit der Veränderung der Erbanlagen eines Lebewesens:

- Veränderung einzelner Gene
- Übertragung eines Gens von einem Lebewesen auf ein Lebewesen einer anderen Art

Nachbau eines Kaninchens, auf welches das Gen einer Leuchtqualle übertragen wurde

Gentechnik in Österreich
Das österreichische Gentechnikgesetz ist eines der strengsten weltweit. Es regelt genau, unter welchen Bedingungen gentechnisch veränderte Lebewesen eingesetzt und die aus ihnen gewonnenen Nahrungsmittel gekennzeichnet werden müssen und verkauft werden dürfen. Der österreichische Handel hat sich aber verpflichtet, keine kennzeichnungspflichtigen Lebensmittel zu verkaufen. Bis heute dürfen in Österreich gentechnisch veränderte Pflanzen in der Landwirtschaft nicht angebaut werden.

Durch die Gentechnik sollen Lebewesen so verändert werden, dass sie bestimmte **Merkmale** erhalten, die sie von Natur aus **nicht haben**. Eine Übertragung von Genen ist deshalb möglich, weil die Bausteine, aus denen Gene und Chromosomen aufgebaut sind, bei allen Lebewesen gleich sind. Lebewesen, die auf diese Weise künstlich geschaffen werden, nennt man **gentechnisch veränderte Organismen (GVO)**.

Die Anwendungsmöglichkeiten der Gentechnik und ihre Arbeitsweisen sind sehr zahlreich. Je nach ihren Anwendungsgebieten unterscheidet man folgende große Teilbereiche der Gentechnik:

Anwendung in der Medizin – ROTE GENTECHNIK: Häufig sind defekte Gene für Krankheiten verantwortlich. Ein wichtiges Ziel der genetischen Forschung ist es, solche Gene entweder gezielt zu verändern oder „Reparaturgene" in die Körperzellen einzubringen. Durch das Verändern von Genen von Mikroorganismen oder Pflanzen können diese Wirkstoffe produzieren, die als **Medikamente** geeignet sind. Eines der ersten Medikamente, die auf diese Weise hergestellt wurden, ist das **Insulin** zur Behandlung der **Zuckerkrankheit (Diabetes)**.

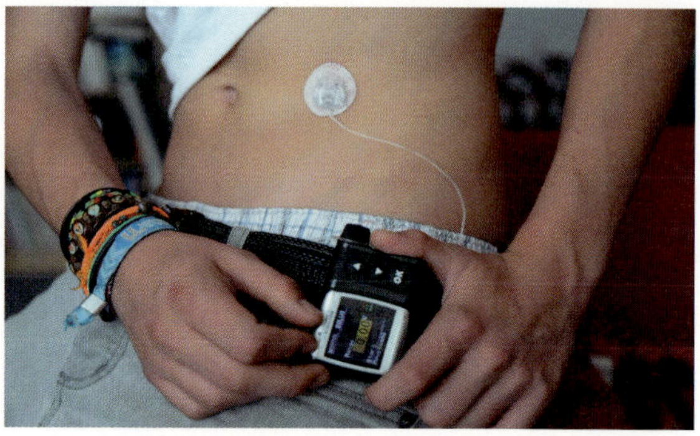

Insulinpumpe zur automatischen Abgabe der jeweils benötigten Insulinmenge in das Blut

Wenn du schon einmal im Fernsehen einen Krimi gesehen hast, bei dem gentechnologische Methoden eine Rolle spielten, berichte darüber!

Anwendung in der Landwirtschaft und bei Lebensmitteln – GRÜNE GENTECHNIK: Gene von landwirtschaftlich genutzten Pflanzen wie Soja, Mais oder Baumwolle werden gezielt verändert, um an die Umweltbedingungen besser angepasst zu sein oder um mehr Ertrag zu liefern.

Manche Pflanzen können so auch selbst ein natürliches Schädlingsbekämpfungsmittel produzieren. Lebensmittel, die aus solchen Pflanzen hergestellt werden, müssen in der EU gekennzeichnet werden.

Kennzeichnung von Lebensmitteln, die ohne Gentechnik hergestellt wurden

Die **Biotechnologie** nutzt den Stoffwechsel von Mikroorganismen zur Herstellung von chemischen Verbindungen und Medikamenten. Beim **Klonen** werden Kopien von Lebewesen erzeugt. Bei der **Gentechnik** wird das **Erbmaterial** von Lebewesen **verändert**.

Nun geht's los – Aufgaben für schlaue Köpfe!

1) **Lies zuerst den Informationstext! Dann benenne die Gemüse im Einkaufskorb richtig und stelle fest, welche Teile der Wildpflanze zu welchem Gemüse passen! Setze zum Schluss die Buchstaben neben den Pflanzenteilen richtig ein!** Die Buchstaben ergeben von oben nach unten gelesen einen Teil einer Pflanze. ★★★

Durch künstliche Auslese züchteten die Menschen aus der Ausgangsform Wildkohl viele verschiedene Gemüse.

- Aus dem fleischig verdickten Blütenstand wurden Karfiol, Brokkoli und Romanesco.
- Aus den Blättern entwickelten sich Kohl und Kraut.
- Der stark verdickte Stängel (Sprossachse) wurde zum Kohlrabi.
- Die Kohlsprossen entstanden aus Knospen in den Blattachseln.

1 Dieses Gemüse heißt ____________________, es entstand aus dem ________________________, der Wildform des Gemüsekohls (Buchstabe _____).

2 Der ______________________ entspricht dem stark verdickten ____________________ (Buchstabe _____).

3 Das _______________ gibt es in verschiedenen Farbvarianten. Es ist wie der hier nicht abgebildete Kohl aus den ______________________ entstanden (Buchstabe _____).

4 Bei den ____________________________ handelt es sich um besonders große _____________________ (Buchstabe _____).

5 Hier handelt es sich um ____________________, der ebenfalls aus dem ______________________________ hervorgegangen ist (Buchstabe _____).

6 Dieses relativ neu entstandene Gemüse heißt ________________________. Es ist dem Karfiol und Brokkoli ähnlich (Buchstabe _____).

LÖSUNGSWORT: . . . . . .

Nun geht's los – Aufgaben für schlaue Köpfe!

2) Du hast verschiedene Produkte eingekauft. **Finde nun heraus, aus welchen Organismen der jeweilige Hauptbestandteil stammt, und notiere dein Ergebnis in der mittleren Spalte der Tabelle! Setze dann die jeweilige Wildform aus dem Textkasten in die rechte Spalte ein! ★★**

Gekauftes Produkt	Pflanzlicher / Tierischer Produzent	Wildform des pflanzlichen oder tierischen Organismus
Chicken-Nuggets 		
 Semmel		
Hamburgerlaibchen 		
 Eiaufstrich		
Milchshake 		
 Chips		
Popcorn 		

Urrind ★ Mexikanische Teosinte ★ Gemeine Rübe ★ Wildkartoffel ★ Wildschaf ★ Wildgräser ★ Bankivahuhn

3) **ACHTUNG: Gefahren durch die Grüne Gentechnik!** 3 dieser 6 Aussagen sind falsch. **Finde diese heraus und kreuze sie an!★★★**

	FALSCH
Gentechnisch veränderte Pflanzen können gegenüber ihren Wildformen einen Vorteil besitzen, sodass sie diese vollständig verdrängen.	☐
Es ist nicht klar, ob gentechnisch veränderte Pflanzen Auswirkungen auf die Gesundheit von Menschen und Tieren, die sich von ihnen ernähren, haben.	☐
Gentechnisch veränderte Pflanzen in der Landwirtschaft beeinflussen das Klima auf der Erde.	☐
Lebensmittel, die aus gentechnisch veränderten Pflanzen hergestellt werden, schmecken nach Plastik.	☐
Der Wind, aber auch Bienen, tragen die Pollen von gentechnisch veränderten Pflanzen über weite Strecken und bewirken so eine unkontrollierte Ausbreitung.	☐
Wird das Saatgut von gentechnisch veränderten Pflanzen auf Felder ausgebracht, schädigt es das Grundwasser.	☐

Der Wolf in deinem Haustier

Weltweit gibt es etwa 800 verschiedene Hunderassen. Pudel, Schäferhund oder Chihuahua, jede Hunderasse sieht anders aus. Aber alle haben eines gemeinsam: Sie alle stammen vom Wolf ab.

Vor etwa 14 000 Jahren schlossen unsere Vorfahren mit wildlebenden Wölfen Freundschaft. Über die Jahrtausende hinweg suchten sie immer wieder jene Tiere zur weiteren Fortpflanzung aus, welche die für sie günstigsten Eigenschaften hatten. So wurden aus dem Wolf Tiere gezüchtet, die für die Jagd geeignet waren, oder solche, die die besten Eigenschaften als Wachhunde hatten. Andere Hunde wurden einfach nur deswegen gezüchtet, weil sie schön waren.

So entstanden die zahlreichen Hunderassen. Bei manchen von ihnen würde man heute kaum noch vermuten, dass ein Wolf in ihnen steckt.

Kleine Pflanze mit großer Wirkung

Die Herbstzeitlose ist giftig. Ihr Gift hat jedoch auch eine wichtige Funktion in der Pflanzenzucht. Es bewirkt, dass nach der Zellteilung die einzelnen Zellkerne mehr als jeweils 2 Chromosomen haben. Für manche Pflanzen bringt das Vorteile. Sie werden größer, kräftiger und ertragreicher. Viele unserer Kulturpflanzen wie zahlreiche Getreidesorten, die Zuckerrübe, aber auch viele Obstsorten wie die Erdbeeren weisen so einen mehrfachen Chromosomensatz auf.

Schweinezucht nach Konsumentenwunsch

Das meiste Fleisch, das auf der Welt verzehrt wird, stammt von Schweinen. Der Spruch „Fit statt Fett“ hat aber auch Auswirkungen auf diese wichtigen Fleischlieferanten. Statt der früher beliebten Rassen mit dicker Speckschicht, den „Fettschweinen“, wurden ab den 1950-er Jahren „Fleischschweine“ gezüchtet. Diese Tiere wurden länger und dünner und es wurde sogar ein Rippenpaar dazu gezüchtet.

Pflanzenzucht für die Ernährung der Menschheit

Innerhalb des Lebens eines heute 60-Jährigen hat sich die Weltbevölkerung verdoppelt!

Immer mehr Menschen bevölkern unseren Planeten. Zur Herstellung von 1 kg Rindfleisch werden über 10 kg Getreide benötigt. Damit alle Menschen ernährt werden können, muss der weltweite Fleischkonsum gesenkt werden, da eine Vergrößerung der landwirtschaftlichen Fläche nicht möglich ist. Die auf den Feldern angebauten Pflanzen müssen sicheren Ertrag bringen. Nur gezielte Zucht, die moderne Methoden mit Altbewährtem (robuste, der jeweiligen Region angepasste Sorten) vereint, kann die Ernährung der Menschheit für die Zukunft sichern.

Pflanzenzucht im Altertum

Schon vor 4 000 Jahren wurden Pflanzen händisch bestäubt. Dieses Relief zeigt assyrische Priester, die einen Bestäubungskult an Dattelpalmen durchführen.

Der Genetische Code: 4 Buchstaben beschreiben das Leben

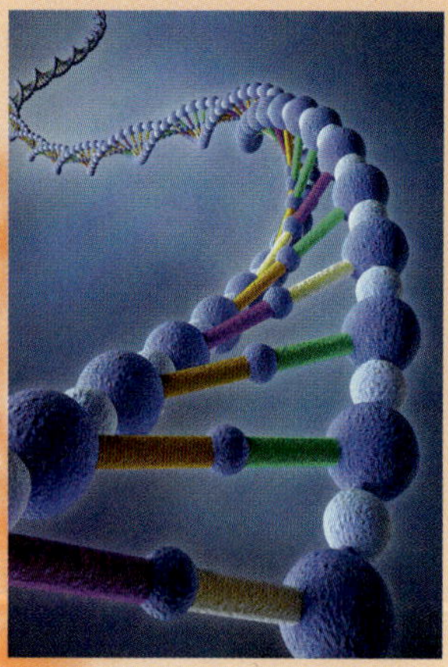

So vielfältig die Lebewesen dieser Welt auch aussehen, ihre Merkmale werden durch dieselben „Buchstaben" beschrieben. Allerdings handelt es sich dabei nicht um Buchstaben, sondern um 4 unterschiedliche chemische Verbindungen, die Nukleinbasen. Diese befinden sich in den Chromosomen des Zellkerns. Jeweils zwei dieser Basen liegen sich gegenüber und bilden ein Basenpaar. Viele solche Basenpaare sind wie auf einer Kette nebeneinander angeordnet. Diese Kette ist schraubenförmig gewunden und bildet die typische Struktur unseres Erbmaterials: Die Doppelschraube oder Doppelhelix.
Mehrere tausend solcher Basenpaare bilden ein Gen, mit dem eine einzelne Eigenschaft wie die Augen- oder Haarfarbe beschrieben wird. Der Mensch besitzt etwa 100 000 Gene, insgesamt finden sich im Kern jeder menschlichen Zelle etwa 3 Mrd. Basenpaare. Gemeinsam beschreiben sie den Menschen.

Das „Human Genome Project"

Im Jahr 1990 wurde ein weltweites Forschungsprojekt gestartet, an dem sich mehr als 1 000 Wissenschaftler/innen beteiligten. Bis 2005 sollte herausgefunden werden, wie die menschliche Erbsubstanz im Zellkern genau aussieht. Tatsächlich erreichte man dieses Ziel schon im Jahr 2001. Seitdem weiß man, wie die Gene beim Menschen angeordnet sind. Die Ergebnisse dieses Projektes machen es möglich, mittels Gentherapie Krankheiten zu erkennen oder sogar zu heilen, deren Ursachen angeboren sind.

Hauptsache süß!

Glucose-, Fructosesirup, Stärkezucker usw. = Süßstoffe aus der Biotechnologie

Der süße Geschmack, den wir so gerne haben, kommt nicht immer vom Zucker der Zuckerrübe oder des Zuckerrohrs. Wenn Traubenzucker (Glucose) oder Fruchtzucker (Fructose) zum Süßen eingesetzt wird, kommt dieser meist aber nicht von Trauben oder Früchten. Sehr oft werden diese Stoffe großtechnisch mit biotechnologischen Verfahren unter der Mithilfe von Mikroorganismen hergestellt. Häufig ist Maisstärke das Ausgangsprodukt.

Unglaublich, aber wahr!

- **Fast die Hälfte aller Schweine wird in China gehalten.**
- **Von den etwa 400 000 Pflanzenarten, die es auf der Welt gibt, werden vom Menschen nur etwa 660 in der Landwirtschaft genutzt.**
- **Würde man sämtliche Basenpaare im Kern einer menschlichen Zelle aneinanderreihen, hätten sie eine Länge von mehr als 2 m.**
- **Die Erbinformation des Südamerikanischen Lungenfisches ist etwa 20-mal so groß wie die des Menschen.**
- **Die Erbinformation mancher Viren besteht nur aus etwa 50 000 Basenpaaren.**

Gentechnik und Verbrechensbekämpfung

Methoden der Gentechnik werden auch in der Verbrechensbekämpfung angewandt. Da die Struktur der Gene bei jedem Menschen anders ist, kann eindeutig festgestellt werden, von wem z. B. Blut stammt.

Kennzeichnungspflicht bei Lebensmitteln

Nicht jedes Lebensmittel, das Bestandteile aus gentechnisch veränderten Lebewesen enthält, muss gekennzeichnet werden. Machen diese Bestandteile weniger als 0,9 % aus, ist keine Kennzeichnung vorgeschrieben. Selbst wenn man im Supermarkt aufpasst, kann man sich also nicht sicher sein, dass man auch tatsächlich „gentechnikfrei" einkauft.

Buchtipps

Gerhard Staguhn: Die Suche nach dem Bauplan des Lebens: Evolutionstheorie, Gentechnik, Gehirnforschung. Deutscher Taschenbuch Verlag, München, 2005.

Roland Künzel, Margit Lessing: Gregors Erbsen oder die erstaunlichen Entdeckungen des Augustinermönchs Gregor Mendel. Projekte Verlag, Halle, 2010.

Claudia Eberhard-Metzger: WAS IST WAS, Band 111: Die Gene. Tessloff Verlag, 2001.

28. DIE STADT ALS LEBENSRAUM

Durch das **enorme Wachstum der Erdbevölkerung** und durch die Abwanderung der Menschen aus dem ländlichen Raum in die Städte wächst die Zahl der **Großstädte**. Gab es um 1870 erst 10 Städte, die 1 Mio. oder mehr Einwohner hatten, so waren es um 1980 schon 193. Im Jahr 2010 gab es bereits 326 Millionenstädte. Die größten dieser Städte sind **Tokio** mit ca. 35 Mio. Einwohnern und **Mexico City** mit ca. 20 Mio. Einwohnern.

Wien ist mit 1,7 Mio. Einwohnern und Einwohnerinnen die einzige Millionenstadt Österreichs. In Österreich leben beinahe 40 % der Einwohner in einer Stadt. Weltweit jedoch wohnt mehr als die Hälfte aller Menschen in Städten.

Mexico City bei Tag und bei Nacht

Wien und die Donau

Zur Erinnerung!
Ein Ökosystem besteht aus einem Lebensraum (Biotop) und den Lebewesen, die in diesem Lebensraum leben (Biozönose).
Der Lebensraum wird von abiotischen Faktoren wie Luft, Wasser und Boden bestimmt.
Die Lebewesen unterscheiden sich durch ihre Aufgaben, die sie in einem Lebensraum erfüllen. Sie sind Produzenten, Konsumenten oder Destruenten.

Die Stadt als Ökosystem

Städte sind von Menschen geschaffene und stark beeinflusste Lebensräume. Man spricht deshalb von einem künstlichen Ökosystem, in dem es deutlich mehr Konsumenten als Produzenten gibt.

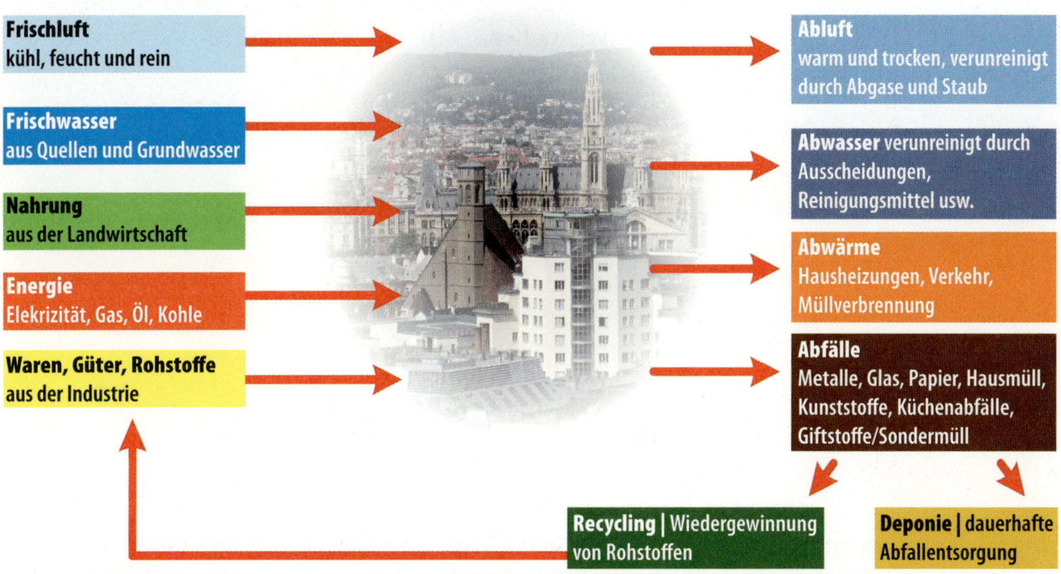

Slums in Mexico City

Österreichische Städte haben eine hohe Lebensqualität. Die Müllabfuhr, die Trinkwasserversorgung, das Abwassersystem und das Verkehrsnetz sind gut durchdacht und funktionieren vorbildlich. In manchen Städten der **Dritten Welt** ist das aber nicht so. Arme Menschen ziehen dort in die Stadt, um Arbeit zu finden. Oft leben sie in selbst gebauten Hütten aus Materialien, die sie im Abfall finden. Es gibt weder sauberes Trinkwasser für sie noch Kanäle oder eine Müllentsorgung. Diese Stadtteile, meistens am Rand von Millionenstädten, bezeichnet man als **Slums**.

Dritte Welt: arme Länder; werden oft auch als „Entwicklungsländer" bezeichnet

Stadtzonen

Nach der unterschiedlichen Bebauungsdichte kann man Städte in verschiedene Zonen gliedern.

Überlege! Welche Vorteile bringt das Leben in der Stadt?

Finde auch Nachteile, die das Leben in der Stadt für die Menschen hat!

INNENSTADT

Die Innenstadt ist meist dicht verbaut. Es gibt viele Geschäfte und Büros. Hier arbeiten sehr viele Menschen. Als Wohnbereich wird die Innenstadt weniger genutzt, denn hohe Grundstückskosten machen Wohnungen hier besonders teuer. Meistens gibt es nur wenige Grünflächen. Die Straßen sind asphaltiert, Plätze sind mit Beton oder Asphalt bedeckt.

Industriebetriebe

WOHNBEREICH

Der Wohnbereich schließt sich an die Innenstadt an. Hier finden wir besonders viele Häuserblöcke.

Manche dieser Häuserblöcke haben begrünte Innenhöfe. Oft gibt es Parkanlagen.

Einkaufszentren verlocken zum Einkaufen.

Einkaufen wird immer mehr zur Freizeitbeschäftigung. Was denkst du darüber?

STADTRAND

Immer mehr Menschen – darunter viele Familien – ziehen es vor, am Stadtrand **im Grünen** zu **wohnen**.

Hier findet man Reihenhäuser, häufig mit Grünflächen, und Wohnhäuser mit größeren Gärten.

SATELLITENSTÄDTE

Immer häufiger entstehen rund um Städte sogenannte Satellitenstädte. Hier wohnen und leben so viele Menschen, dass man von einer eigenen Stadt sprechen kann.

Oft sind in diesen Satellitenstädten aber auch **Industriebetriebe** und **Einkaufzentren** angesiedelt.

Welche Lebensbedingungen herrschen im Lebensraum Stadt vor?

Stadtklima

Die vielen Häuser und die **versiegelten** Straßen, Wege und Plätze sowie die wenigen Pflanzen in manchen Stadtzentren **beeinflussen das Klima**. Tagsüber heizen sich diese Flächen durch die Sonneneinstrahlung auf und geben nachts die Wärme nur langsam ab. Viele Stadtzentren kühlen daher im Sommer kaum ab.

versiegelt: hier → wasserundurchlässig, weil der Boden verbaut, betoniert oder asphaltiert ist

Durch die **Bodenversiegelung** kann der Boden bei Regen kein Wasser mehr aufnehmen. **Regenwasser** fließt in die Kanalisation und geht damit **an der Oberfläche verloren**. Eine langsame Wasserverdunstung ist nicht möglich.

Betrachte die Abbildung und besprich mit deinem Sitznachbarn/deiner Sitznachbarin, welche Folgen die Bodenversiegelung in Städten hat!

Bodenversiegelung und ihre Auswirkungen

Was ist die Mercer-Studie?
Die amerikanische Firma Mercer untersucht jährlich die Lebensqualität in Städten auf der ganzen Welt. Sie gibt in einer Liste an, welche Städte eine hohe und welche eine niedrige Lebensqualität haben. Laut der Mercer-Studie wurde Wien seit 2009 4-mal in Folge unter den Millionenstädten als die Stadt mit der höchsten Lebensqualität ausgewiesen. Zürich (Schweiz) liegt an zweiter und Auckland (Neuseeland) an dritter Stelle, gefolgt von München (Deutschland) auf dem vierten Platz. Düsseldorf und Vancouver teilen sich den fünften Platz.

Die **Luft in der Stadt** ist **trockener** und **wärmer** als in der Umgebung. Es kommt zum **Backofeneffekt**. Dieser lässt die warmen Luftmassen aufsteigen, während aus der Umgebung kühlere Luft angesaugt wird. Diese erwärmt sich auf ihrem Weg und wird mit Schmutzteilchen und Schadstoffen von Autoabgasen, der Industrie, dem Gewerbe und aus den Haushalten angereichert.

Über der Stadt entsteht so eine **Staub-** oder **Dunstglocke**.

Überlege! Was könnten die Gründe dafür sein, dass Wien eine so hohe Lebensqualität hat?

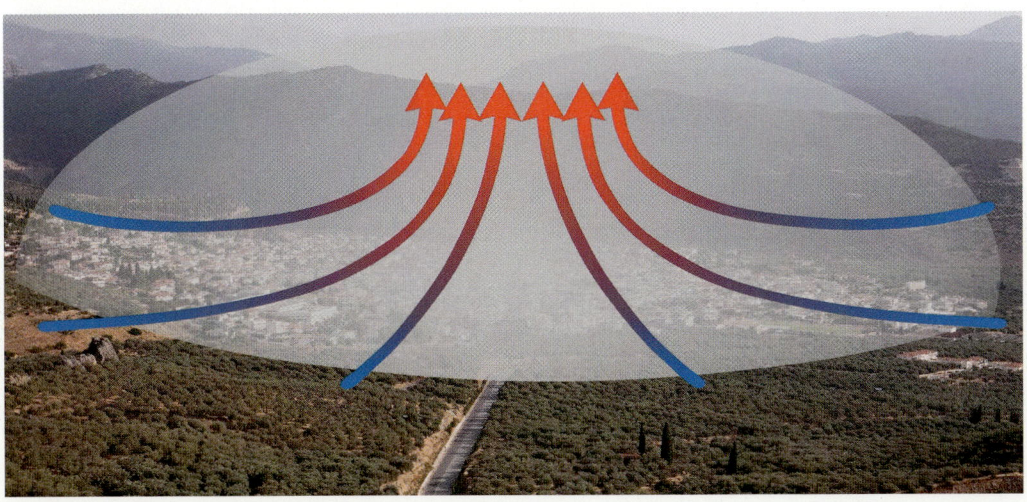

Backofeneffekt: Staubglocke über einer Stadt

Dunstglocke über einer Stadt

Smog

In Städten gibt es zahlreiche **Verbrennungsvorgänge**. So wird in Fahrzeugmotoren Treibstoff verbrannt und vor allem im Winter werden Wohnungen mit Öl, Gas und Kohle geheizt. Zusätzlich geben Industriebetriebe Abgase an die Luft ab. Dadurch werden große Mengen an **Ruß**, Schadstoffen und Wasserdampf freigesetzt.

Ruß: Kohlenstaub, der bei Verbrennungsvorgängen entsteht

kondensieren: Übergehen eines Stoffes vom gasförmigen in den flüssigen Aggregatzustand

Was bedeutet „Smog"?
Das Wort „Smog" setzt sich aus dem englischen Wort für Rauch („smoke") und dem englischen Wort für Nebel („fog") zusammen.

Bei **ungünstiger Wetterlage** (z. B. Windstille) bleiben diese Verbrennungsrückstände sowie Staub längere Zeit über der Stadt. Der Wasserdampf setzt sich an Staubteilchen fest und **kondensiert**. Es entsteht Nebel. Durch die vielen Abgase gibt es in Städten im Winter fast doppelt so viele Nebeltage wie auf dem Land. Das Wasser im Nebel bildet gemeinsam mit den Verbrennungsrückständen in der Luft **gesundheitsschädliche Stoffe**, die den **Smog** bilden.

Für Menschen mit Erkrankungen der Atmungsorgane wie Asthma oder Bronchitis stellt Smog ein besonders großes **Gesundheitsrisiko** dar, da die im Smog enthaltenen Stoffe die Atemwege reizen.

Was kann man für ein besseres Klima in den Städten tun?

Was kannst du persönlich zu einem besseren Klima in der Stadt beitragen?

Fließgewässer: z. B. Flüsse, Bäche

Stillgewässer: Seen, Teiche

Pflanzen tragen zur Luftverbesserung bei. Daher ist es für die Klimaverbesserung einer Stadt wichtig, Grünflächen wie Wälder, Parkanlagen oder Gärten zu erhalten oder neu zu schaffen.

Grün- und Wasserflächen in Wien

Um Abgase und die Entstehung von Staub zu vermindern, müssen die Bewohner dazu gebracht werden, nicht mit dem Auto zu fahren. Dazu müssen öffentliche Verkehrsmittel wie U-Bahnen, Straßenbahnen und Busse ausgebaut werden.

Unter **Kaltluftentstehungsgebieten** versteht man Wiesen, Felder, Brachland und Gärten in den Städten oder in ihrer unmittelbaren Umgebung. Auch diese müssen erhalten bleiben. Ebenso wirkt sich der Ausbau von Parks und größeren Freiflächen auf das Stadtklima sehr positiv aus. Auch Wasserflächen wie **Fließ-** und **Stillgewässer** müssen erhalten bleiben.

Um die Bodenversiegelung zu verringern, können in Parkanlagen und Höfen Kieswege statt asphaltierter Wege angelegt werden. Da Kieswege Bodenfläche frei geben, kann das Regenwasser besser gespeichert werden und langsam verdunsten. So kommt es auch zur Verbesserung des Stadtklimas.

Die **Stadt** ist ein von **Menschen geschaffener** und **beeinflusster Lebensraum**. Die Bodenversiegelung, der Backofeneffekt und der Smog sind **Klimaprobleme** der Großstädte. Durch den **Erhalt von Grünanlagen** und den **Ausbau von öffentlichen Verkehrsmitteln** kann man diesen Problemen entgegenwirken.

Nun geht's los – Aufgaben für schlaue Köpfe!

1) **Stadt oder Land?** Was sagen junge Leute über den Lebensraum, in dem sie leben? **Ordne die folgenden Aussagen richtig zu!** ★★

A. Im Verhältnis zur Fläche gibt es hier relativ wenige Menschen. ★ **B.** Das Verkehrsnetz ist gut ausgebaut. ★ **C.** Arbeit findest du hier fast nur in der Landwirtschaft. ★ **D.** Die Unterhaltungsmöglichkeiten sind super. ★ **E.** Die Verkehrswege sind mitunter schlecht ausgebaut, dafür gibt es wenig Verkehr. ★ **F.** Bei uns findest du in den Geschäften alles, was du willst. ★ **G.** Die medizinische Versorgung ist nicht optimal, der praktische Arzt ist weit weg. ★ **H.** Die Lärmbelästigung kann mitunter enorm sein, besonders in der Nacht. ★ **I.** Hier ist alles dicht bebaut, es gibt wenige Grünflächen. ★ **J.** Du findest genügend unverbaute Flächen.

2) Was versteht man unter einem **künstlichen Ökosystem**? **Erkläre diesen Begriff!** ★★★

Nun geht's los – Aufgaben für schlaue Köpfe!

3) Was kannst du zusammen mit deiner Familie für ein besseres Klima in den Städten tun? **Trenne die Wörter richtig ab, dann erhältst du 5 Hinweise!** Aber ACHTUNG, ein Tipp ist falsch! **Schreibe nur die 4 richtigen Tipps auf das Sideboard! ★★**

DIEHAUSEIGENEHEIZUNGSANLAGEREGELMÄSSIGÜBERPRÜFENLASSENEINEGUTEHAUS ISOLIERUNGERHÖHTDIEHEIZKOSTENEINHYBRIDODERELEKTROAUTOFAHRENFÜRKURZE WEGSTRECKENIMMERDASFAHRRADBENUTZENODERZUFUSSGEHENFÜRLÄNGERESTRE CKENDIESTRASSENBAHNDENBUSODERDIEEISENBAHNBENUTZEN

4 Tipps für ein besseres Stadtklima

1. ____

____

2. ____

____

3. ____

____

4. ____

____

4) Welche 6 Fachausdrücke kannst du hier herauslesen? **Setze sie aus den Silben richtig zusammen und schreib sie auf die Zeilen unter das Bild! ★★★**

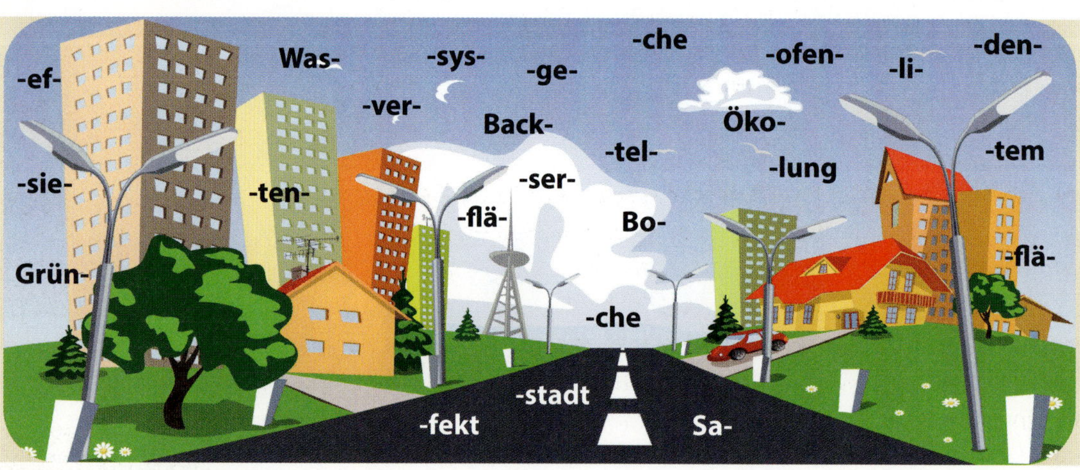

____

____

5) **Erkläre nun diese Fachausdrücke deinem Sitznachbarn/deiner Sitznachbarin! Lass dann diesen/diese erraten, um welchen Fachausdruck es sich handelt! ★★★★**

29. TIERE IN DER STADT

Zahlreiche Tierarten finden mittlerweile in der Stadt ihren **Lebensraum**. Kirchen und ihre Türme, aber auch Hochhäuser, Geschäfte, Straßenschluchten, Gewerbegebiete und Einkaufsmeilen werden von Tieren besiedelt. Hier leben **Kulturfolger** wie **Tauben**, **Amseln**, **Eichhörnchen**, **Haussperlinge**, **Hausmäuse**, **Haus-** und **Wanderratten**. Diese finden in den Abfällen der Menschen Nahrung und in den Nischen, Türmen und Mauern Schlaf- und Nistplätze.

Nistmöglichkeiten der Vögel in der Stadt

Stadttauben

Eichhörnchen

Haussperlinge

Rotfuchs

Tiere, die üblicherweise den Menschen meiden, finden in den Städten ihren Lebensraum. Dies sind **Füchse**, **Marder**, **Waschbären**, **Mauersegler**, **Saatkrähen**, **Sperber** und **zahlreiche Insekten**.

Strategie: hier → Methode, Vorgehensweise

Anpassung an den Lebensraum Stadt

Um in einer Großstadt überleben zu können, haben viele Tierarten eigene **Strategien** entwickelt. Tiere ...

- **erschließen für sich neue Lebensräume:** So leben Asseln in Kellerräumen und Wanderratten besiedeln Kanäle.
- **passen sich an das veränderte Nahrungsangebot an:** Viele Tiere finden in der Stadt ihre Nahrung in Mülltonnen und Komposthaufen. So jagen die Turmfalken in der Stadt Vögel anstatt Mäuse.
- **verlieren ihre Scheu vor Menschen:** Sie lassen sich füttern und fressen den Menschen sogar aus der Hand, wie das bei Eichhörnchen oder auch Kohlmeisen oder Stockenten immer wieder zu sehen ist.
- **finden Unterschlupf und Nahrung:** Sie leben in Grünanlagen, aber auch auf Dachböden und in Kellern, in die sie durch offen stehende Dachluken und Kellerfenster gelangen. Turmfalken beziehen auch verlassene Taubennester.
- **vermehren sich stark:** In der Stadt fehlen häufig ihre natürlichen Fressfeinde. Ein typisches Beispiel dafür sind die Tauben. In vielen Städten gibt es ein Fütterungsverbot für diese Tiere und andere Maßnahmen, um den Bestand zu verringern.

Wanderratte

Waschbär

Turmfalken

Wohnungen und Häuser als Lebensraum für Insekten

Exkremente: Stoffwechselausscheidungen

Moder: Vermorschtes, Verfaultes

Ohne es zu wollen, schaffen Menschen für eine große Zahl von Tieren Lebensräume in ihren Wohnungen oder Häusern. Manche dieser unerwünschten Mitbewohner zerstören Holz, befallen Lebensmittel oder gefährden die Gesundheit der Menschen, da sie Krankheiten übertragen oder Allergien hervorrufen können.

Dachböden bieten dem **Hausbock**, dem **Speckkäfer** und der **Kornmotte** günstige Lebensbedingungen. Die Larven der Hausböcke leben vor allem im Holz und zerstören dadurch Dachstühle. Ein Weibchen der Kornmotten legt bis zu 100 Eier in gelagerte Vorräte.

KLIMA AUF DACHBÖDEN:
Dieses ist im **Sommer** meist **heiß** und **trocken**, im **Winter** aber **kalt** und **trocken**. Als **Nahrung** dienen den hier lebenden Tieren **Holz**, **Textilien** und **gelagerte Vorräte**.

In der **Küche** findet z. B. die nachtaktive **Küchenschabe** genügend Nahrung. Mit dem stinkenden Saft aus ihrer Stinkdrüse macht sie Lebensmittel ungenießbar. **Silberfischchen** bevorzugen feuchte, dunkle Orte wie das **Bad**.

Wanzen und **Flöhe** haben einen abgeplatteten Körper. Sie sind Außenschmarotzer, die ihren Wirt (Mensch und seine Haustiere wie Hund, Katze, Vogel usw.) an der Wärmeausstrahlung erkennen. Mit ihrem Rüssel **saugen** sie **Blut**. Die Larven der **Kleidermotte** fressen Stofffasern und zerstören so Stoffe.

KLIMA IM WOHNBEREICH:
Dieses ist im **Sommer und Winter trocken** und **warm**. Als Nahrung dienen den hier lebenden Tieren Holz, Textilien und Lebensmittel. Aber auch Blutsauger finden hier Nahrung.

Der **Große Totengräber** lebt von Abfällen, faulenden Pflanzen, altem Holz, Aas, toten Insekten und **Exkrementen**. Da er im Keller keine Fressfeinde hat, vermehrt er sich besonders gut. Auch **Kellerasseln** finden hier einen guten Lebensraum.

KLIMA IM KELLER:
Dieses ist im **Sommer und Winter kühl** und **feucht**. Tiere finden hier **modernde** Stoffe verschiedenster Art, aber auch Lebensmittelvorräte.

Insekten in Wohnung und Haus

Finde heraus, warum der Speckkäfer in Wohnungen und Häusern unerwünscht ist!

Tiere in der Stadt nützen unterschiedliche Lebensräume. Sie haben sich **gut angepasst**. **Insekten** in den Wohnungen der Menschen sind unerwünscht und **schwierig zu bekämpfen**.

Insekten in Wohnung und Haus zu bekämpfen ist nicht immer leicht. Hier einige Tipps:

- Reinlichkeit ist das beste Mittel, um sie zu bekämpfen.
- Lebensmittel sollten nicht offen herumstehen, sondern sicher verschlossen in geeigneten Gefäßen aufbewahrt werden.
- Speisereste sollten immer weggeräumt werden, sonst locken sie Insekten an.

Nun geht's los – Aufgaben für schlaue Köpfe!

1) **Lies diesen Informationstext aus dem Internet zuerst aufmerksam durch! Dann markiere wichtige Wörter und beantworte im Anschluss die gestellten Fragen in ganzen Sätzen! ★★★**

Tiere verändern ihr Verhalten

Das Leben in der Stadt gleicht nicht dem Leben auf dem Land – und das hinterlässt Spuren. Die Tiere reagieren auf ihre Umgebung und verändern sich. Leben sie dicht neben dem Menschen, verlieren sie ihre natürliche Scheu. Für die zweite Generation ist eine Rückkehr in die Wildnis oft kaum mehr möglich. Die Tiere kennen nur noch das Leben in der Stadt und würden in anderer Umgebung mit ihren natürlichen Fressfeinden nicht überleben. Es gibt Füchse, die es sich in Parkanlagen heimelig gemacht haben und ihr Revier nicht mehr verlassen. Würde man sie betäuben und in die Wildnis bringen, würden sie wieder versuchen, in die Stadt zu gelangen.

Auch Vögel verändern ihr Verhalten: Kohlmeisen und Nachtigallen singen in der Stadt lauter und schriller, wie Vogelkundler herausgefunden haben. Sie vermuten, dass die Tiere das tun, um über den Stadtlärm hinwegzusingen. Manche Rotkehlchen werden nachtaktiv, um den Kontakt mit Menschen zu vermeiden. Stare und Amseln zwitschern plötzlich Handymelodien. Ob sich Stadttiere in Zukunft noch mit ihren Artgenossen in der Wildnis vermehren können, darüber sind sich Wissenschaftler/innen nicht einig. Vogelkundler/innen aber prognostizieren (=sagen vorher) langfristig die Entstehung neuer Arten, die sich auf das Leben in der Stadt spezialisiert haben.

Quelle:http://www.planet-wissen.de/natur_technik/tier_und_mensch/tiere_der_stadt/index.jsp (04.01.2014)

a) Welches Verhalten zeigen manche Tiere in der Stadt gegenüber den Menschen?

____

b) Überlege! Welche Ursachen kann dieses veränderte Verhalten haben?

____

____

c) Wie verändern Vögel ihren Gesang in der Stadt?

____

d) Welche Gründe vermuten Ornithologen/Ornithologinnen in diesem Verhalten?

____

e) Wenn du selber schon interessante Beobachtungen im Zusammenhang mit Tieren in der Stadt gemacht hast, dann beschreibe sie hier kurz!

____

____

____

____

Nun geht's los – Aufgaben für schlaue Köpfe!

2) **Was ist hier zu lesen?** Entschlüssle die Strategien, welche Tiere entwickelt haben, um sich dem Lebensraum in der Stadt anzupassen! Schreibe die Sätze auf und nenne zu jedem Satz ein Tier als Beispiel! ★

TI◆R◆PASS◆NSICHD◆MV◆RÄND◆RT◆NNAHRUNGSANG◆BOTAN

____

Tier: ____________

TI✱R✱V✱RM✱HR✱NSICHSTARK

____

Tier: ____________

TI▾R▾▾RSCHLI▾SS▾NFÜRSICHN▾U▾L▾B▾NSRÄUM▾

____

Tier: ____________

Wer bin ich?

3) **Wer bin ich und wie lebe ich?** Erstelle Steckbriefe zu diesen Tieren! ★★

Name des Tieres: ____________

Lebensraum: ____________

Nahrung: ____________

Schaden: ____________

Name des Tieres: ____________

Lebensraum: ____________

Nahrung: ____________

Schaden: ____________

Name des Tieres: ____________

Lebensraum: ____________

Nahrung: ____________

Schaden: ____________

4) Für Experten/Expertinnen – Beantworte diese Frage! ★★

Warum sind die oben abgebildeten Insekten in menschlichen Unterkünften unerwünscht?

____

30. PFLANZEN IN DER STADT

Pflanzen tragen zur **Verbesserung des Klimas einer Stadt** wesentlich bei. Bäume in Parkanlagen und an Straßenrändern spenden Schatten und erhöhen gleichzeitig die Qualität der Luft. Sie verdunsten Wasser, erhöhen so die Luftfeuchtigkeit und tragen zur Kühlung bei. Blumenbeete in Parkanlagen, in Hinterhöfen oder auf Balkonen verbessern das Klima. Pflanzen wie Efeu und Wilder Wein ranken sich auf großen Wandflächen und wirken als natürliches **Isolier**material. Sie verbessern ebenfalls das Klima auf den Straßen und sogar in den Wohnungen.

Klimaverbessernde Wirkung durch Bäume, Grünflächen, Hecken

Stadtgrün

Parkanlagen können verschieden gestaltet sein. Hier einige Beispiele:

Zierparkanlagen: Diese brauchen sehr viel Pflege. Man findet sie meist in der Umgebung von bedeutenden Gebäuden wie Burgen, Schlössern oder Kirchen. Hier werden Blumen gepflanzt, Ziersträucher gesetzt und der Rasen wird häufig geschnitten. Nicht immer sind diese Parks öffentlich zugänglich, denn sie wurden oft als besonderer Garten für ein besonderes Gebäude angelegt.

Stadtparks: Diese haben eine andere Aufgabe. Sie sind als naher Erholungsraum für die Stadtbevölkerung gedacht. Oft stehen hier alte Bäume und Sitzbänke laden zum Ausruhen ein. Die Rasenflächen dürfen meist als Spiel- oder Liegewiese genutzt werden. Hier gibt es Tiere, die nicht scheu sind und sich an die Menschen gewöhnt haben. Tauben, Spatzen, Eichhörnchen und Wasservögel in Stadtteichen lassen sich von den Menschen nur zu gerne mit Futter versorgen.

Stadtwälder: Manche Städte haben den Vorteil, dass sie von Wald umgeben sind oder Parkanlagen mit besonders vielen Bäumen haben. In diesen Stadtwäldern herrscht mitunter eine besondere Artenvielfalt.

Alte Friedhöfe: Diese haben oft einen alten Baumbestand und eine vielfältige Pflanzenwelt. Durch die Ruhe, die dort herrscht, sind sie ideale Lebensräume für viele verschiedene Tierarten.

Kleingärten und Brachflächen: Dazu zählen verwilderte Gärten, aufgelassene Bahngeleise oder Baulücken. Diese sind grüne Inseln in großen Städten, in denen man viele trockenheit- und wärmeliebende Tierarten findet.

isolieren: abdichten

Schlosspark Schönbrunn in Wien

Betrachte diese Abbildung und besprich mit deinem Sitznachbarn/deiner Sitznachbarin, welche wichtigen Aufgaben Pflanzen im Lebensraum Stadt haben!

Parkanlage

Friedhof mit Nebelkrähe

Pflanze auf einem Dach

Gras zwischen Straßenpflaster

Viele Pflanzen breiten sich entlang von Bahndämmen in die Stadt aus.

Bäume in der Stadt

In der Stadt sind Bäume vielen negativen Umwelteinflüssen ausgesetzt.

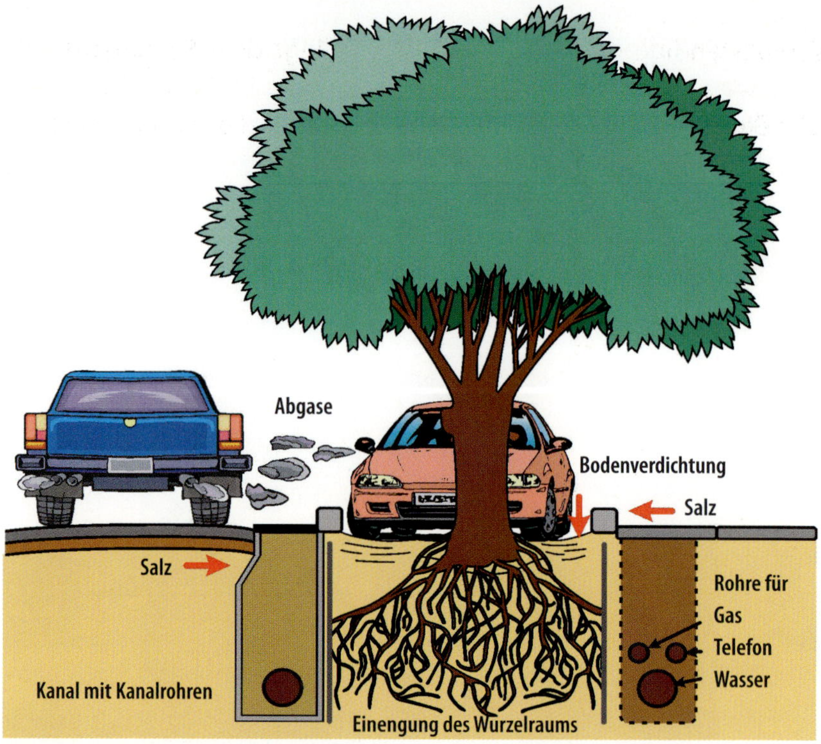

Ursachen für das Baumsterben

Durch **mechanische Beschädigungen** der Bäume wie durch Autofahrer/Autofahrerinnen, das Einritzen von Zeichen oder das Anbringen von Verkehrszeichen und Plakaten können Pilze und Bakterien, aber auch Insekten leichter in den Stamm eindringen und den Baum schädigen.

Streusalz, das verwendet wird, um das Eis auf Straßen und Gehsteigen aufzutauen, wird über die Wurzeln aufgenommen und stört den Wasserhaushalt des Baumes.

Betonierte Wege und asphaltierte Straßen dichten den Boden ab. Außerdem wird bei der Errichtung von Gebäuden oder dem Bauen von Straßen der Boden sehr stark verdichtet. Dadurch wird das Wachstum der Baumwurzeln erschwert und die Wurzeln werden nicht oder nur unzureichend mit Wasser und Sauerstoff versorgt.

Schadstoffe in der Luft zerstören die Schutzschicht der Blätter und schädigen die Spaltöffnungen. Der Gasaustausch wird dadurch behindert.

Ebereschen, Platanen und Robinien halten diese negativen Einflüsse recht gut aus. Andere Bäume weisen oft schwere Schäden auf.

Pflanzen tragen zur **Verbesserung** des **Großstadtklimas** bei. Durch **Luftverschmutzung**, **Bodenverdichtung**, **Streusalz** und **mechanische Beschädigungen** sind sie besonders gefährdet.

Pflanzen als Überlebenskünstler an extremen Standorten

Um überleben zu können, müssen manche Pflanzen besonders **gut angepasst** sein. Man findet sie in Mauerritzen, auf Hausdächern und sogar zwischen Pflastersteinen. Oft sind sie sehr kleinwüchsig, damit sie das geringe Platzangebot nutzen können. Sie können besonders viel Wasser speichern oder machen sich den mineralstoffreichen Schutt auf Baustellen, unbebauten Grundstücken oder Bahndämmen zu Nutze.

Pflanze an einer Mauer

Nun geht's los – Aufgaben für schlaue Köpfe!

1) Vervollständige den Plan! Im Zentrum liegt dein Schulhaus! **Zeichne nun Bäume, Sträucher, Gärten, Parkanlagen – also das Grün der Umgebung – in diesen Plan ein!** ★ Vielleicht kannst du auch feststellen, welche Baumarten und Sträucher in der Schulumgebung wachsen!

2) Was gibt es zur Umgebung deiner Schule zu sagen? **Schreibe deine Meinung!** ★★★

____

____

____

3) Hast du Vorschläge, was man in der Schulumgebung noch verbessern könnte? Vielleicht hast du Ideen, die sich leicht verwirklichen lassen! **Schreibe deine Vorschläge hier auf!** ★★★

____

____

____

Nun geht's los – Aufgaben für schlaue Köpfe!

4) Wie verbessern Pflanzen das Stadtklima? **Finde mindestens 5 Beispiele und schreibe diese in die Kästchen! ★**

Pflanzen in der Stadt ...

5) **Für Biologieexperten/-expertinnen** – **Löse dieses Kreuzworträtsel! Bringe dann die rot umrandeten Buchstaben in die richtige Reihenfolge, so erhältst du ein Lösungswort! ★★**

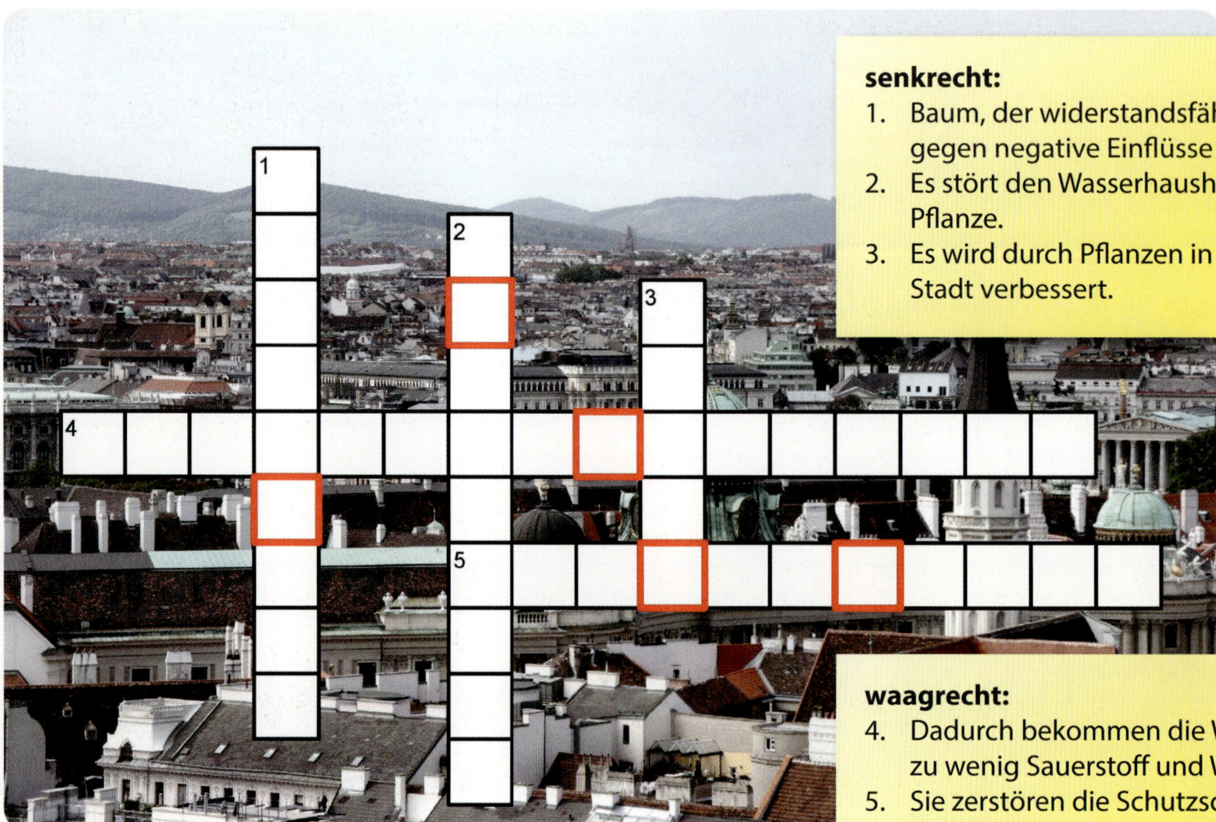

senkrecht:

1. Baum, der widerstandsfähig gegen negative Einflüsse ist
2. Es stört den Wasserhaushalt der Pflanze.
3. Es wird durch Pflanzen in der Stadt verbessert.

waagrecht:

4. Dadurch bekommen die Wurzeln zu wenig Sauerstoff und Wasser.
5. Sie zerstören die Schutzschicht der Blätter.

LÖSUNGSWORT: . . . . .

Stadt REPORT

Österreichs Städte bieten eine hohe Lebensqualität!

Das Umfrageinstitut Sora ermittelte 2013, dass 9 von 10 befragten Österreicher/innen der Meinung waren, dass die Stadt, in der sie leben, eine hohe Lebensqualität aufweist. Besonders zufrieden waren die Befragten mit den kulturellen Angeboten sowie mit der Sauberkeit der Städte.

Die größten Zehn in Österreich!

Einwohnerzahl Stand 2013 (Statistik Austria)

1. Wien	1 741 246
2. Graz	265 778
3. Linz	191 501
4. Salzburg	145 871
5. Innsbruck	122 458
6. Klagenfurt	95 450
7. Villach	59 646
8. Wels	58 882
9. St. Pölten	51 926
10. Dornbirn	46 425

Es lebe der Zentralfriedhof!

Wien: Der Zentralfriedhof, der zum östlichen Grüngürtel Wiens zählt, ist Heimat vieler Tiere. Wenn seine Tore kurz vor Einbruch der Dunkelheit geschlossen werden und kein Besucher mehr die Ruhe stört, zeigen sich plötzlich Hasen, Fasane, Eichhörnchen, Waldohreulen und Igel. Auch Nachtigallen, Turmfalken, Feldhamster, Marder und Frösche haben hier einen idealen Lebensraum gefunden. Die größten lebenden tierischen Bewohner im Areal des alten jüdischen Friedhofs sind jedoch ein Rudel von ca. 20 Rehen. Sie finden dort die nötige Ruhe und viele Grünpflanzen als Futterquelle.

Unglaublich, aber wahr! Fuchs im Haus

Ein ganz besonderer Fall, wie sich Wildtiere an das Leben in der Stadt anpassen, wurde aus der englischen Stadt Bristol bekannt. Eine Füchsin hatte sich in einem dreistöckigen Wohnhaus einquartiert. Jede Nacht schlüpfte sie durch die Katzenklappe, huschte durch das Wohnzimmer in die Küche und verschwand in einem Loch im Fußboden hinter dem Kühlschrank. Die Katze des Hauses hatte sich so an die Füchsin gewöhnt, dass sie einfach weiterschlief. Entdeckt wurde die Füchsin erst, als sie eines Nachts mit einem der menschlichen Hausbewohner zusammentraf. Als das Tier nach zweiwöchiger Jagd nicht eingefangen werden konnte, ließ man es im Haus wohnen. Nachdem die Füchsin 5 Junge zur Welt gebracht hatte, beobachtete sogar ein Biologe der Universität Cambridge, wie die Fuchswelpen im Lebensraum Großstadt aufwuchsen.

Putzig und gefährlich – ungebetene Gäste im Motorraum!

Warum Steinmarder in Motorräume von abgestellten Fahrzeugen einbrechen und dort Kabel, Gummischläuche und Dämmmatten zerbeißen, ist sogar Wissenschaftler/innen ein Rätsel. Normalerweise sind diese weichen Materialien keine Nahrung für Steinmarder und Unterschlupf finden sie eher auf Dachböden. Der Schaden aber, den Marder verursachen, kann immens sein. Laut ÖAMTC (Österreichischer Automobil Motor und Touring Club) gibt es aber Mittel und Wege, um diese kleinen Störenfriede aus dem Motorraum zu verbannen.

- Setzen Sie Ultraschallgeräte ein, denn die Schwallwellen sind für den Marder unangenehm!
- Lassen Sie Ihre Zünd- und andere Elektrokabel mit Hartgummi ummanteln!
- Verwenden Sie professionelle Duftstoffe und tragen Sie diese in regelmäßigen Abständen auf.

Der Erfolg von Hundehaaren, WC-Steinen, Urin (von Mensch oder Hund), Maschendraht oder tickenden Weckern im Motorraum darf hingegen in Zweifel gestellt werden.

Stadt REPORT

Schadstoffe schaden nicht nur den Pflanzen!

Schadstoffe aus Autoabgasen, Industrie und von Hausbrand können auch beim Menschen schwere Schäden hervorrufen.
Kohlenwasserstoffe aus unverbrannten Treibstoffen sind krebserregend, Blei schädigt das Blut und Cadmium kann Nierenschäden hervorrufen. Ebenso schädigen Schwefeldioxid, Ozon und Stickstoffoxide die Atemwege.

Nimm ein Sackerl für mein Gackerl!

Wien: Oft verschmutzt Hundekot Gehsteige und Straßen. Hundebesitzer/innen in der Stadt sind dazu verpflichtet, den Kot ihrer Lieblinge zu entfernen. Seit 2006 erinnert in Wien ein kleiner Terrier auf Schildern die Hundebesitzer daran, „ein Sackerl fürs Gackerl" mitzunehmen.
Die meisten Schilder verschwanden aber schon bald nach ihrem Aufstellen, sodass ein Jahr später 30 000 neue Wiesenstecker wieder aufgestellt werden mussten. Wer den Kot seines Hundes nicht entfernt, muss in Wien sogar eine Strafe von 36 € in Kauf nehmen. Aber auch anderer Müll wird häufig gedankenlos auf Straßen und Gehsteigen „verloren". Alle diese Menschen vergessen anscheinend, dass Müllentsorgung nicht nur ein schöneres Stadtbild garantiert, sondern auch Krankheiten verhindert.

Sie sind überall!

Überall, wo es Menschen gibt, findet man auch Ratten. Früher reisten sie an Bord von Schiffen als „blinde Passagiere" von Hafen zu Hafen und verbreiteten sich so auch auf kleinen Inseln. Dort bedrohten sie oft die heimische Tierwelt, da sie die Eier der Vögel und kleine Wirbeltiere fraßen.
Ratten können sich besonders leicht an eine neue Umgebung anpassen. In den Städten finden sie sehr günstige Lebensbedingungen: Sie ernähren sich von Abfällen und leben in den Kellern von Häusern, aber auch in der Kanalisation.
Ratten sind aber auch die Überträger von zahlreichen Krankheiten. So überträgt der Rattenfloh die Pest, die im Mittelalter zahlreiche Todesopfer gefordert hat.
In den meisten Städten wird mit Gift gegen die Ratten vorgegangen, um ihre Anzahl zumindest gering zu halten. Doch ganz los wird man sie trotzdem nicht, denn mitunter haben sich die Ratten bereits an das Gift gewöhnt, sodass es nicht mehr wirkt. Rattengift ist auch für den Menschen sehr gefährlich. Daher muss durch Warnschilder darauf hingewiesen werden, dass an einem Ort Gift gegen Ratten ausgelegt worden ist. Oft findet man solche Schilder in den Kellern von Häusern. Deshalb darf man dort keine Haustiere frei herumlaufen lassen und muss ganz besonders auf kleine Kinder achten, damit sie nicht mit dem Gift in Berührung kommen.

Müll – ein Problem der Stadt!

Viele Menschen produzieren viel Müll, doch einiges an Müll kann vermieden werden, wenn Menschen bewusst darauf achten. Glasflaschen ersetzen Dosen, Stoffsackerl ersparen beim Einkauf Plastiksackerl. Ebenso kann durch Recycling Altpapier, Glas, Kunststoff und Metall wieder verwertet werden. Mülltrennung ist daher unbedingt notwendig.
In Müllverbrennungsanlagen werden etwa 2/3 des Restmülls verbrannt. Die dabei entstehende Wärme wird in Form von Fernwärme zum Teil zum Heizen von Wohnungen und öffentlichen Gebäuden wie Schulen verwendet. Die Verbrennungsrückstände wandern auf Mülldeponien. Hier muss sichergestellt sein, dass Schadstoffe weder in die Luft noch in den Boden gelangen können. Mülldeponien sind kostspielig und brauchen viel Platz. Müllvermeidung ist die einzige Antwort darauf.

Buchtipps

Philippe Godard von Knesebeck: Die großen Städte der Welt für Kinder erzählt. Knesebeck GmbH & CO. Verlag KG, 2009.

Josef Reichholf, Stadtnatur: Eine neue Heimat für Tiere und Pflanzen – Ein Naturführer durch die Stadt. oekom Verlag, 2007.

Anke M. Leitzgen, Lisa Rienermann: Entdecke deine Stadt – Stadtsafari für Kinder. Beltz Verlag, 2011.

Manfred Bergau, Horst Müller, Wilfried Probst: Pflanzen Bestimmungsbuch – Streifzüge durch Dorf und Stadt. Klett Verlag, 2000.

31. DAS MEER

Vom Weltall aus betrachtet erscheint unsere Erde als blauer Planet. **71%**, also 361 Millionen Quadratkilometer der **Erdoberfläche**, sind mit **Wasser** bedeckt. Wir unterscheiden drei Ozeane: den **Pazifik**, den **Atlantik** und den **Indischen Ozean**, der auch **Indik** genannt wird. Dazu kommen noch rund um die Pole der **Arktische Ozean** und das **Südpolarmeer**. Temperatur, Salzgehalt und Nährstoffangebot sind in den Ozeanen unterschiedlich.

Blauer Planet Erde

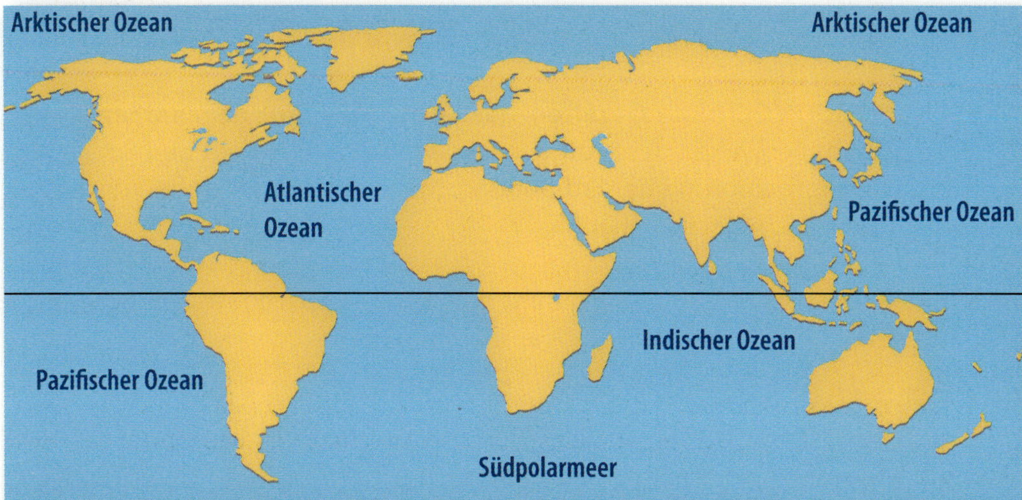

Ozeane

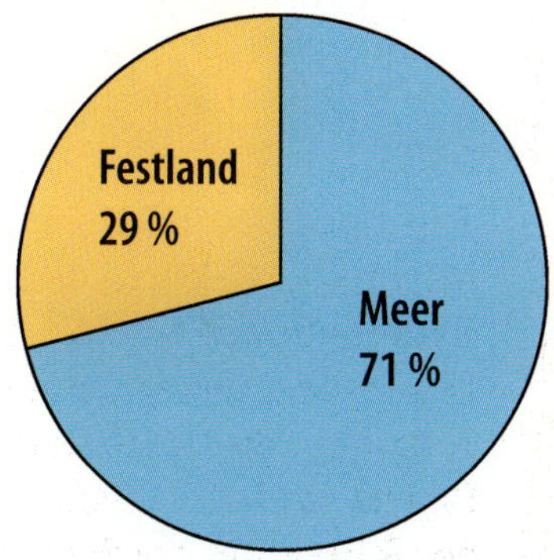

Verteilung Festland – Meer

Faktoren, die das Leben im Meer beeinflussen

SALZGEHALT: Das **Meerwasser** ist Salzwasser mit einer durchschnittlichen **Salzkonzentration von 3,5%**. Ein Liter Meerwasser enthält 35 g Salz.

MEERESSTRÖMUNGEN: Wasserwirbel im Oberflächenwasser transportieren warmes Wasser vom Äquator weg nach Norden und nach Süden. Abgekühlt kommt es mit der Tiefenströmung aus dem Norden und Süden zum Äquator zurück. Die warmen und kalten Meeresströmungen beeinflussen das Klima des Festlandes und wirken sich auf das Leben in den Ozeanen aus.

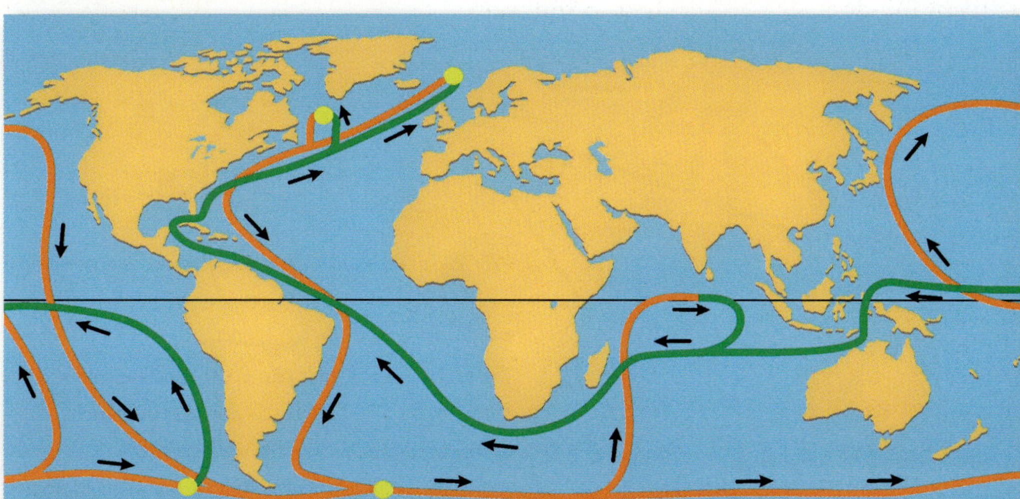

: Tiefenströmungen : Oberflächenströmungen
Punkte: Orte, an denen das abgekühlte Wasser absinkt

Woher kommt das Salz im Meer?
Seit Milliarden von Jahren wird durch Erosion Salz aus der Erdkruste herausgelöst und ins Meer gespült. Bei der Wasserverdunstung bleibt dann das Salz im Meer zurück.
Salzwasser ist schwerer als Süßwasser und friert erst bei –1,91 °C.
Unglaublich, aber wahr – nur 2,6% des gesamten Wassers auf unserer Erde ist Süßwasser!

Im Atlantik gibt es den **Golfstrom**. Dieser ist eine **warme, rasch fließende Meeresströmung**. Der **Humboldtstrom** hingegen ist eine **kalte Meeresströmung** an der Westküste Südamerikas.

Ebbe: Algarve in Portugal

Meereswellen

pflanzliches Plankton: vor allem einzellige Algen

tierisches Plankton: tierische Einzeller

Krill: kleine Krebse, frei schwebend in der Hochsee

Das **Meer** bedeckt **71% der Erdoberfläche** und ist das größte Ökosystem der Erde. Folgende **Faktoren beeinflussen das Leben im Meer:**
Salzkonzentration
Gezeiten
Meeresströmungen
Licht
Wassertemperatur
Wasserdruck
Bodenbeschaffenheit
Küstenformen

SONNENLICHT: Licht wird durch Wasser abgeschwächt und dringt nur einige wenige Meter tief ein. Deshalb ist es unter 200 m im Meer fast vollständig dunkel. Die tieferen Zonen des Meeres sind noch weitgehend unerforscht. Erst in den letzten Jahrzehnten hat man erkannt, dass es auch hier artenreiche Lebensräume gibt. Im klaren Wasser ist für Pflanzen Fotosynthese bis zu einer Tiefe von 100 m möglich, bei trübem Wasser oft nur bis 3 m.

WASSERTEMPERATUR: Das Wasser speichert Wärme besser als die Luft. Die **Wassertemperatur** unterliegt daher **geringeren Schwankungen**. Zwischen Winter und Sommer, aber auch zwischen Tag und Nacht sind die Temperaturunterschiede im Wasser wesentlich geringer. Selbst bei Schlechtwetter schwankt die Wassertemperatur kaum.

WASSERBEWEGUNGEN: Die **Gezeiten**, auch **Ebbe** und **Flut** genannt, entstehen durch das Zusammenwirken der Anziehungskräfte von Erde, Mond und Sonne und durch die Fliehkraft aufgrund der Erddrehung. Meereswellen entstehen durch den Wind, manchmal auch durch Seebeben.

WASSERDRUCK: Der Wasserdruck nimmt mit der Tiefe zu. Lebewesen der Tiefsee müssen einen erheblichen Wasserdruck aushalten können.

BODENBESCHAFFENHEIT: Diese ist für die Lebewesen im Meer von Bedeutung. Felsen, Sand oder Schlamm schaffen unterschiedliche Lebensbedingungen.

KÜSTENFORMEN: Die Form der Küste hat Einfluss auf das Leben im Meer.

Nahrungsketten und Nahrungspyramiden im Meer

Auch im Lebensraum Meer finden wir am Beginn jeder Nahrungsbeziehung die Produzenten. Dies sind in diesem Lebensraum das **pflanzliche Plankton (Phytoplankton)**. Es erzeugt durch Fotosynthese Nährstoffe und gibt dabei Sauerstoff ab. Ein großer Teil des Sauerstoffs unserer Atmosphäre stammt aus dem Meer. Pflanzliches Plankton ist Nahrung für **tierisches Plankton (Zooplankton)**. Pflanzliches und tierisches Plankton wird von **Krill** und Muscheln gefressen, die wiederum Nahrung für Bartenwale, Fische und Schnecken sind. Diese Tiere bilden die Nahrungsgrundlage für größere Fische, Säuger (z. B. Robben) aber auch den Menschen.

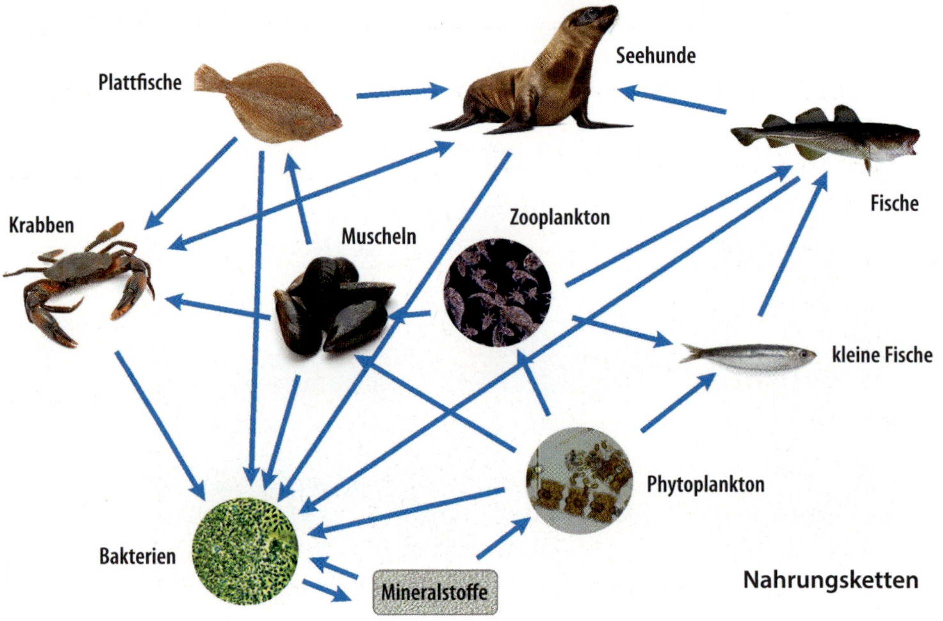

Nahrungsketten

Abgestorbene Pflanzen und Tiere sowie deren Ausscheidungen werden von Bakterien in **Mineralstoffe** umgewandelt. Diese stehen pflanzlichem Plankton wieder zur Verfügung, um Nährstoffe aufzubauen.

Nun geht's los – Aufgaben für schlaue Köpfe!

1) **Blauer Planeten-Quiz** – Beantworte folgende Fragen! Wie viele Punkte schaffst du? ★★★★

a) Woher kommt der Name „Blauer Planet"? **1/**

____

____

b) Wie heißen die Namen der 3 großen Ozeane? **3/**

1. ____________________________________

2. ____________________________________

3. ____________________________________

c) Was kannst du aus dieser Grafik herauslesen? **1/**

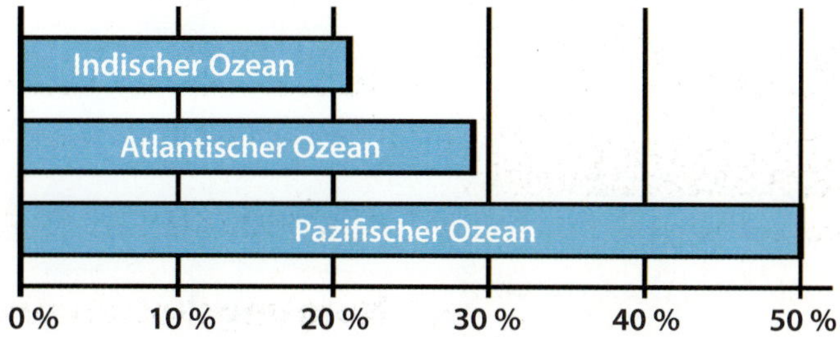

Der ________________________________

ist der größte. Er ist so groß wie

____

d) Was haben der Golfstrom und der Humboldtstrom gemeinsam? **1/**

____

e) Was unterscheidet diese beiden Ströme voneinander? **1/**

Golfstrom = ____________________ *Humboldtstrom* = ____________________

f) Das Bild zeigt, wie Meersalz gewonnen wird! Aber: Woher kommt das Salz im Meer? **1/**

____

____

____

____

8 Punkte = Du weißt sehr viel.
7 bis 6 Punkte = Du hast dir einiges gemerkt.
< 5 Punkte = Du solltest dir dieses Kapitel noch einmal durchlesen!

Meine Punkte

Nun geht's los – Aufgaben für schlaue Köpfe!

2) **Was für ein Durcheinander** – Jeder Fisch transportiert einen Umweltfaktor, dem sich die Lebewesen im Meer anpassen müssen. **Suche den dazu passenden Begriff und trage den passenden Buchstaben ein! ★★**

- ◯ wird durch Wasser abgeschwächt
- Unterschiede sind wesentlich geringer. ◯
- ◯ 1l Meerwasser enthält 35g Salz.
- nimmt mit der Tiefe zu ◯
- ◯ Felsen, Sand, Schlamm
- Ebbe und Flut ◯
- ◯ Flach- und Steilküsten
- ◯ Golfstrom und Humboldtstrom

Wenn du nun die Buchstaben von oben nach unten liest, erhältst du jenen Ozean, der zwischen Amerika und Europa/Afrika liegt!

LÖSUNGSWORT: . . . .

3) **Ordne die Nummern in der Pyramide den Angaben in den Kästchen zu! ★★★**

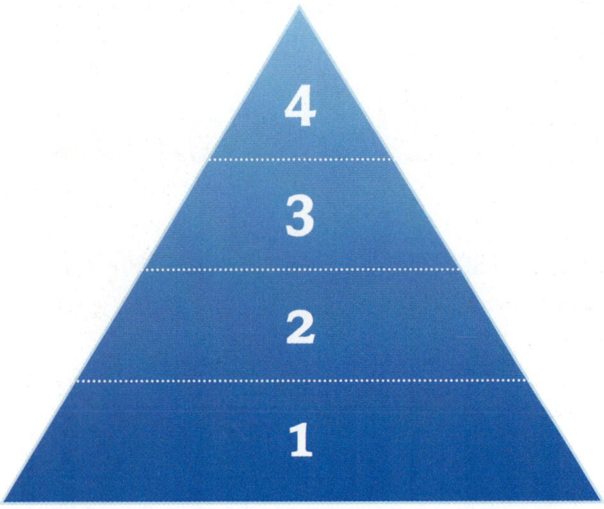

	Zooplankton, Krill **Konsumenten 1. Ordnung**
	Fische, Vögel, Säuger, Menschen **Konsumenten 3. Ordnung**
	Phytoplankton **Produzenten**
	Fische, Schnecken **Konsumenten 2. Ordnung**

32. LEBENSRÄUME DES MEERES

Im Meer gibt es mehrere deutlich voneinander **abgegrenzte Lebensräume.** Man unterscheidet:

- **PELAGIAL** = **freies Wasser**
- **BENTHAL = Meeresboden**
- **LITORAL = Küstenzone**

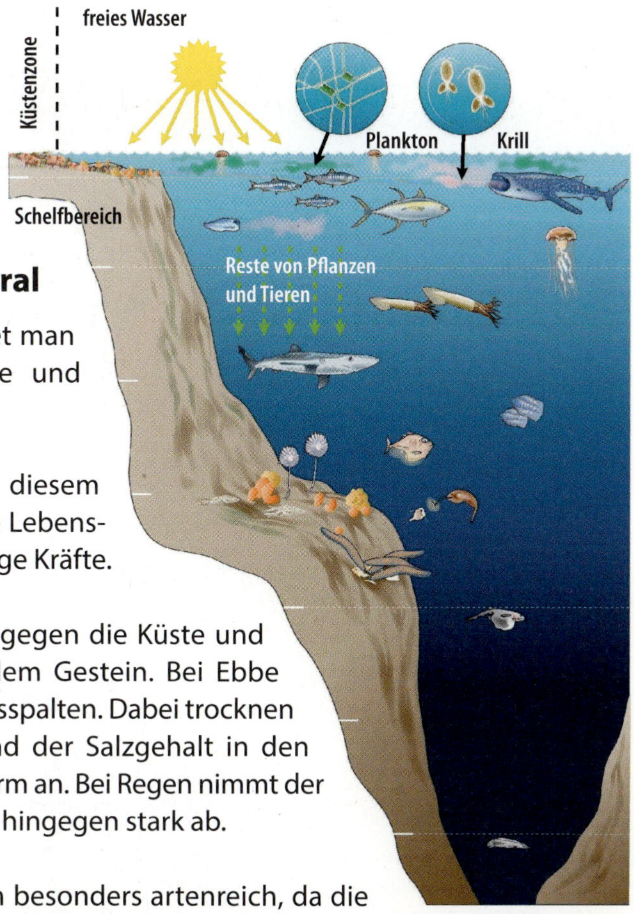

Küstenzone und freies Wasser

Die Küstenzone – das Litoral

In der Küstenzone unterscheidet man zwischen Fels- oder Steilküste und Sand- oder Flachküste.

FELS- oder STEILKÜSTE: In diesem Lebensraum herrschen extreme Lebensbedingungen. Es wirken gewaltige Kräfte.

Schwere Wellen rollen bei Flut gegen die Küste und brechen Geröll und Kies aus dem Gestein. Bei Ebbe verdunstet das Wasser in den Felsspalten. Dabei trocknen die Felswände komplett ab und der Salzgehalt in den verbleibenden Lacken steigt enorm an. Bei Regen nimmt der Salzgehalt in den Wasserbecken hingegen stark ab.

Trotzdem ist dieser Lebensraum besonders artenreich, da die Gezeiten viel Nahrung herbeispülen. Eine besondere Anpassung der Tiere an diesen Lebensraum macht das Überleben möglich. **Napfschnecken**, **Seepocken**, **Miesmuscheln**, **Seeigel** und **Austern** sind in den Felsspalten fest verankert und finden dort Nahrung und Schutz.

Steilküste

Miesmuscheln halten sich mit klebrigen Fäden, den Byssusfäden, fest.

Seeigel besiedeln felsige Küsten und Meeresböden.

Napfschnecken saugen sich mit ihrem Fuß am Felsen fest. Ihre Kalkschale schließt dicht ab und schützt vor Austrocknung. Mit ihrer Raspelzunge schaben sie Algen von den Felsen.

Seepocken sitzen fest und schützen sich bei Ebbe vor dem Austrocknen, indem sie ihr Kalkgehäuse mit einer Deckplatte verschließen. Mit ihren Füßchen strudeln sie Nahrung herbei.

Austern bilden Muschelbänke. Ihre untere Schalenhälfte wächst am Untergrund fest.

Flachküste

SAND- oder FLACHKÜSTE: Hier wird das Meer nur allmählich tiefer. Die Wellen rollen langsam aus. Der Untergrund besteht meist aus Sand, Schotter und den Resten von Schnecken und Muschelschalen, oft auch aus **Schlick**. Dieser Lebensraum ist artenärmer. Die hier lebenden Tiere ziehen sich bei Ebbe in Wohnröhren zurück oder graben sich im Sand ein. Sie schützen sich dadurch vor dem Austrocknen und vor ihren Fressfeinden.

Schlick: zäher Schlamm

Die Fortsätze an der Schale des Pelikanfußes, einer Meeresschnecke, bohren sich in den Sand. So ist die Schnecke vor Wellen geschützt.

Die Strandkrabbe gräbt sich bei der geringsten Erschütterung im Sand ein und findet so Schutz.

Watt

Im **Watt**, einer Form des Flachstrandes, gibt es Muscheln, Würmer und Schnecken. Diese leben in selbst gegrabenen Gängen und Röhren. So graben **Wattwürmer** U-förmige Röhren. Sie holen sich Nahrung durch einen der beiden Ausgänge herein und setzen ihre Kothäufchen bei dem anderen Ausgang ab.

Fraßgang

Kotgang

Wattwurm

Das Watt
Im Watt sind große Gebiete bei Flut mit Wasser bedeckt und liegen bei Ebbe trocken. Im Bereich der Nordsee wird das Watt bis zu 13 km breit. Im Schlick finden Tiere reichlich Nahrung und Schutz.

Pflanzen der Küstenzone

Algen in der Küstenzone

Das Wachstum der Pflanzen hängt in erster Linie von den Lichtverhältnissen und dem Vorhandensein von Mineralstoffen ab. Je nachdem, wie viel Licht vorhanden ist, wachsen z. B. an den Küstenzonen **Grün**, **Braun-** und **Rotalgen**.

Wenn du schon Urlaub am Meer gemacht hast, berichte davon!
Welche Tiere konntest du beobachten? Welche Muschelschalen hast du gefunden?

GRÜNALGEN: Diese wachsen in Bereichen **mit viel Licht**. Sie halten sich mit Saugscheiben am Untergrund fest.

BRAUNALGEN: Sie können auch in Regionen gedeihen, in die **weniger Licht** gelangt, da sie zusätzlich zum grünen Farbstoff auch noch einen bräunlichen besitzen, der ihnen die Fotosynthese bei schwachem Licht ermöglicht.

ROTALGEN: Diese benötigen **am wenigsten Licht**.

Braun- und Rotalgen werden auch von Menschen gegessen, vor allem in Südostasien.

Schelf
Der flache Meeresboden in der Nähe der Küste bis zu einer Tiefe von 200 m wird als Schelf bezeichnet. Die obere Adria und die Ostsee sind Schelfmeere.

Das freie Wasser – das Pelagial

Der größte Teil des Lebensraumes Meer ist die freie Wasserzone. Sie zeichnet sich durch zwei wesentliche Merkmale aus: In der freien Wasserzone gibt es Meeresströmungen und das Wasser ist sehr tief. Hier finden Lebewesen kaum Versteckmöglichkeiten. Viele Lebewesen der Hochsee haben nie Kontakt mit dem Meeresboden oder dem Ufer.

freie Wasserzone

Kältere Bereiche des Meeres sind planktonreicher. **Plankton** treibt mit der Strömung über weite Teile des Meeres. Außerdem haben Wassertemperatur, Licht, Salzgehalt und das Angebot an Nährstoffen großen Einfluss auf das Plankton.

In den oberen Schichten bis zu einer Tiefe von etwa 150 Metern gibt es genügend Licht, sodass **pflanzliches Plankton** – das Phytoplankton – gut gedeihen kann. Dieses besteht zum Großteil aus **Kiesel-** und **Geißelalgen**. Es ist als Produzent von größter Bedeutung für alle anderen Lebewesen im Meer.

Tierisches Plankton – das Zooplankton – besteht aus Lebewesen, die keine Fotosynthese betreiben und sich von anderen winzigen Organismen ernähren. Es ist Nahrung für größere Meerestiere.

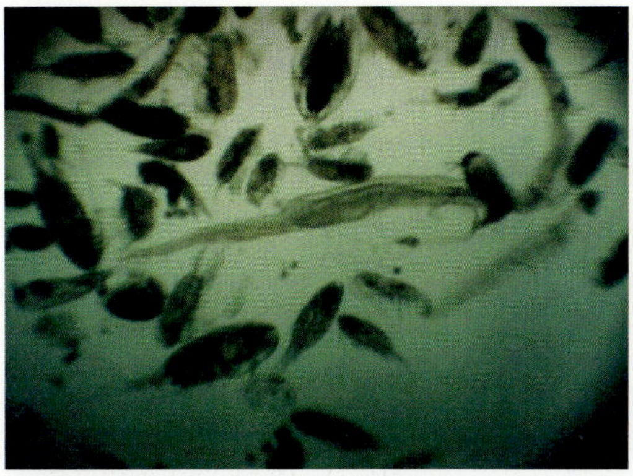

Zooplankton

Phytoplankton

Sardinen finden Schutz im Schwarm

Fische – Vögel – Säugetiere im Lebensraum Pelagial

Das offene Meer ist auch der Lebensraum zahlreicher Fischarten. Da dieses keine Versteckmöglichkeiten bietet, leben kleinere Fische wie die **Sardine** in großen **Schwärmen**, um sich vor Raubfischen wie dem Hai zu schützen.

Weißer Hai

Auch viele Vogelarten wie der **Albatros** oder der **Fregattvogel** sind am offenen Meer zu finden. Sie verbringen den Großteil ihres Lebens am Meer und kehren nur zum Brüten an Land zurück.

Albatros

Es gibt ungefähr 80 verschiedene Arten von **Walen**. Diese sind **Säugetiere** und leben ebenfalls auf dem offenen Meer. Sie atmen mit der Lunge und müssen daher immer wieder auftauchen.

Einige von ihnen wie die **Delfine** sind Raubtiere. Die größten aber, die **Blauwale**, die bis zu 30 m lang und bis zu 200 t schwer werden, ernähren sich von Krill.

Delfine

Fregattvogel

Die Tiefsee

Überlege! Warum gibt es in der Tiefsee keine Pflanzen?

bizarr: seltsam

Die Tiefsee ist die Meeresregion unterhalb einer Wassertiefe von 800 m. **Hoher Wasserdruck** von bis zu 1 t pro cm^2, eine Wassertemperatur von ca. 2 °C, **Dunkelheit** und **geringe Wasserbewegung** sind die Lebensbedingungen der Tiefsee.

Lange Zeit nahm man an, dass es in der Tiefsee kaum Leben gibt. Erst in den letzten Jahrzehnten fanden Forscher und Forscherinnen heraus, dass es trotz der lebensfeindlichen Bedingungen in der Tiefsee **vielfältiges Leben** gibt. Aber viele der oft **bizarren** Lebewesen sind dem menschlichen Auge vermutlich bisher verborgen geblieben.

Was sind Black Smoker?
Ein Tauchboot stieß 1977 in einer Tiefe von 2 600 m auf **„Black Smoker“**. Das Wasser dieser heißen vulkanischen Quellen am Meeresboden enthält chemische Verbindungen, aus denen Bakterien Nahrung herstellen können. Die Bakterien wiederum sind Nahrung für Würmer, Muscheln und andere Tiere. So konnte sich unabhängig von der Fotosynthese eine Nahrungskette aufbauen.

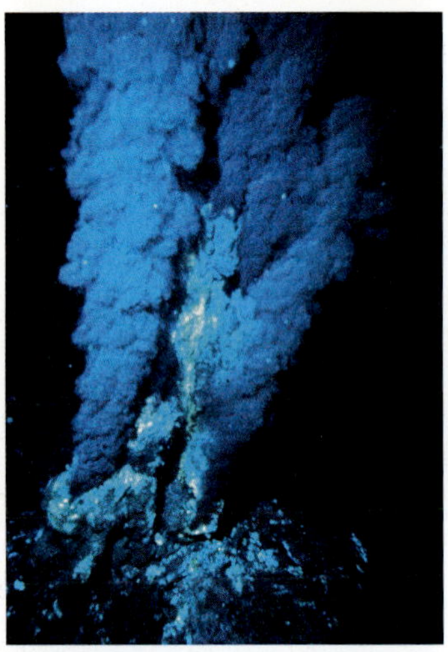

Black Smoker

Viele Tiefseefische haben **große Mäuler** und **kräftige Zähne**. Manche können Beutetiere verschlingen, die größer sind als sie selbst.

Tiefseeangler

Die meisten sind aber nicht besonders groß und oft **fehlt eine Körperfärbung**. Manche Tiere haben **besonders große Augen**, damit sie das wenige Licht aufnehmen können. Bei manchen sind die Augen rückgebildet oder fehlen ganz.

Wieder andere gehen mit **Bakterien**, die Licht abgeben, eine **Symbiose** ein. Diese Bakterien befinden sich in **Leuchtorganen** der Tiefseefische, mit denen sie die Umgebung sichtbar machen.

Viperfische halten mit langen spitzen Zähnen ihre Beute fest.

Laternenfische haben Leuchtorgane. Mit ihnen locken sie ihre Beute an und finden ihren Geschlechtspartner.

Der Meeresboden – das Benthal

Das Wasser auf dem Meeresboden bewegt sich kaum. **Schalenreste** und **Skelettteile** lagern sich auf dem Meeresgrund ab. **Organisches Material** kommt in Form von **Schwebeteilchen** aus höheren Wasserschichten. **Würmer**, **Muscheln** und **Seegurken** finden dadurch auf dem Meeresboden ausreichend Nahrung.

Aufgrund der großen Wassertiefe ist es sehr schwierig, bis zum Meeresboden vorzudringen. Daher sind die Lebensgemeinschaften des Tiefseebodens noch kaum erforscht.

Der Lebensraum Meer besteht aus den drei Bereichen **Küste**, **Freies Wasser** und **Tiefsee** mit dem **Meeresboden**. In jedem Bereich gibt es **unterschiedliche Lebensbedingungen** für die dort lebenden Tiere und Pflanzen.

Nun geht's los – Aufgaben für schlaue Köpfe!

1) **Lebensbedingungen an der Steilküste** – Trage die Zahlen aus diesem Informationstext richtig in die Kreise im Bild ein! ★★★

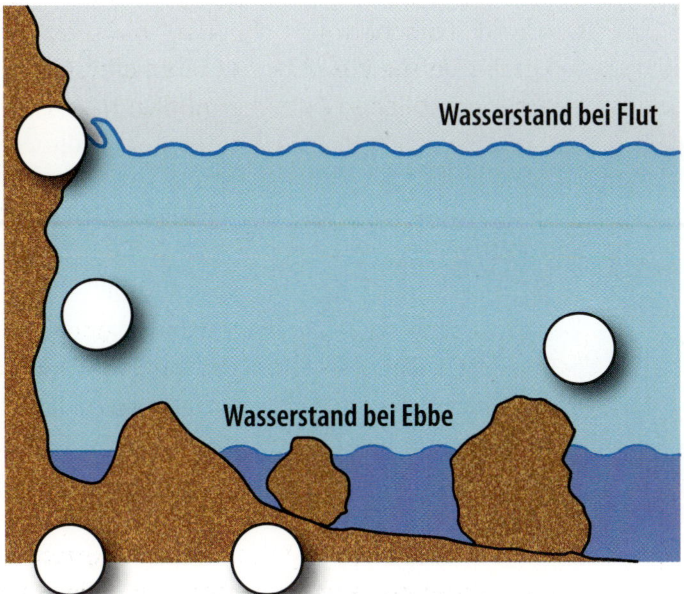

Schwere Wellen rollen gegen die Küste und brechen Geröll und Kies aus dem Gestein (1). Bei Ebbe trocknen die Felswände komplett ab (2). Das Wasser in den verbleibenden Lacken verdunstet, dadurch steigt der Salzgehalt stark an (3). Napfschnecken saugen sich mit ihrem Fuß an Felsen fest. Ihre Schale schließt dicht ab und schützt sie vor Austrocknung (4). Andere Tiere suchen unter Steinen Schutz (5).

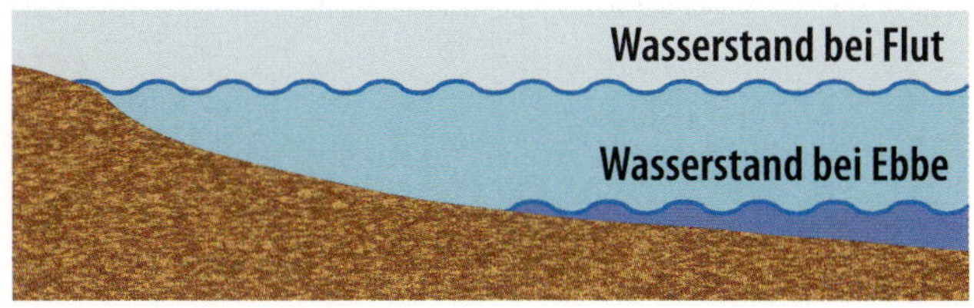

2) Kreuze an, welche Lebensbedingungen an einer Flachküste vorherrschen! ★★

- ☐ Das Meer wird allmählich tiefer.
- ☐ Die Wellen schlagen gegen die Küste.
- ☐ Der Boden besteht aus Sand und Schotter.
- ☐ Manche Tiere graben sich bei Ebbe im Sand ein.
- ☐ Der Meeresboden fällt steil ab.
- ☐ Die Wellen rollen langsam aus.
- ☐ Der Boden besteht aus Felsen.
- ☐ Manche Tiere laufen bei Ebbe in tieferes Wasser.

3) Betrachte das Bild vom Leben im Schelfmeer und finde eine Nahrungskette! ★★★

Nun geht's los – Aufgaben für schlaue Köpfe!

4) **Seeungeheuer** - In diesem Text über den Riesenkalmar haben sich 5 Fehler eingeschlichen. **Finde diese, streiche die falschen Wörter durch und schreibe die richtigen aus dem Kästchen darüber!** ★

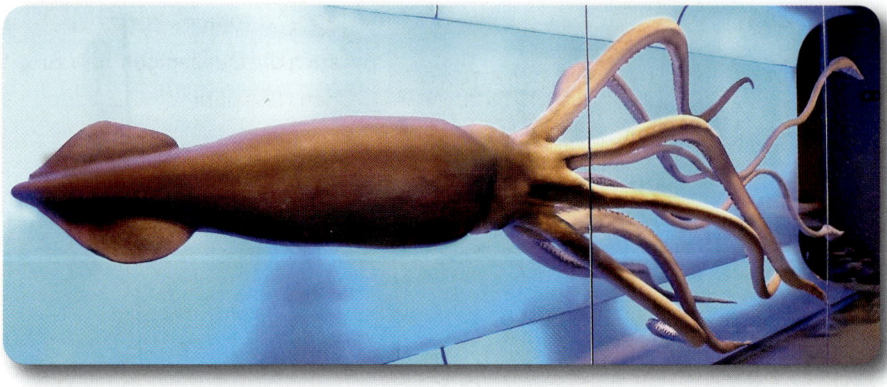

Lange Zeit hielt man Erzählungen von Bergsteigern über riesige Tintenfische für Legenden über Seeungeheuer. Doch nach und nach tauchten immer mehr ernstzunehmende Berichte auf: Walfänger fanden Teile von sehr großen Tintenfischen in den Lungen von Pottwalen und schließlich wurden auch an Land gespülte Tiere gefunden. 2005 gelang es erstmals, diese Tiere in ihrem Urlaub, der Tiefsee, zu filmen. Der Riesenkalmar lebt in einer Wassertiefe von etwa 500 m. Er erreicht eine Länge von bis zu 13 m. Um das wenige Licht in dieser Wassertiefe nutzen zu können, besitzt er riesige Augen, die mit einem Durchmesser von bis zu 30 cm die größten im gesamten Tierreich sind. Riesenkalmare kommen in allen Aquarien vor. Ihr einziger Feind ist der Pinguin, der auf der Jagd nach Beute mehr als 1 000 m tief tauchen kann.

Lebensraum ★ Seeleuten ★ Pottwal ★ Mägen ★ Ozeanen

5) Welche Lebensbedingungen passen nicht zu diesem Foto? **Streiche die falschen Sätze und Begriffe durch!** ★★★ Tipp: Wenn du dann die Buchstaben bei den passenden Aussagen zusammensetzt, erhältst du einen Lebensraum, der völlig gegensätzlich zu dieser Abbildung ist.

- **I.** Der Boden ist ständig gefroren.
- **A.** Bakterien stellen Nahrung aus chemischen Verbindungen her.
- **W.** Tiefsee
- **T.** Heiße Quelle
- **T.** Würmer und Muscheln ernähren sich von Bakterien.
- **E.** Küste
- **K.** viel Sonnenlicht
- **S.** Pflanzen betreiben Fotosynthese.

LÖSUNGSWORT: . . . . .

33. DAS KORALLENRIFF

Korallenriffe sind Lebensräume im Meer, die von den **Korallen**, die sie bewohnen, selbst gebildet werden. **Korallenpolypen** sind nur wenige Millimeter große, sesshafte **Nesseltiere**, die in großer Zahl in **Kolonien** auf engem Raum zusammenleben. Nach außen hin bilden sie eine Hülle aus Kalk, das **Kalkskelett**.

Korallenriff vor Hawaii

Steinkorallen sind für die Entstehung von Korallenriffen entscheidend. Nach dem Absterben der Polypen bleiben die **Kalkskelette** zurück und neue Tierarten siedeln sich darauf an. So entstehen im Laufe der Zeit große Gebilde aus Kalk, die bis knapp unter die Wasseroberfläche reichen können – die **Korallenriffe**.

Steinkoralle

Wie viele andere Korallenarten leben auch Steinkorallen in Symbiose mit Algen, von denen sie Nährstoffe beziehen. Sie ernähren sich aber auch von Plankton, das sie vor allem in der Nacht mit ihren Tentakeln einfangen.

Korallenriffe entstehen in der **Nähe des Festlandes** oder auf einem **Schelf**. Sie bilden sich in **tropischen Meeren** bei einer durchschnittlichen Wassertemperatur zwischen 20 °C und 29 °C. In den verschiedenen Riffregionen herrschen unterschiedliche Lebensbedingungen. Korallenriffe werden durch die zunehmende **Verschmutzung** und **Erwärmung des Wassers**, vor allem aber durch den Anstieg des Kohlenstoffdioxidgehalts gefährdet.

Rote Edelkoralle

Die **Rote Edelkoralle** bildet Kolonien, die wie kleine Ästchen aussehen.

Die weißen, kleinen Korallenpolypen sind vorwiegend nachtaktiv und ziehen sich bei Tag in das Kalkskelett zurück.

Nesseltiere: einfach gebaute Tiere, die mit einem Gift gefüllte Nesselzellen besitzen; mit diesem töten sie ihre Beute; auch die Quallen gehören zu den Nesseltieren

Aufbau einer Koralle

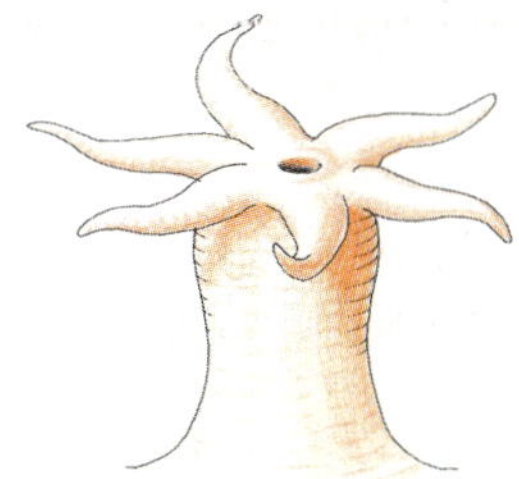
Koralle mit ausgestreckten Tentakeln

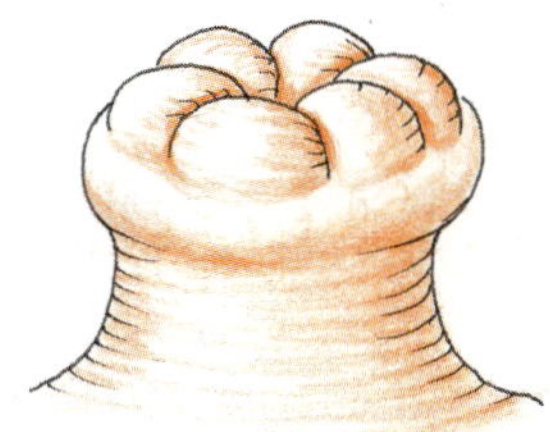
Koralle mit eingezogenen Tentakeln

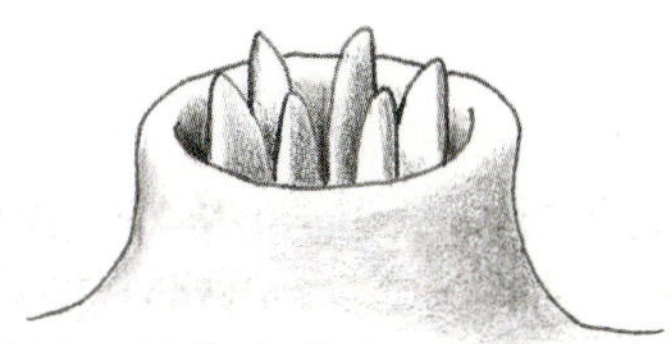
leeres Kalkskelett

Rifftypen

Saumriff

Barriereriff

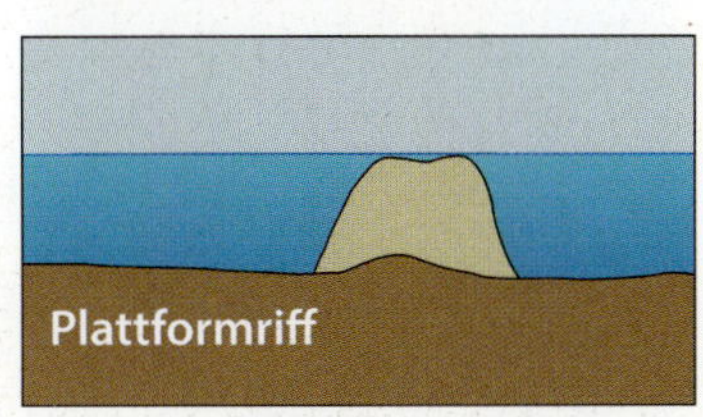
Plattformriff

Das Korallenriff, Lebensraum für viele Tierarten

Korallenriffe sind farbenprächtige Lebensräume, in denen viele verschiedene Tierarten Nahrung, Versteckmöglichkeiten und Plätze finden, um sich festzusetzen. Die Artenvielfalt ist eine Reaktion auf den Mangel an Nähr- und Mineralstoffen. Im Laufe von Jahrmillionen wurden zahlreiche unterschiedliche ökologische Nischen besetzt.

Korallenriff

Fächerkorallen: Sie können bis zu 2 m groß werden, auch Lederkorallen gedeihen auf Korallenriffen.

So werden Nischen besetzt:

Garnelen und Krebse ernähren sich vom Schleim und den Polypen der Korallen und putzen andere Fische.

Garnele

Papageienfische besitzen ein schnabelförmiges Maul zum Abbeißen von Korallenstücken.

Doktorfische verteidigen sich mit einem skalpellförmigen Gebilde an der Seite ihres Schwanzes.

Clownfisch

Viele **Fische** wie der Clownfisch finden auf Grund ihrer **schmalen**, **hohen Körperform** bei Gefahr Schutz zwischen den Korallenstöcken.

Andere grenzen mit ihren **leuchtenden Farben** ihr Revier ab.

Muräne

Muränen sind nachtaktiv und verbringen den Tag in den Spalten des Riffs.

Wie groß sind Korallenriffe?
Das größte Korallenriff ist das „Große Barriereriff" vor der Küste Australiens. Es ist etwa 2 300 km lang und bedeckt eine Fläche von ca. 350 000 km². Weltweit nehmen Korallenriffe etwa 600 000 km² ein. Riffe können mehr als 2 000 m in die Tiefe reichen.

Zur Erinnerung: Jedes Lebewesen hat ganz spezielle Ansprüche an den jeweiligen Lebensraum und erfüllt selbst spezielle Aufgaben. Deshalb können verschiedene Lebewesen nebeneinander in einem Biotop leben.

Rotfeuerfisch
Seine stacheligen Rückenflossen enthalten Gift. Es verursacht beim Menschen starke lokale Schmerzen, Angstzustände, Übelkeit sowie Schwitzen und kann zum **Kollaps** führen. Dieser nachtaktive Fisch jagt andere Fische und Krebse.

Kollaps: Schwächeanfall

Korallenriffe werden von Steinkorallen gebildet. Sie entstehen in **tropischen Gewässern**. Korallenriffe sind Lebensräume für viele verschiedene Tierarten.

Nun geht's los – Aufgaben für schlaue Köpfe!

1) Wie nennt man die einzelnen Rifftypen? **Ordne den Bildern die Texte zu, indem du die richtigen Buchstaben in die Kreise einträgst und den Namen darunterschreibst! ★★**

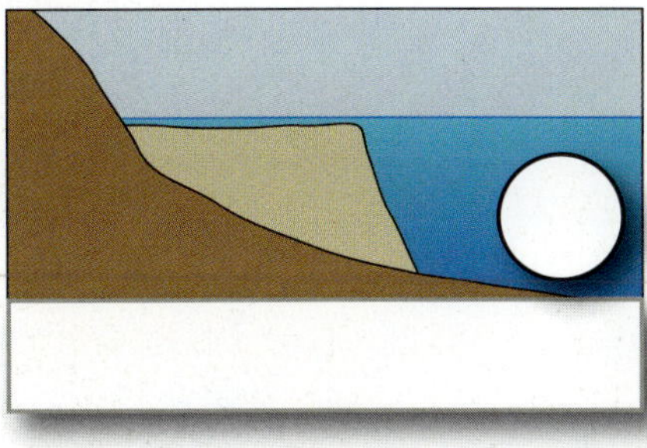

A Dieses Riff entsteht durch geologische Vorgänge. Damit es bis zur Wasseroberfläche wächst, muss sich der Meeresboden senken oder der Meeresspiegel heben. Diese Riffbildung dauert sehr lange, daher sind diese Riffe eher selten. Das bekannteste ist das australische „Große Barriereriff".

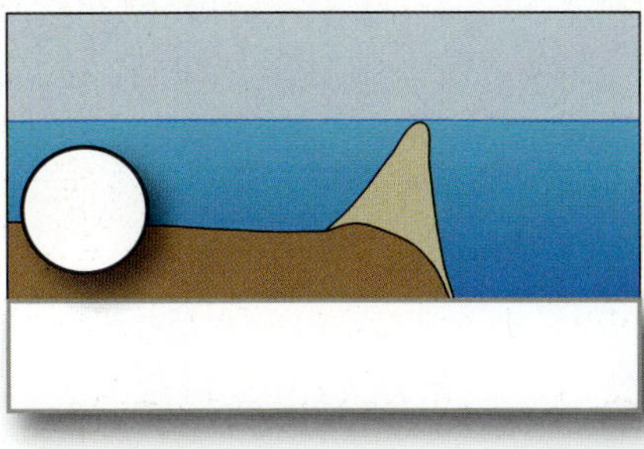

B Dieses Riff findet man entlang einer Küste. Dieser Rifftyp kommt am häufigsten vor und kann sehr lang sein. Er entsteht in Ufernähe und „wächst" in Richtung Meer. Die Oberfläche dieses Riffs ist immer knapp unterhalb der Wasserlinie.

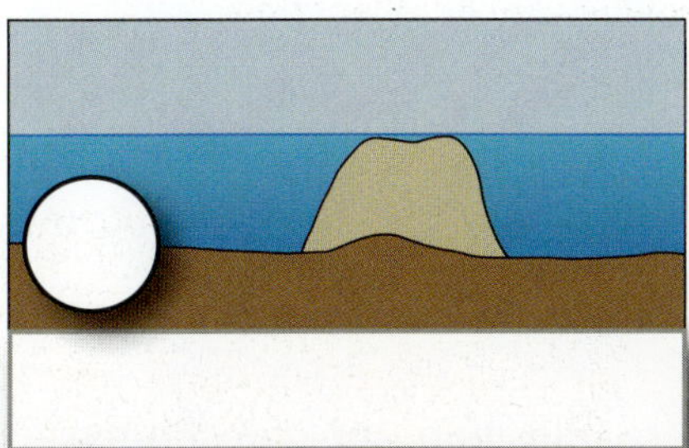

C Dieser Rifftyp bildet sich zumeist auf dem Kontinentalschelf und im offenen Ozean. Er entsteht, sobald auf dem Meeresboden riffbildende Korallen nach allen Seiten wachsen. In ihrer Mitte kann sich ein seichtes Gewässer, eine Lagune, bilden.

2) Die folgenden Abbildungen zeigen dir, wie ein ringförmiges Korallenriff, das man Atoll nennt, entsteht! **Beschreibe diese Entstehung mit eigenen Worten! ★★★★**

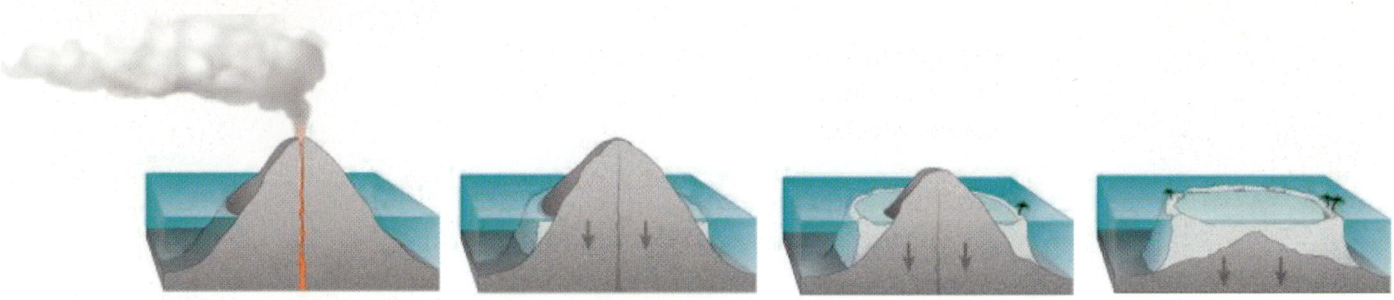

____

____

____

____

____

Nun geht's los – Aufgaben für schlaue Köpfe!

3) Die Karte zeigt dir die Riffregionen in den Meeren. **Beschrifte die Karte, indem du die großen Ozeane und die Kontinente einträgst! ★★**

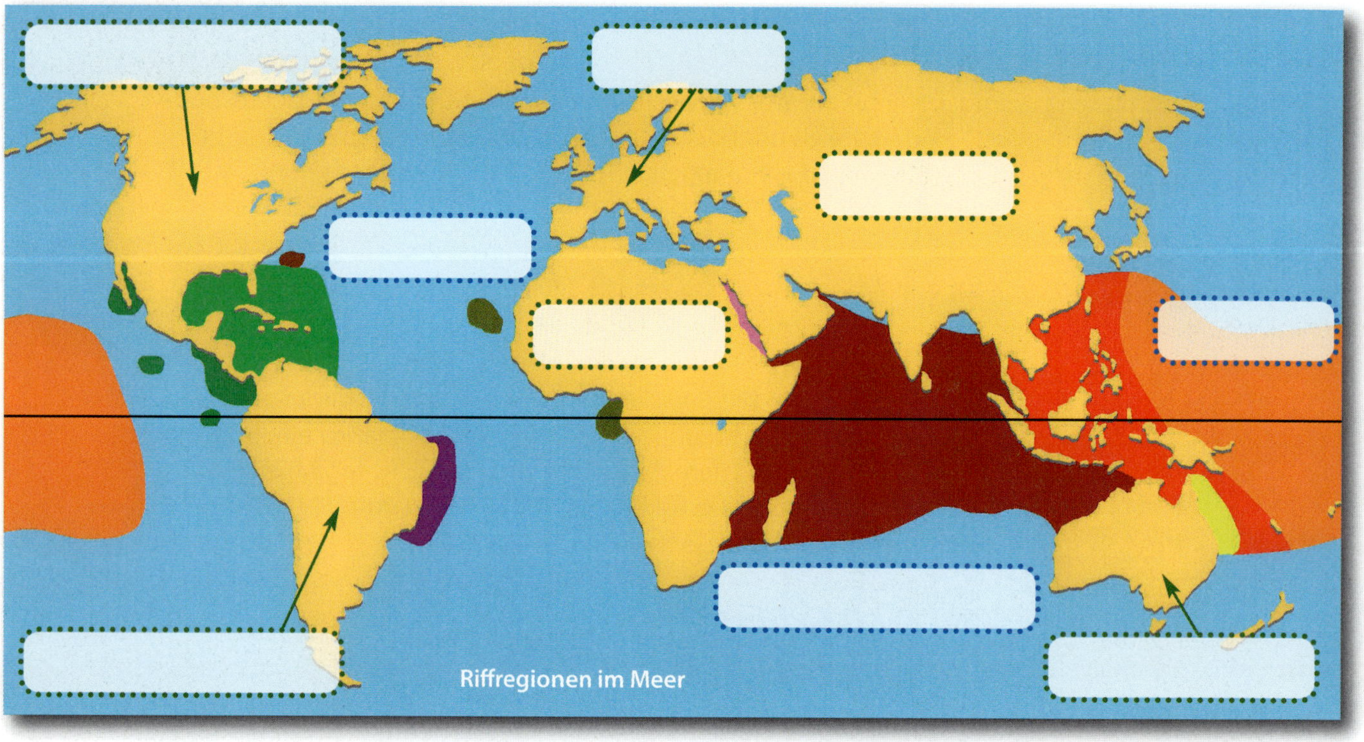

Rosa = Rotes Meer
Orange = Zentralpazifik
Violett = Brasilien
Dunkelrot = Indischer Ozean
Grün = Ostpazifik
Olivgrün = Ostatlantik
Rot = Westpazifik
Hellgrün = Karibik
Gelb = Barriereriff
Braun = Bermudas

4) **Wer ist das?** **Benenne diese Lebewesen und kreuze an, welche du bei einem Korallenriff finden kannst!** Die Buchstaben hinter den richtigen Antworten ergeben bewaffnete Tiere, die man auf dem Boden in verschiedenen Zonen des Meeres finden kann. ★★

Korallenriff: ☐ JA (K) ☐ NEIN (T)

Korallenriff: ☐ JA (D) ☐ NEIN (R)

Korallenriff: ☐ JA (E) ☐ NEIN (M)

Korallenriff: ☐ JA (B) ☐ NEIN (L)

Korallenriff: ☐ JA (N) ☐ NEIN (S)

Korallenriff: ☐ JA (A) ☐ NEIN (E)

LÖSUNGSWORT: . . . . . .

34. DAS MEER UND SEINE BEDEUTUNG FÜR DEN MENSCHEN

Seit Jahrtausenden nutzt der Mensch das Meer auf vielfältige Weise. Auch heute noch ist es von großer wirtschaftlicher Bedeutung.

Fischfang

Das Meer dient dem Menschen als …

NAHRUNGSQUELLE: Der Fischfang liefert Nahrung für viele Menschen. Durch technisch hoch entwickelte Fangmethoden werden die Fangerträge heute enorm gesteigert. Dadurch besteht aber die Gefahr der Überfischung.

TRANSPORTWEG: Das Meer hat große Bedeutung für den internationalen Verkehr. Der **Transport von Gütern auf dem Seeweg** ist bedeutend billiger als jede andere Transportmöglichkeit. Daher werden rund 92 % aller Waren auf dem Wasserweg transportiert. Zum Be- und Entladen von Schiffen entstanden an den Küsten Häfen, die auch heute noch wichtige Zentren für den weltweiten Handel sind. Viele Waren werden heute in **Containern** transportiert.

Container: Behälter zum Transport von Gegenständen

Containerschiff

Erdölplattform

Windkraftwerk

ROHSTOFFQUELLE: Fast die Hälfte der weltweiten **Erdöl-** und **Erdgasreserven** finden sich in den Kontinentalschelfen. Im Meeresboden lagern wichtige Bodenschätze wie **Mangan**, **Kupfer**, **Blei**, **Titan**, **Phosphate**, **Kohle** und **Eisenerze**. Sie werden wegen der hohen Kosten für die Förderung bis jetzt aber kaum genützt.

QUELLE FÜR SALZ: In großen flachen Becken lässt man das Meerwasser von der Sonne verdunsten, sodass das im Meer gelöste Salz zurückbleibt. So gewinnen die Menschen seit langer Zeit Salz.

Salzgewinnung

SÜSSWASSERQUELLE: Meerwasserentsalzungsanlagen entziehen dem Wasser das Salz. Dieses Verfahren zur **Gewinnung von Süßwasser** aus Salzwasser ist jedoch sehr kostenintensiv und wird auf Grund der zunehmenden Verschmutzung der Meere immer schwieriger.

ENERGIEQUELLE: Windräder an den Küsten nutzen den Wind am Meer. Gezeitenkraftwerke gewinnen aus dem Höhenunterschied des Wasserspiegels bei Ebbe und Flut elektrische Energie. Wellenkraftwerke nutzen die Bewegung des Meerwassers. Auch Meeresströmungen dienen der Stromerzeugung. Das Meer ist eine saubere Energiequelle, die immer mehr an Bedeutung gewinnt.

ERHOLUNGSRAUM: Viele Menschen erholen sich im Urlaub am Meer oder bei einer Reise mit einem Kreuzfahrtschiff. Für viele Küstenländer ist der **Tourismus** ein wichtiger Wirtschaftszweig.

Urlaub am Meer

Was können wir tun, um den Lebensraum Meer zu schützen?

- nachhaltige Fischerei unterstützen
- bedrohte Fischarten nicht kaufen
- erneuerbare Energie nutzen
- auf Wärmedämmung achten
- CO_2 Ausstoß verringern

Ölverschmierte Ente

GREENPEACE

Mit dem umgebauten ehemaligen Fischkutter Rainbow Warrior startete Greenpeace 1978 seinen ersten Einsatz gegen isländische Walfänger. Greenpeace engagierte sich in den folgenden Jahren ebenso gegen das Abladen von giftigem und radioaktivem Müll in den Ozeanen sowie gegen die Jagd auf Robben.

Gefahren für das Meer

Das Meer ist ein sehr **komplexes Ökosystem**. Natürliche und vom Menschen verursachte Störungen können schwerwiegende Auswirkungen auf diesen Lebensraum haben.

Eine der größten Bedrohungen für das Ökosystem Meer ist die **globale Erwärmung**. Die steigenden Meerestemperaturen bedrohen die Tier- und Pflanzenwelt. Lebewesen, die sich dieser Veränderung nicht anpassen können, sind vom Aussterben bedroht.

Zusätzlich wird das Meer durch die großen Mengen an freigesetztem Kohlenstoffdioxid belastet. Das in der Atmosphäre enthaltene **CO_2** löst sich im Meerwasser und es entsteht Kohlensäure. Säuren lösen aber Kalk. Für Meerestiere, die Kalk zum Leben brauchen oder deren Schalen aus Kalk bestehen, ergibt sich daraus ein großes Problem.

Ein weiteres Problem ist die **Überfischung** der Meere. Werden mehr Fische einer Art gefangen, als durch natürliche Vermehrung nachkommen, so ist diese Art vom Aussterben bedroht. Zu den gefährdeten Fischarten zählen Kabeljau, Heilbutt, Blauflossen-Thunfisch, Granatbarsch oder Haie. Den Haien werden die Rückenflossen abgetrennt, die immer begehrter für die Spezialität Haifischflossensuppe werden.

Schiffsunglück

Barrieren sollen Öl stoppen

Schiffsunglücke, Abfälle von Schiffen, Müll, der ins Meer gekippt wird, und vor allem Unfälle auf Bohrinseln, bei denen oft tausende Tonnen von Rohöl ins Meer gespült werden, **belasten die Ozeane**. Öl verklebt das Gefieder der Vögel und die Kiemen der Fische. Ein qualvoller Tod ist meistens unausweichlich.

Ölfilm im Wasser

Auch **Abwässer, die ins Meer geleitet werden**, enthalten Schadstoffe. Diese werden über die Nahrungskette von den Produzenten an die Konsumenten weiter gegeben. Steht der Mensch am Ende einer Nahrungskette, ist auch er von der Schadstoffbelastung betroffen. Die steigende Abwasserbelastung des Meeres wird durch den zunehmenden **Massentourismus** an den Meeresküsten verursacht.

Schutz der Meere

Die Menschen haben erkannt, dass man zum Schutz des Meeres auf internationaler Ebene zusammenarbeiten muss. Eine Reihe überregionaler Vereinbarungen, die zwischen den Staaten getroffen wurden, sind in der Liste internationaler Umweltabkommen verzeichnet.

Das **Meer** ist ein **sensibler Lebensraum**. **Massentourismus**, **Abwässer**, **der enorme CO_2 Ausstoß** und **Ölunfälle** belasten dieses Ökosystem besonders stark.

Nun geht's los – Aufgaben für schlaue Köpfe!

1) Die folgende Abbildung zeigt dir, wodurch das Meer verschmutzt werden kann! **Schreibe den passenden Text in die Kästchen zu den Fotos! ★★★**

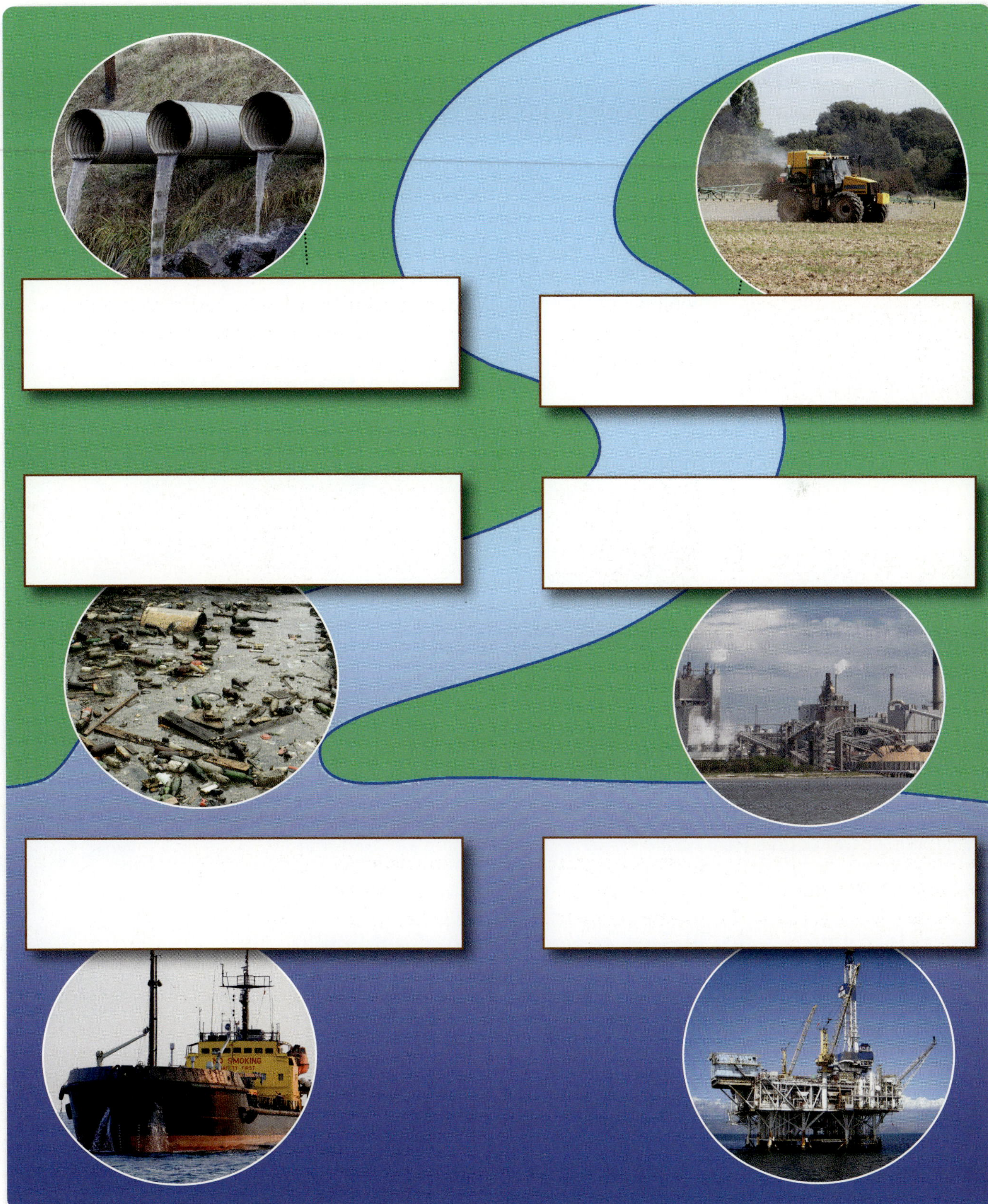

Abwässer aus der Kanalisation ★ Unfälle auf Ölbohrplattformen ★ Pestizide aus der Landwirtschaft ★ Tankerunfälle ★ Entsorgen von Müll ★ Industrieabfälle

Nun geht's los – Aufgaben für schlaue Köpfe!

2) **Das große Meeresquiz!** Finde die richtigen Antworten, ringle sie ein, dann erhältst du ein Lösungswort! ★★

1) Ein Liter Meerwasser enthält durchschnittlich...

S 35,3 g Salz. **O** 22,3 g Salz. **V** 42,4 g Salz.

2) Der Golfstrom ist ...

A eine kalte Meeresströmung. **O** eine Meeresenge. **E** eine warme Meeresströmung.

3) Ein Großteil der Erde ist mit Wasser bedeckt!

M Es sind 55 %. **E** Es sind 71 %. **L** es sind 81 %.

4) Der Wasserdruck ...

G nimmt mit der Tiefe zu. **R** nimmt mit der Tiefe ab. **H** bleibt immer gleich.

5) Unter Watt versteht man ...

N eine Form der Steilküste. **K** den Meeresboden. **U** eine Form der Flachküste.

6) Um Tiefsee handelt es sich, wenn ...

I man von einer Meeresregion ab 200 m spricht.

A es in einer Meeresregion wenig Licht gibt.

R man von einer Meeresregion ab 800 m spricht.

7) Phytoplankton ist ...

K pflanzliches Plankton. **G** das Plankton der Tiefsee. **M** tierisches Plankton.

8) Im Lebensraum Steilküste ...

W sind nur wenige Lebewesen zu finden. **E** gibt es besonders viele verschiedene Lebewesen.

A sind keine Lebewesen angesiedelt.

LÖSUNGSWORT: . . . .

3) Alles Wissenswerte über Hans Hass! Versuche, diesen Wellentext zu lesen! ★

Der Österreicher Hans Hass war einer der ersten Tauchpioniere und Meeresforscher des 20. Jh. Der Zoologe war maßgeblich an der Entwicklung des freischwimmenden Tauchers beteiligt. Bekannt wurde er mit seinen Dokumentarfilmen über Haie. 1949 kam sein Film „Menschen unter Haien“ heraus in dem die meeresbiologische Arbeit mit Hilfe eines Schwimmtauchgerätes gezeigt wurde. Dies war die Geburtsstunde des modernen Forschungstauchens.

4) Versuche, mehr Informationen über Hans Hass im Internet zu finden!

Der Blauwal: Gigant der Meere

Blauwale werden bis zu 33 m lang, wobei die Weibchen etwas größer als die Männchen werden. Das Herz des Blauwals ist mit bis zu 1 000 kg so schwer wie ein Kleinwagen. Es schlägt nur wenige Male pro Minute, pumpt dabei allerdings bis zu 5 000 l Blut pro Minute durch den Körper des Tieres.

Obwohl der Blauwal mit einem Gewicht von 200 t vermutlich das größte Tier ist, das jemals auf der Erde gelebt hat, frisst er ausschließlich Plankton und Krill. Dieses filtert er mit seinen Barten aus dem Wasser. Barten sind gefiederte Hornplatten, die vom Oberkiefer des Wales herabhängen. Bis zu 800 davon befinden sich in seinem Maul.

Blauwale kommen in allen Weltmeeren vor. Den Sommer verbringen sie in den kalten Gewässern an den Polen, während sie im Winter in wärmere Gebiete ziehen. Auf ihren Wanderungen verständigen sie sich mit Artgenossen durch extrem tiefe Töne, die über hunderte Kilometer zu hören sind.

Früher wurden Blauwale von Walfängern so intensiv gejagt, dass um die Mitte des letzten Jahrhunderts nur noch etwa 2 000 Tiere am Leben waren. 1972 wurden internationale Verträge zum Schutz der Blauwale abgeschlossen. Heute schätzt man, dass wieder etwa 10 000 bis 20 000 dieser riesigen Tiere die Weltmeere durchschwimmen.

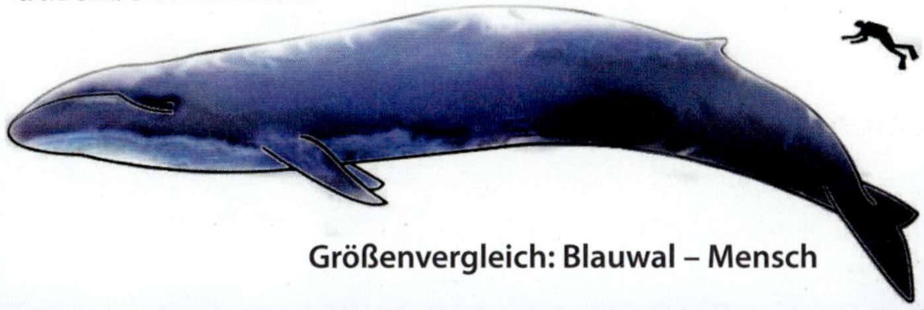

Größenvergleich: Blauwal – Mensch

Mit ruhigem Gewissen Fisch essen

Leider hat rücksichtsloses Fischen mit riesigen Fangschiffen dazu geführt, dass heute manche Fischarten vom Aussterben bedroht sind.

Im Jahr 1997 gründeten der Nahrungsmittelkonzern Unilever und die Naturschutzorganisation WWF gemeinsam den „Marine Stewardship Council" (MSC). Diese Organisation gab Richtlinien heraus, wie umweltschonend gefischt werden soll:

- Kein Überfischen: Es dürfen nur so viele Fische gefangen werden, wie wieder nachwachsen.
- Das Ökosystem muss geschützt werden.
- Nationale und internationale Gesetze müssen eingehalten werden.

Fischereibetriebe, die sich an diese Richtlinien halten, werden mit dem MSC-Siegel ausgezeichnet. Meeresfische und Fischprodukte, die dieses Zeichen aufweisen, können Sie also mit ruhigem Gewissen kaufen.

Der Seehandel

Waren mit einem Gesamtgewicht von 5,7 Mrd. Tonnen werden jährlich auf dem Seeweg transportiert. 55 % davon sind Massengüter (Erze, Kohle, Getreide usw.), 27 % Flüssigkeiten – vor allem Erdöl – und 14 % Container.

Die größten Häfen der Welt sind in Shanghai (China), in Singapur und in Rotterdam (Holland).

Hafen Rotterdam

Piraten – auch sie leben vom Seehandel

In den letzten Jahren haben die Überfälle auf Schiffe deutlich zugenommen. Dabei kommt es den Piraten kaum darauf an, was ein Schiff geladen hat. Meist nähern sich die Seeräuber den Schiffen mit kleinen, schnellen Booten und nehmen die Mannschaft gefangen. Gegen Zahlung eines hohen Lösegeldes lassen sie später die Besatzung mit ihrem Schiff wieder frei. Trotzdem kommen bei den Überfällen immer wieder Menschen ums Leben. Am häufigsten gibt es Piratenüberfälle in Indonesien, vor der Ostküste Afrikas und im Roten Meer.

MARINE STEWARDSHIP COUNCIL ©

Auch in österreichischen Supermärkten finden Sie zahlreiche Fischprodukte mit diesem Siegel.

Meer REPORT

Korallenriffe in Österreich

Vor mehr als 60 Mio. Jahren gab es auf dem Gebiet des heutigen Österreich ein Korallenriff, das so groß war wie das Große Barriereriff vor Australien. Die Überreste dieses Riffs bilden heute große Teile der Kalkalpen, unter anderem auch das Dachsteinmassiv.

Der Dachstein an der Grenze zwischen Oberösterreich, Salzburg und der Steiermark

Arm verloren? Kein Problem!

Verliert ein Seestern einen Arm, wächst ein neuer nach. Dieses Nachwachsen nennt man Regeneration. Meistens wird dieser Arm dann aber nicht mehr so groß wie der ursprüngliche. Man spricht dann von einem Kometenstern.

Seesterne sind nicht die einzigen Stachelhäuter, die über ein hohes Regenerationsvermögen verfügen. So können auch Seegurken einen Teil ihrer inneren Organe auf ihre Fressfeinde spucken und diese so ablenken. Die fehlenden Organe werden wieder nachgebildet.

Die Türkei, ein Paradies für Urlauber – und Schildkröten

Machen Sie doch Urlaub an der türkischen Riviera und beobachten Sie dabei das Schlüpfen der Karettschildkröten!

Jahr für Jahr locken die langen Sandstrände an der türkischen Südküste tausende Urlauber an. Aber auch weibliche Karettschildkröten werden von den Stränden angelockt, um im warmen Sand ihre Eier abzulegen. Damit es zu keiner Störung der unter Naturschutz stehenden Reptilien kommt, bewachen Hotelangestellte in der Nacht den Strand. Zuerst beobachten sie, wo die Schildkröten an Land gehen und ihre Eier ablegen. Dann stellen sie einen schützenden Zaun über die Gelege. Deshalb machen die Urlauber/innen einen weiten Bogen um diese Stellen, bis die kleinen Schildkröten geschlüpft sind.

Harmlose Mördermuschel

Die Riesenmuschel, auch Mördermuschel genannt, ist immer noch gut für Schauergeschichten. So soll sie nach Tauchern schnappen und sie unter Wasser festhalten. In Wahrheit schließen sich die Muschelschalen aber viel zu langsam, als dass ein Taucher von ihnen festgehalten werden könnte.

Die Riesenmuschel wird bis zu 140 cm groß und bis zu 400 kg schwer und zählt zu den bedrohten Arten.

Buchtipps

Samantha Gray: Die Welt erleben und verstehen, Leben im Meer. Dorling Kindersley Verlag GmbH, Starnberg, 2001.

Frank Schätzing: Nachrichten aus einem unbekannten Universum. Eine Zeitreise durch die Meere. Kiepenheuer & Witsch, Köln 2010.

Laurent Ballesta, Pierre Descamp: Best of National Geographic Planet Meer: Reise in die Unterwasserwelt. NATIONAL GEOGRAPHIC Deutschland, Hamburg 2007.

Unglaublich, aber wahr!

- **97 Prozent des Wassers auf der Erde sind Salzwasser. Eine glatte Erdoberfläche wäre rundum 2 500 m hoch mit Wasser bedeckt.**
- **Eine einzige Miesmuschel schafft es in nur einer Stunde, 3 l Meerwasser zu filtern. Dabei werden natürlich neben den Nahrungsstoffen auch Schadstoffe aus dem Wasser aufgenommen.**
- **Phytoplankton produziert im Jahr 20 Mrd. Tonnen Biomasse. Bei der Produktion verbraucht es so viel Kohlenstoffdioxid wie alle Wälder der Erde zusammen.**

Auf diesen beiden Seiten findest du viele Anregungen, um selbst zu forschen.
Viel Vergnügen dabei!

Kartoffelstärke

Was du alles brauchst: große Kartoffel, Küchenreibe, Schüssel, Teller, großes Stofftaschentuch

Wie musst du vorgehen?

1. Schäle zuerst die Kartoffel und reibe sie dann mit der Küchenreibe zu einem Brei! Diesen gibst du in die Mitte des großen Stofftaschentuchs und faltest dieses zu einem Säckchen. Nun füllst du die Schüssel mit Wasser, tauchst das Säckchen mit dem Brei ein und drückst es aus. Diesen Vorgang wiederholst du 10-mal.

2. Lass die Schüssel nun 5 min. lang stehen und gieße anschließend das Wasser vorsichtig ab! Den Rückstand am Boden der Schüssel schüttest du auf einen Teller und lässt ihn trocknen.

Was ist zu sehen?

1. Welche Farbe hat die getrocknete Kartoffelstärke? ______________________________

2. Wie fühlt sie sich an? ______________________________

Richtungshören

Was du alles brauchst: ca. 2 m langer Gummischlauch mit einem Durchmesser von 8 mm, Wäscheklammer, Filzstift

Wie musst du vorgehen?

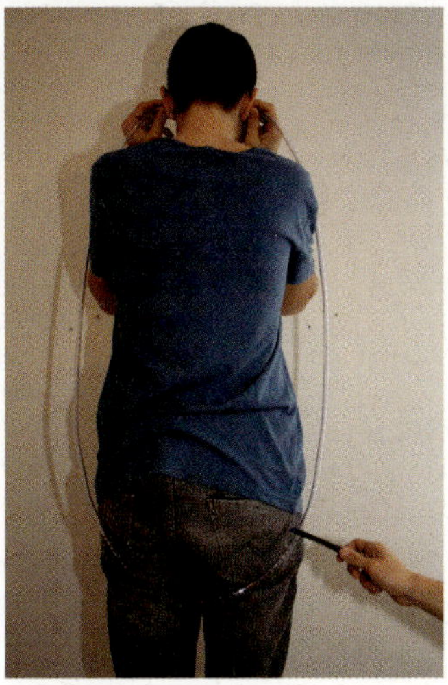

1. Zu Beginn markiere die Mitte des Gummischlauchs mit dem Filzstift. Von der Mitte weg machst du im Abstand von 1 cm jeweils 20 Striche links und rechts! Nun steckst du dir die Enden des Schlauches in deine Ohren, sodass er hinter deinem Rücken verläuft.

2. Eine andere Person (Freund/in, Eltern usw.) soll nun mit einem Stift auf den Schlauch schlagen und zwar sowohl in der Mitte als auch links und rechts davon.

Was nimmst du wahr?

A. **Wo hörst du das Klopfen?** Entscheide bei jedem Klopfen, ob es mehr in der Mitte oder rechts oder links zu hören ist!

B. **Bis zu welcher Entfernung von der Schlauchmitte hörst du das Klopfen?** Lass deinen Helfer/deine Helferin an den Strichen ablesen, wie weit du etwas wahrnimmst! Notiere die Ergebnisse!

3. Zum Schluss befestige in der Mitte des Schlauchs eine Wäscheklammer! Wiederhole nun diesen Versuch!

C. **Erhältst du die gleichen Ergebnisse wie ohne Wäscheklammer?** ☐ JA ☐ NEIN

Was ist anders? ______________________________

Mein Blutgefäßsystem

Wie musst du vorgehen?

1. Lass deinen linken Arm ungefähr 1 min nach unten hängen und pendle dabei mit dem Arm hin und her. Anschließend legst du die linke Hand flach auf den Tisch.

2. Nun drückst du mit dem Mittelfinger der rechten Hand die Vene so wie in der Abbildung ab und streiche mit dem Zeigefinder der rechten Hand das Blut aus dieser Vene in Richtung Herz.

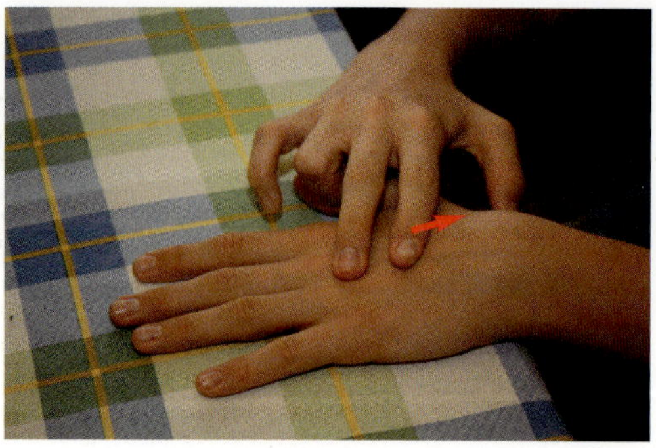

Was nimmst du wahr?

A. Meine Beobachtung: ______________________________

____

3. Wiederhole nun diesen Versuch, ohne die Vene abzudrücken!

B. Meine Beobachtung: ______________________________

Klonen einer Efeupflanze

Was du alles brauchst: Efeu, Schere, Erde, Blumentopf, Marmeladenglas, Gießkanne

Wie musst du vorgehen?

Schneide einen Efeutrieb über dem Knoten mit einer sauberen Schere ab! Anschließend setze den Trieb in einen Topf mit Erde, sodass nur mehr das Blatt mit seinem Stiel zu sehen ist! Gieße den Efeu und stülpe dann das leere Marmeladenglas darüber! Nach einigen Wochen kannst du ihn ein einen größeren Topf umsetzen.

Was kannst du beobachten?

Erstelle in deinem Heft eine Tabelle und trage deine Beobachtungen 8 Wochen lang ein!

Schmutziges Meerwasser

Was du alles brauchst: große Glasschüssel, Wasser, Speiseöl, Kaffeelöffel, Strohhalme

Wie musst du vorgehen?

Fülle in die Schüssel Wasser und gib einige Tropfen Speiseöl dazu! Versuche, dann mit einem Kaffelöffel das Öl abzuschöpfen!

Was kannst du beobachten?

____

Lege dann die Strohhalme in das Wasser und versuche so, das Öl aufzuhalten! **Gelingt es dir?**

Was weißt du noch über den Menschen?

Löse dieses Kammrätsel, dann erhältst du in der mittleren Spalte das Lösungswort!

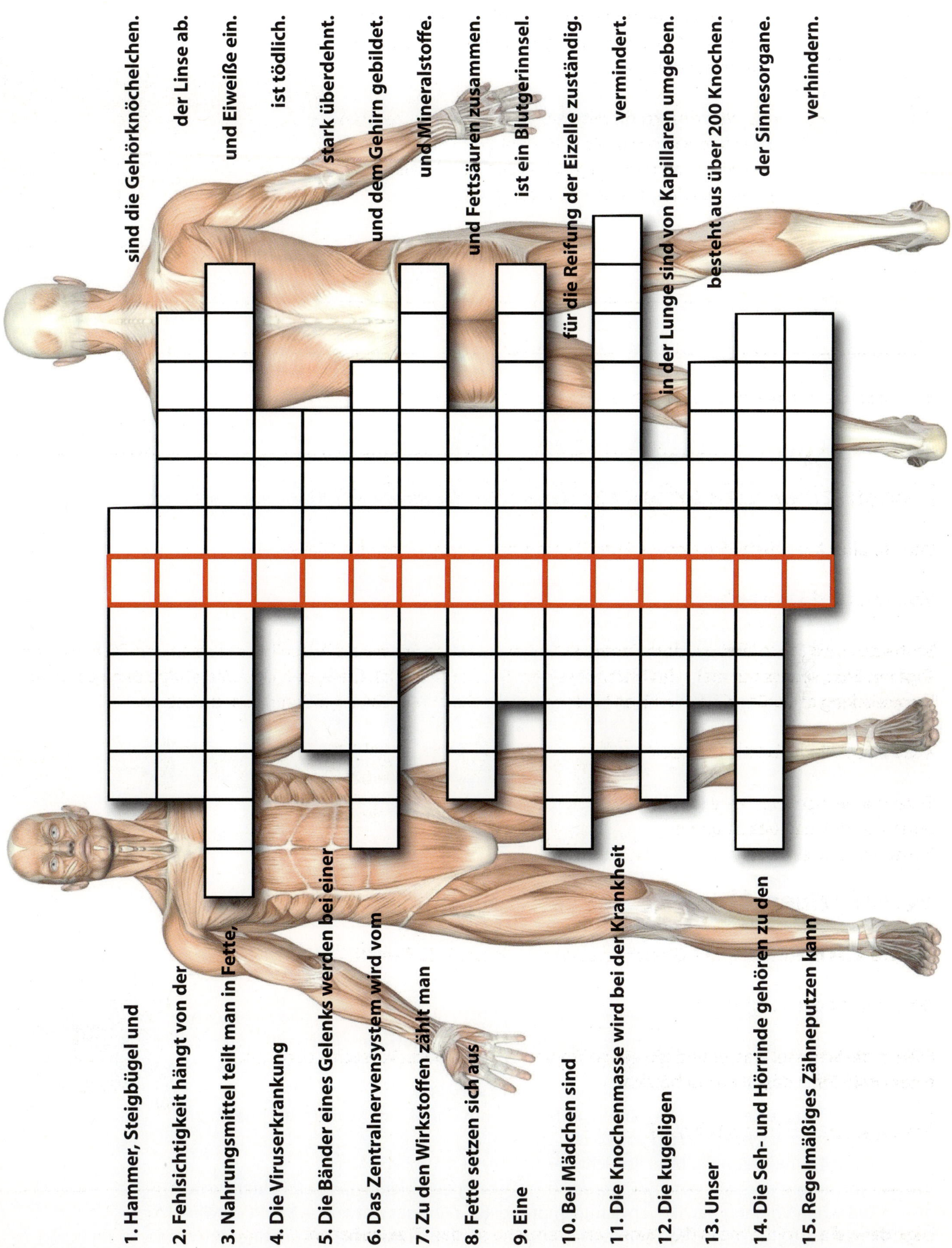

1. Hammer, Steigbügel und … sind die Gehörknöchelchen.
2. Fehlsichtigkeit hängt von der … der Linse ab.
3. Nahrungsmittel teilt man in Fette, … und Eiweiße ein.
4. Die Viruserkrankung … ist tödlich.
5. Die Bänder eines Gelenks werden bei einer … stark überdehnt.
6. Das Zentralnervensystem wird vom … und dem Gehirn gebildet.
7. Zu den Wirkstoffen zählt man … und Mineralstoffe.
8. Fette setzen sich aus … und Fettsäuren zusammen.
9. Eine … ist ein Blutgerinnsel.
10. Bei Mädchen sind … für die Reifung der Eizelle zuständig.
11. Die Knochenmasse wird bei der Krankheit … vermindert.
12. Die kugeligen … in der Lunge sind von Kapillaren umgeben.
13. Unser … besteht aus über 200 Knochen.
14. Die Seh- und Hörrinde gehören zu den … der Sinnesorgane.
15. Regelmäßiges Zähneputzen kann … verhindern.

Das Immunsystemspiel!

(Ein Spiel für 2 – 4 Spieler/innen) **Du brauchst einen Spielstein und einen Würfel. Auf jedem Ereignisfeld wird dir eine Aufgabe gestellt, die du erledigen musst, um weiter zu kommen!** ★★ **ACHTUNG:** Das Ziel muss genau erreicht werden!

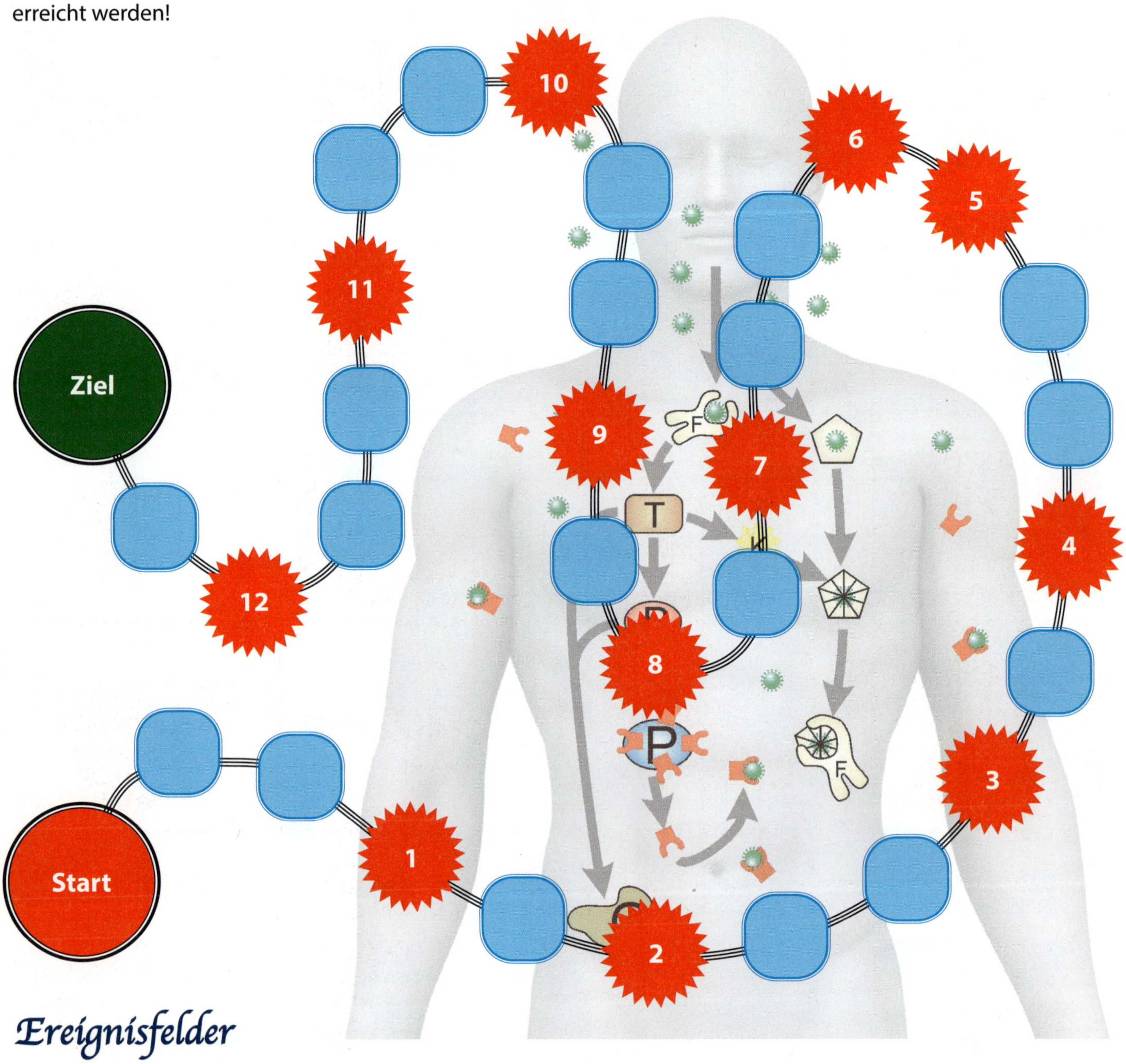

Ereignisfelder

1 Wenn du 5 Organe des Immunsystems nennen kannst, darfst du 3 Felder weiter!
2 Welche 3 Infektionsarten gibt es? Bei richtiger Antwort → 2 Felder vorwärts!
3 Weil du eine Verletzung hast, von der ein roter Strich ausgeht, musst du zu deinem Arzt. → 3 Felder zurück!
4 Woraus besteht die Lymphe? Bei richtiger Antwort → 1 Feld vorwärts!
5 Nenne die 3 Aufgaben des Lymphsystems! Für jede richtige Antwort → 1 Feld vorwärts!
6 Deine Fresszellen haben es nicht geschafft, den Krankheitserreger unschädlich zu machen. → 3 Felder zurück!
7 Bei der spezifischen Abwehr informieren Fresszellen die T-Zellen. Diese reagieren auf zweifache Weise. Erkläre beide! Für jede richtige Erklärung → 1 Feld vorwärts!
8 Wie heißen die Zellen, die bestimmte Informationen über Krankheitserreger speichern? Bei richtiger Antwort → 1 Feld vorwärts!
9 Nenne 4 Funktionen der Milz! Bei richtiger Antwort → 1 Feld vorwärts!
10 Dein Immunsystem ist geschwächt, weil du zu wenig geschlafen hast. → 2 Felder zurück!
11 Erkläre den Vorgang der aktiven Schutzimpfung! Bei richtiger Antwort → 1 Feld vorwärts!
12 Es gibt 4 Möglichkeiten, deine Immunabwehr zu stärken. Nenne sie! Bei richtiger Antwort → 1 Feld vorwärts!

Ökosystem Meer – Wie heißen die hier abgebildeten Pflanzen und Tiere?

Bilde zuerst aus den 32 Wortteilen zusammenpassende Begriffe! Dann trage vor jedem Namen die Nummer des passenden Bildes ein! Die Buchstaben hinter den 16 Namen ergeben zum Schluss als Lösungswort einen wichtigen ökologischen Begriff.

1
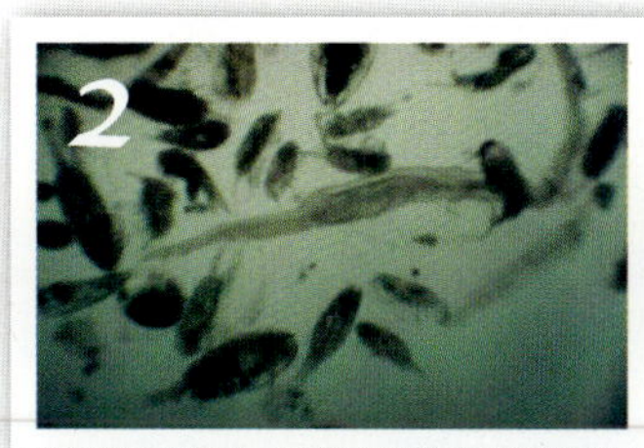
2

3

4

5

6

7

8

9

10

11

12

13

14

15

16

◯ Clown-	◯ Zoo-	-hund N	-vogel G
◯ Napf-	◯ Tiefsee-	-wal Y	-gurke P
◯ Fregatt-	◯ Del-	-schnecke S	-tros D
◯ Pelikan-	◯ See-	-ter I	-krabbe N
◯ Fächer-	◯ Blau-	-fin R	-muschel H
◯ Strand-	◯ Mies-	-angler E	-plankton A
◯ Alba-	◯ Rot-	-fuß U	-koralle R
◯ See-	◯ Aus-	-fisch A	-alge M

1	2	3	4	5	6	7	8	9	10	11	12	13	14	15	16

123rf.com/Oleksandr But: 111/5

Alfred Pasieka / Science Photo Library / picturedesk.com: 12/2

AnnaMariaThor / istockphoto: 114/2

Annsunnyday / dreamstime: 28

APA-Grafik / picturedesk.com: 25/2, 26

ARGE Gentechnik-frei: 128/3

Barry Croucher (c) Dorling Kindersley: 153/1

Brigitta Hellerschmidt: 119/2, 126/4, 126/5, 128/1

Christian Monyk: 5/1, 7/5, 7/6, 12/3, 15/1, 16/2, 25/4, 32/4, 40/1, 40/2, 40/3, 40/4, 40/5, 43/3, 51/2, 51/3, 54/2, 54/3, 56/4, 61/2, 61/3, 61/4, 67, 70/1, 70/2, 70/3, 70/4, 70/5, 71/2, 71/3, 73/1, 73/2, 73/3, 73/4, 73/5, 74/1, 75/3, 76/1, 76/2, 107/2, 120/5, 121, 122/1, 122/2, 123/3, 129/2, 144/1, 148/1, 148/3, 149/1, 149/2, 149/4, 150/1, 151/2, 154/5, 157/1, 157/2, 159/7, 159/8, 159/9, 161/1, 162/1, 168/3, 169/4, 170/2

Claus Lunau / Science Photo Library / picturedesk.com: 49/2

Cosmopolitan: 29/5

doc-stock.com/Medillust: 83/1, 105/1, 105/2, 105/3

Dorling Kindersley: 8/3, 8/4, 8/5, 8/6, 8/7, 8/8, 8/9, 8/10, 9/2, 9/3, 9/4, 32/2, 75/2

faces of meth: 66/5

fotolia.com: Alexander Kaludov: 71/7, Alila: 41/1, 41/2, 41/3, 41/4, 59/1, 69/1, 87/1, 89, Alxhar: 33/1, Andrea Danti: 23/2, 23/4, arsdigital: 34/3, b4producer: 128/2, Balint Radu: 103, bilderstoeckchen: 111/2, bilderzwerg: 32/3, Elena Baryshkina: 93/1, Ericos: 7/3, freshidea: 34/4, Heiko Barth: 72/3, Higyou: 7/4, Horst Schmidt: 147/4, jaddingt: 140/1, JPC-PROD: 111/3, Juan Alzamora: 136/2, Kica Henk: 132/2, lom123: 31/2, marilega: 7/2, 93/4, mystock: 164/4, Nastasia Froloff: 111/8, olenkat: 7/1, p6m5: 42/1, 45, Peter Hermes Furian: 72/1, 72/2, pixelcaos: 23/1, 41/5, 63/3, rob3000: 23/3, Sebastian Kaulitzki: 42/3, Sergii Shalimov: 15/2, turhanerbas: 111/7, yvart: 78

Gary Hanna (c) Dorling Kindersley: 157/3

Giuliano Fornari (c) Dorling Kindersley: 105/4

Greenpeace: 164/5

Joanna Cameron (c) Dorling Kindersley: 48/1

Jupiterimages: 52/2, 143/1, 146/1

Kevin Jones (c) Dorling Kindersley: 20/1, 22/2, 80/3

Kurt Kracher / picturedesk.com: 147/2

Legger / dreamstime: 43/1, 43/2

Macmillan Children's Books, London, UK, Q&A Human Body, Angela Royston: 3/5

Martin Hirsch / APA-Grafik / picturedesk.com: 25/1

Medical Art Inc / istockphoto: 69/3

Mikkel Ostergaard / Visum / picturedesk.com: 65/2

Miles Kelly: 20/4

Mirashade (c) Dorling Kindersley: 79/1

Peter Newrkla: 5/3, 5/4, 24/1, 24/2, 159/4, 159/5, 159/6

Pfizer Corporation Austria: 114/1

photos.com: 16/3, 29/1, 39/3, 46/1, 48/2, 66/1, 73/6, 77, 94/2, 95/1, 116/1, 130/1, 130/2, 130/4, 135/3, 143/3, 162/5, 163/3, 165/1, 166/1, 166/2, 166/3, 169/1, alberto gagna: 17/3, Alel: 173/8, Alena Brozova: 151/1, Alex Brosa: 105/6, Alexandr Mitiuc: 6/4, 8/12, 127/2, Alexey Bannykh: 145, Alexia Khruscheva: 24/2, alexokokok:44/1, amanalang: 96/5, Anatolii Tsekhmister: 131/6, Anatoliy Samara: 3/2, 29/3, Andesign101: 106/1, Andrea Sturm: 136/3, Andrej Kropotov: 141/2, Andrey Kuzmin: 131/4, Andriy Petrenko: 109/1, Andrzej Tokarski: 111/6, Anna Kucherova: 130/5, Anna Rutkovskaya: 66/6, ariwasabi: 44/3, 86/2, Arman Zhenikeyev: 15/3, Artem Povarov: 57/2, ARTindividual: 135/1, -art-siberia-: 25/3, 63/1, Artur Gabrysiak: 42/2, axz66: 25/6, Barabasa: 96/4, Bela Tiberiu Attl: 46/3, 46/3, 46/4, 46/5, Benjamin Albiach Galán: 132/1, Bernd JArgens: 125/3, beti gorse: 84/3, Boris Khamitsevich: 66/3, branislav ostojic: 55/3, brytta: 150/2, CandyBoxImages: 18/1, Carolina K. Smith,M.D.: 140/7, cate_89: 18/5, Catherine Yeulet: 65/3, 99/2, 119/1, Chad Zuber: 9/1, Chris Williams: 105/5, Chris Wolf: 139/8, Christian Musat: 162/3, Christopher Brignell: 126/2, Christopher Pattberg: 153/7, Chuck Babbitt: 155/6, CITAlliance: 62/2, 62/3, Comstock: 27/2, 98/2, 96/2, 106/3, 137/2, 143/2, 154/6, 156/4, 160/5, 164/3, 173/9, cynoclub: 160/6, 161/2, 162/4, Daniel Ivascu: 52/4, Daniel Kaesler: 100/3, Darren Brode: 104/1, David Marchal: 5/2, Dean Mitchell: 65/1, 90/2, dedMazay: 102/1, 102/2, 170/4, desertsolitaire: 126/1, Deyan Georgiev: 18/2, diego cervo: 134/6, Dmitriy Kalinin: 165/3, Dmitriy Shironosov: 83/2, Dmitry Gool: 130/6, Dmitry Naumov: 96/1, DrPAS: 173/4, Du?an Zidar: 162/6, 173/3, ego450: 137/1, Elena Schweitzer: 27/1, 29/2, Elena_Geurkova: 52/1, Eric Isselée: 4/2, 4/3, 4/4, 79/3, 84/4, 91/3, 124/1, 124/4, 140/8, 141/1, 142/2, 147/3, 173/1, 173/12, Eugenio Opitz: 155/4, EuToch: 134/4, Evgeny Tomeev: 169/2, Eyeidea: 163/2, 165/6, felinda: 125/5, Feng Yu: 130/7, Focus_on_Nature: 126/3, Foxtrot101: 164/2, Francesco Ridolfi: 137/3, Frans Rombout: 169/3, 173/14, g_muradin: 136/1, Gabriela Lupu: 163/6, Galina Ermolaeva: 123/2, Gary Woodard: 55/1, Gene Krebs: 127/1, George Doyle: 47/3, 99/4, Georgios Alexandris: 135/2, Gerard Koudenburg photography: 167/2, Hemera Technologies: 92/1, 98/1, 115/1, 115/3, 139/1, Henrik Larsson: 140/2, 142/3, HumanPictures: 95/2, 95/3, Iakov Filimonov: 131/1, Iaroslav Danylchenko: 18/3, Igor Shikov: 22/1, istella: 144/4, Iurii Lupol: 91/4, Iurii Timashov: 62/1, Ivan Ivanov: 125/6, Ivan Kmit: 55/5, Jacek Chabraszewski: 3/1, 62/4, 62/5, jack0m: 59/5, Jacob Wackerhausen: 100/1, Jakob Braun: 131/5, Jana Blašková: 22/3, 33/2, 49/3, 50/2, 172, Jochen Schönfeld: 93/2John Foxx: 20/3, John Kershner: 139/3, John Sommer: 61/5, JoolsBerlin: 123/1, Jose Manuel Gelpi Diaz: 124/5, Josefkubes: 133/2, Juan Vicente Muñoz de Morales Martínez: 134/2, Ju-Lee: 154/1, 173/5, Jupiterimages: 104/3, 117/2, 134/1, 139/4, 139/6, 144/2, 150/3, 153/4, 154/2, 155/3, 155/7, 159/2, 168/4, Kameel: 17/2, khorzhevska: 52/5, Kiesha M: 72/4, Kirsty Pargeter: 50/1, KristopherWeiker: 153/3, Kurhan: 117/1, Leah-Anne Thompson: 27/4, leonello calvetti: 8/1, 31/1, 31/3, 37, Levent Konuk: 162/2, Linda Bucklin: 10/1, 13, 19, 30/1, 171, Liquidlibrary: 153/6, Lisa F. Young: 44/2, Liv Friis-Larsen: 55/4, liveostockimages: 56/5, lovleah: 30/4, luca santilli: 125/2, luchschen: 27/5, MadaGheorghe: 131/2, Marek Slusarczyk: 146/2, marekuliasz: 90/1, Maridav: 92/2, Marina Lvova: 74/2, Mark Ross: 138/1, Markus Schieder: 133/1, mart_m: 52/3, Martin Bowker: 153/2, Martin Dimitrov: 36/3, Martin Lladó: 106/2, martin painhart: 143/4, Matthew Cole: 88, 152, max homand: 139/2, Max Popov: 170/3, Metin Cengiz Bar: 56/1, Michael Sick: 168/1, Michał Różewski: 131/3, Mika Makelainen: 133/3, 133/4, Milan Klusacek: 133/5, MogensTrolle: 173/7, MR1805: 173/10, Nadezhda Kulagina: 159/3, Nancy Nehring: 140/10, 153/5, Natalia Lukiyanova: 107/1, Nickos: 165/2, Nigel Miller: 164/1, Nikolai Tsvetkov: 124/3, Nobilior: 165/5, Oksana Kovach: 65/4, olavs silis: 84/1, Oleg Kozlov: 148/2, Olivier Lantzendörffer: 167/1, Paffy69: 30/3, Paolo Cipriani: 160/3, paul hill: 134/5, Paulina Lenting-Smulders: 142/1, pederk: 116/2, PeJo29: 47/1, 51/1, Peter Jurik: 138/2, Petr Podzemny65/6, Petro Feketa: 134/3, Phil Date: 115/2, Phil Reid: 165/4, photoBeard: 6/3, photos_martYmage: 65/5, Picsfive: 36/2, Pi-Lens: 144/5, Pixland: 99/1, 113/1, Rafael Ramirez Lee: 163/1, Ranapriya Dias: 163/5, Richard Carey: 155/5, 160/1, 162/7, 166/5, Rick Jones: 139/5, Ridofranz: 4/1, ronstik: 18/4, Saša Prudkov: 108, s-dmit: 170/1, Sebastian Kaulitzki: 3/3, 6/1, 6/2, 21, 32/1, 39/2, 48/4, 49/1, 54/1, 57/1, 59/2, 59/4, 94/3, seenivas: 16/1, 17/1, 30/2, 63/2, 66/4, selimaksan: 117/3, Sergey Borisov: 147/1, Sergey Furtaev: 91/2, Sergii Dibrova: 160/2, 173/11, SergiyN: 12/1, SerrNovik: 68, Stefan Hermans: 87/3, Stephen Sweet: 61/1, Stockbyte: 4/5, 8/11, 27/3, 41/6, 91/5, 99/3, 149/3, StockSolutions: 130/3, Svitlana Niedielska: 101/1, Svitlana Pidburtna: 101/2, T.W. van Urk: 163/4, tagota: 39/4, Tammy Bryngelson: 84/2, Tatiana Gladskikh: 35, Terence Mendoza: 154/7, Thinkstock: 25/5, 81, 96/3, 159/1, Tim Osborne: 87/2, Tom Brakefield: 160/4, Travis Totz: 148/4, vaeenma: 125/4, Viorel Sima: 30/5, wawritto: 109/2, webphotographeer: 86/1, winterling: 66/2, Yali Shi: 151/3, Zeljana Dubrovic: 144/3

pressrelations GmbH: 36/1

Roos Koole / ANP / picturedesk.com: 100/2

Science Photo Library / picturedesk.com: 11/1, 20/2, 60/2

shutterstock.com: Alex Luengo: 3/4, 71/1, 75/1, Asianet-Pakistan: 118/2, Blamb: 47/4, 111/4, Carolina K. Smith MD: 95/4, CLIPAREA l Custom media: 60/1, DDCoral: 47/2, Grei: 94/1, hkannn: 80/1, Nixx Photography: 39/1, stihii: 8/2

Tony Graham (c) Dorling Kindersley: 34/1, 48/3

Vogue: 29/4

wikimedia commons: 54/4, 91/1, 120/1, 120/4, 129/1, 131/7, 140/4, 140/6, 154/4, 156/1, 173/16, André Karwath aka: 140/3, Anton: 71/4, Bautsch: 71/5, 71/6, Ceridwen: 111/1, 112, Dake: 111/9, David Csepp: 156/2, Dr. Davic Cox: 113/2, Dr. Dwayne Meadows, NOAA/NMFS/OPR: 168/2, Drgnu23: 56/2, E. Kirdler: 155/8, Ecorahul: 56/3, Ed Uthman, MD: 104/2, Einstein 02: 125/9, Fadi: 40/6, Fritz Geller-Grimm: 140/11, 142/4, Greyson Orlando: 70/6, 70/7, H. Zell: 125/7, Hans Hillewaert: 173/6, Iblis-Lakon: 140/5, JJ Harrison: 173/15, José-Manuel Benito Álvarez: 158/1, Josuevg: 173/13, Keith Williamson: 154/3, Kobako: 127/3, Kulac: 125/1, Losch: 139/7, Malene Thyssen: 167/4, Masur: 87/4, Michael Blackburn: 118/1, Michael Jung: 166/4, Michaelbladon: 53/3, Mingorance Rodríguez: 155/2, 173/2, National Human Genome Research Institute: 120/2, 120/3, NCI-Frederick: 39/5, NEON: 155/1, Olei: 140/9, P. Rona: 156/5, Patrick J. Lynch: 69/2, PD-USGov-HHS-CDC: 55/2, Prof. Francesco Costa: 156/3, Ralf Roletschek: 93/3, Rocky Mountain Laboratories, NIAID, NIH: 53/1, 53/2, Susan Mayfield and Sara Boore: 161/3, Sven Teschke: 125/8, 125/10, T. Bjornstad: 167/3, theEmirr: 59/3, U.S. National Cancer Institute's Surveillance, Epidemiology and End Results (SEER) Program: 47/5, Uncle of L. B. Tettenborn: 139/9, US National Oceanic and Admonspheric Administration: 158/2

www.msc.org: 167/5

Zygote Media Group (c) Dorling Kindersley: 11/2, 34/2, 43/4, 79/2, 80/2, 82